高等院校网络教育精品教材

移动操作系统

徐志宏　李　英　张文辉　主编

 北京邮电大学出版社
www.buptpress.com

内 容 简 介

本教材根据北京邮电大学学历远程教育"移动操作系统"课程教学大纲编写而成。

本教材编写注重理论和实践相结合,着重介绍了各个移动操作系统的使用方法和开发环境的搭建步骤,介绍了必要的移动应用程序开发知识以及移动应用程序开发流程,为读者深入学习相关移动操作系统以及应用程序的开发打下坚实的基础。全书共分为6章:第1章操作系统基础,第2章移动操作系统概述,第3章移动操作系统 Android,第4章移动操作系统 iOS,第5章移动操作系统 Windows Phone,第6章移动操作系统的未来发展。

本教材可作为成人高等教育移动互联网专业及相关专业的本专科教材,也可作为移动操作系统及其应用程序开发人员的基础入门教材。

图书在版编目(CIP)数据

移动操作系统 / 徐志宏,李英,张文辉主编. -- 北京:北京邮电大学出版社,2021.8
ISBN 978-7-5635-6496-5

Ⅰ. ①移… Ⅱ. ①徐… ②李… ③张… Ⅲ. ①移动终端—应用程序—程序设计 Ⅳ. ①TN929.53

中国版本图书馆 CIP 数据核字(2021)第 174394 号

策划编辑:彭 楠   责任编辑:王晓丹 米文秋   封面设计:七星博纳

出版发行:北京邮电大学出版社
社   址:北京市海淀区西土城路 10 号
邮政编码:100876
发 行 部:电话:010-62282185   传真:010-62283578
E-mail:publish@bupt.edu.cn
经   销:各地新华书店
印   刷:保定市中画美凯印刷有限公司
开   本:787 mm×1 092 mm   1/16
印   张:16.25
字   数:403 千字
版   次:2021 年 8 月第 1 版
印   次:2021 年 8 月第 1 次印刷

ISBN 978-7-5635-6496-5   定价:42.00 元

前　言

本教材围绕操作系统和移动操作系统两个基本概念，全面系统地阐述了移动操作系统的发展和现状，大致厘清了移动操作系统市场的世界格局。本教材对各个主流操作系统进行了全面介绍，这对读者学习移动操作系统的应用和开发，以及我国移动操作系统的发展有一定的借鉴意义。

本教材旨在培养具有良好的科学素养、良好的职业道德，具有移动操作系统的基本知识和较宽的移动操作系统知识面，熟悉移动操作系统的应用和开发环境，掌握移动操作系统的使用和应用程序的开发流程，具备较强思维创新能力和一定科研技术开发基础的中高级专业人才。本教材从操作系统的产生入手，第 1 章介绍了操作系统的主要功能和为用户提供的服务，并介绍了目前市场上的主流操作系统以及它们的适用和应用范围。第 2 章介绍了移动操作系统的发展和现状，使读者了解在移动操作系统的发展历史上有哪些主要的产品，以及它们产生、发展、演进或被市场淘汰的原因。优秀的性能、完善的服务和良好的用户体验是一个移动操作系统在市场竞争中立于不败之地的基础。从这个概念出发，第 3、4、5 章分别介绍了目前移动操作系统市场的"霸主"Android，自成体系、具有良好用户体验和华丽特质的 iOS，以及致力打造微机终端平台和智能手机终端无缝连接的 Windows Phone。第 6 章介绍了移动操作系统的未来发展。从移动操作系统及其开发环境的搭建、系统软件和应用软件的使用、程序的开发流程到使用不同的方法开发出一个小应用程序 HelloWorld，本教材全面介绍了移动操作系统的基础知识。

本教材介绍了移动操作系统的使用方法和应用程序开发的流程，力求理论联系实际。在教学中强调问题导向，针对远程学习的要求和特点，本教材更加突出软件使用和开发的实践特色，使学生积跬步以至千里，逐步成为移动互联网领域的行家里手。本教材旨在使学生建构起自己的移动操作系统的知识体系结构，学以致用、学以致知，培养学生的自学能力和解决问题的能力。

"麻雀虽小,五脏俱全",本教材可为读者深入学习相关移动操作系统以及应用程序的开发打下坚实的基础。本教材在编写过程中参考了操作系统和各个移动操作系统及其应用开发的相关书籍以及相关文档,在此一并向作者表示感谢。由于编者水平和阅历有限,再加上移动操作系统的发展日新月异,书中难免存在错误和遗漏,敬请专家和读者批评指正。

徐志宏

2020 年 5 月 1 日于北京

目　　录

第1章 操作系统基础

【本章导读】

本章主要掌握操作系统的概念、掌握操作系统的功能、掌握操作系统的结构、了解流行的主要操作系统。这一章是学习移动操作系统的基础,需要学习操作系统的一般性知识和基本常识,重点掌握操作系统的概念、操作系统的功能和操作系统的结构。

【思维导图】

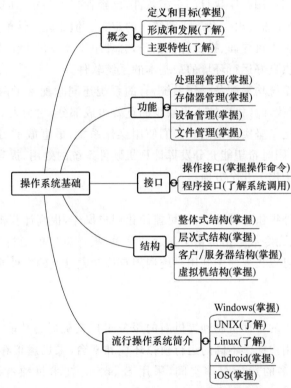

现代计算机系统都是由硬件和软件组成的。操作系统是配置在计算机硬件上的第一层软件,是对硬件的扩充,用于控制硬件的工作、管理计算机系统的各种资源,并为系统中各种程序的运行提供服务。本章首先介绍操作系统的定义、目标和发展历史,然后简单介绍操作系统的功能以及操作系统提供的服务和接口,分析操作系统的基本结构,最后介绍几种流行操作系统的基本情况。

1.1 操作系统的概念

【本节综述】

一个完整的计算机系统由硬件资源和软件资源组成,其中硬件资源包括中央处理器、存储器和外部设备等机械装置和电子部件,它们共同构成了计算机系统运行软件和实现各种功能的物质基础;软件资源包括系统软件、支撑软件和应用软件。

操作系统是所有软件中最基础和最核心的部分,是控制和管理计算机系统各种硬件和软件资源、有效地组织多道程序运行的系统软件,是计算机用户和计算机硬件之间的中介程序,为用户执行程序提供更方便、更有效的环境。

【问题导入】
- 什么是操作系统?
- 为什么计算机需要操作系统?进一步学习操作系统的发展历史。
- 就普遍性而言,操作系统有哪些基本特性?

1.1.1 操作系统的定义和目标

操作系统作为控制应用程序执行的系统软件,已经存在很多年,其功能和内涵在不断丰富和扩充,所以至今仍无法给出一个严格和统一的定义。但比较公认的定义是:管理系统资源、控制程序执行、改善人机界面、提供各种服务,合理组织计算机工作流程和为用户方便而有效地使用计算机提供良好运行环境的最基本的系统软件。

任何一种计算机系统均需配备操作系统,有的系统还同时配备了两种或两种以上的操作系统,操作系统是现代计算机系统不可缺少的重要组成部分,它为人们营造各种以计算机为核心的应用环境奠定了坚实的基础。人们使用操作系统,最直截了当的目标是更加有效和方便地使用计算机,同时希望能充分发挥计算机硬件系统的效用,提高工作效率。操作系统的主要目标可归结为以下几个方面。

1. 方便使用

操作系统通过对外提供各种接口,尽可能简化用户操作,提高计算机系统的易用性。例如,用户可以直接输入命令或单击屏幕上显示的菜单,操作程序的运行和计算机的使用;而计算机软件开发人员可以在程序中利用系统调用直接对磁盘上的文件或外部设备上的检测数据进行读/写操作。

2. 扩充功能

操作系统通过适当的管理机制和提供新的服务来扩充机器的功能。例如,操作系统可以采用虚拟机技术为用户提供不同的运行模拟环境和平台,采用虚拟存储管理技术为用户提供比实际内存大得多的运行存储空间,采用 Spooling 技术将独占设备模拟成共享设备等。

3. 管理资源

操作系统应配置管理计算机系统中所有软硬件资源的机制。例如,操作系统可以按照用户和程序的要求分配各种软硬件资源,然后在用户和程序不再使用时回收这些资源,以供下次重新分配。

4. 提高效率

操作系统应合理组织计算机的工作流程,改善系统性能并提高系统效率。如采用多道程序技术实现多进程的并发执行,提高处理器等系统资源的使用效率;提供多线程技术,降低多进程并发执行时系统频繁切换所产生的管理开销。

5．开放环境

操作系统应遵循国际和行业标准来设计,构筑一个开放的环境,以便使用者共享应用软件和应用资源。国际和行业标准包括系统平台标准、通信标准和用户接口标准等,遵循这些标准可以解决各种应用的运行兼容性问题:支持应用程序在不同平台上的可移植性。

1.1.2 操作系统的形成和发展

自 1946 年诞生第一台计算机至今,计算机经历了七十多年的发展,操作系统伴随计算机硬件的发展及应用的日益广泛而发展。最初的计算机系统上没有操作系统,软件的概念也不明确。

处理器集成技术、中断技术和通道技术等硬件技术的不断发展,促进了软件概念的形成,从而推动了操作系统的形成和发展。而操作系统等软件的发展反过来也促进了硬件的发展。粗略地说,操作系统是由人工操作阶段过渡到早期批处理系统阶段而具有其雏形,而后发展到多道程序系统时才逐步完善的。

1．人工操作阶段

早期的计算机运算速度慢,可用资源少,系统只支持机器语言或汇编语言,因而没有操作系统,由单个用户独占计算机。程序员通过卡片或纸带将程序和数据输入计算机,运行结果显示在屏幕上,或者穿孔于卡片或纸带上。人工操作方式的特点如下。

① 用户独占系统。用户使用计算机时独占全部机器资源,计算机资源的利用率和计算机运行效率极其低下。

② 人工介入多。程序员全程介入计算过程的输入、运算和输出等阶段,自动化程度较低,出错的概率较高。计算机的使用者通常是计算机专业技术人员,非专业人员难以操作。

③ 计算时间长。在整个计算过程中,数据的输入、程序的执行和结果的输出均是联机进行的,每个环节还必须进行校对,因而计算时间很长,浪费了大量的人力。

人工操作方式的计算过程如图 1.1 所示。

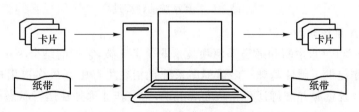

图 1.1 人工操作方式的计算过程

2．批处理系统阶段

早期批处理系统借助于作业控制语言(Job Control Language,JCL)对人工操作方式进行了变革。用户可以通过脱机方式控制和应用计算机,通过作业控制卡来描述对作业的加工和控制步骤,并把作业控制卡连同程序、数据一起提交给操作员,操作员收集到一批作业后一起把它们放到卡片机上输入计算机;计算机则运行一个驻留内存的执行程序,以对作业进行自动控制和成批处理。

显然,这种系统能实现作业到作业的自动转换,缩短作业的准备和创建时间,减少人工操作和人工干预,提高计算机的使用效率。

早期批处理系统中,作业的输入和输出均是联机实现的,I/O 设备和 CPU 是串行工作的,CPU 利用率较低。为了解决这个问题,在批处理系统中引进了假脱机 I/O 技术,方法是除主机外另设一台辅机,辅机的主要功能是与 I/O 设备打交道。需要进行输入操作时,输入设备上的作业通过辅机记录到磁带上(脱机输入);主机可以把磁带上的作业读入内存执行,作业计算完成后,主机将结果记录到磁带上;接下来,辅机可以读出磁带上的结果,控制打印机输出结果。可以看出,主机和辅机是可以并行工作的,程序的处理和数据的输入输出速度明显提高,这种技术就是假脱机 I/O 技术,其显然使得批处理系统效率大大提高。

为了进一步提高批处理系统的效率,计算机主机中逐渐加载一些管理程序,这些管理程序的功能包括自动控制和处理作业流、设备驱动和输入输出控制、程序加载和装配以及简单的文件管理等。这些管理程序丰富了输入输出设备类型,并对进入系统的程序和数据进行了有效的管理,从而缩短了作业的准备和创建时间,充分发挥了批处理系统的性能。这些管理程序就形成了操作系统的雏形。

批处理系统的计算过程如图 1.2 所示。

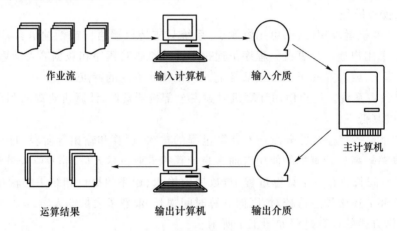

图 1.2　批处理系统的计算过程

3. 多道程序系统阶段

20 世纪 60 年代初,中断和通道等两项技术取得了突破,它们的结合为实现 CPU 和 I/O 设备的并行工作提供了硬件基础。多道程序系统是指在主存中存放多道用户的作业,这些作业可以共享系统资源并交替计算。从宏观上说,这些作业都处在运行状态而尚未完成,因而这些作业可以并发执行;而从微观上说,这些作业又是串行的,因为任一时刻只有一个作业在使用 CPU 运算。

严格地说,早期的多道程序系统仍旧属于批处理系统。引入多道程序设计技术的根本目的是提高 CPU 的利用率,充分发挥 CPU 和 I/O 设备的并行性。现代计算机系统一般都采用了多道程序设计技术,程序之间、设备之间、设备和 CPU 之间均可以并行工作。

多道程序系统如图 1.3 所示。

多道程序系统具备多道、宏观并行和微观串行等特点,另外还有以下显著特征。

① 无序性:多个作业完成的先后顺序与它们进入主存的顺序之间并无严格的对应关系。例如,先进入主存的程序不一定能保证首先完成,甚至可能最后完成,而后进入主存的程序也有可能先完成。

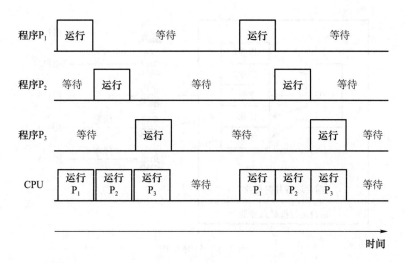

图 1.3　多道程序系统

　　② 调度性:一个作业从提交给系统开始直至完成,可能需要经过多次作业调度和进程调度。

4. 操作系统的发展

　　多道程序系统可以使批处理更加有效,提高系统资源利用率和吞吐量。但是,对许多作业来说,需要提供一种新模式以便用户可以直接与计算机交互,分时系统的出现解决了人机交互的问题。分时系统与多道程序系统有着截然不同的性能,它不仅实现了人机交互的功能,还实现了多个用户同时共享一台主机的功能,而且非常适合执行数据查询功能。

　　分时系统的实现思想:每个用户在各自终端上以问答方式控制程序的运行,系统把CPU 的时间划分成时间片段(也称时间片),轮流分配给各个联机终端用户,每个用户只能在极短的时间内执行,如果时间片用完,则挂起当前任务等待下次分配的时间片。人机交互的任务通常是发出简短命令的小任务,所用的时间片不会太长,因而每个终端用户的每次请求基本上都能获得系统较为快速的响应,感觉上是独占了这台计算机。可以看出,分时系统是多道程序系统的一个变种,CPU 被若干个交互式的用户通过联机终端多路复用。分时系统如图 1.4 所示。

　　分时系统具有同时性、独立性、及时性和交互性等特征,得到了极为广泛的应用。

　　虽然多道程序系统和分时系统获得了较高的资源利用率和快速的响应,但它们难以满足实时控制和实时信息处理领域的需要。于是出现了实时系统,目前有几种典型的实时系统——过程控制系统、信息查询系统和事务处理系统。过程控制系统主要应用在现场进行实时数据采集、计算处理,进而控制相关执行机构的场合,如卫星测控系统、火炮自动控制系统等。信息查询系统应用在必须做出极快回答和响应的实时信息处理场合,如情报检索系统。事务处理系统不仅要对终端用户及时做出响应,还要对系统中的文件和数据进行频繁的更新,如银行业务处理系统、电子商务系统等。

　　实时系统是指能及时响应外部事件的请求,并在规定的较短时间内完成对该事件的处理,并控制所有实时任务协调一致地运行的操作系统。

　　实时系统具有多路性、独立性、及时性、交互性和可靠性等特征,与分时系统相比,及时性的特征更为明显。

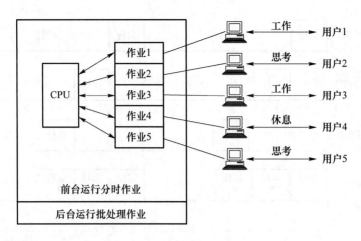

图 1.4　分时系统

1.1.3　操作系统的主要特性

前面介绍的几种操作系统都各自具有自己的特性,如批处理系统可以实现多个作业的成批处理,简化用户使用难度,分时系统具有允许人机交互处理的特性,实时系统具有实时特性。但现代操作系统应该具备并发性、共享性、异步性和虚拟性等四种最基本特性,其中并发性是最重要的特性。

1. 并发性

并发性是指两个或两个以上的事件在同一时间段内发生。操作系统是一个并发系统,操作系统的并发性体现在计算机系统中同时存在若干个运行着的程序,这些程序交替执行。并发性有效提高了 CPU 和 I/O 设备等系统资源的利用率,但也会产生一系列的系统管理问题,如程序和程序之间如何切换,程序切换时如何保证程序和数据互不干扰,这都要求系统提供控制和管理程序并发执行的机制和策略。

2. 共享性

共享性是指计算机系统的资源可被多个并发执行的程序共同使用。通常计算机系统的资源都会按照进入系统的程序的个性要求进行分配,为了提高资源利用率,这种分配策略最好是动态的,也就是程序需要使用某类资源时,它可以向系统提出申请,系统根据资源使用情况予以分配,而当程序使用完毕后,应及时释放和归还资源,以便系统将资源分配给其他程序。

3. 异步性

异步性是指在多道程序环境中,程序的执行顺序和速度始终是动态变化和随机的。程序运行完全依赖于系统分配的资源,得到所有资源,程序就能正常运行。而在多道程序环境中,系统有限的资源必须分配给若干个程序,每个程序在获得运行所必需的资源之前,只能等待。因而,系统资源分配的随机性造成了程序执行的随机性。

4. 虚拟性

虚拟性是指通过一定方法将一个物理实体转换为逻辑上的若干个对应物,或者将物理上的多个实体转换为逻辑上的一个对应物。物理实体是实际存在的,而逻辑对应物是虚拟的。采用虚拟技术的目的是为用户提供易于使用、方便高效的操作环境。例如,现代操作系统采用 Spooling 技术把打印机这样的独占设备转变成逻辑上的多台虚拟设备,采用多道程序设计技术将一个 CPU 虚拟成可供多个程序共同使用的多个逻辑 CPU 等。

【本节自测】

选择题

1. 一个完整的计算机系统由硬件资源和软件资源组成,_____是所有软件中最基础和最核心的部分。

    A. 应用软件   B. 科学计算软件 C. 操作系统   D. 运算器

2. 操作系统的主要目标可归结为_____。

    A. 方便使用   B. 扩充功能

    C. 管理资源   D. 提高效率和开放环境

    E. 以上都是

3. 操作系统是由人工操作阶段过渡到早期批处理系统阶段而具有其雏形,而后发展到_____时才逐步完善的。

    A. 实时系统   B. 控制系统   C. 分时系统   D. 多道程序系统

1.2 操作系统的功能

【本节综述】

操作系统的主要任务是为多道程序的运行提供良好的运行环境,以保证程序能有条不紊地高效运行,并能最大限度地提高系统中各种资源的利用率,方便用户的使用。为了实现上述目标,操作系统应具有处理器管理、存储器管理、设备管理和文件管理等方面的功能。另外,为了方便用户使用操作系统,还须向用户提供良好的用户界面和用户接口。

【问题导入】

- 操作系统有哪些主要功能?
- 如果读者想深入学习如何实现这些功能,可进一步参考相关操作系统书籍。

1.2.1 处理器管理

处理器是整个计算机系统的核心硬件资源,它的性能和使用情况对整个计算机系统的性能有着关键的影响。处理器也是计算机系统中最重要的资源,其运算速度往往要比其他硬件设备的工作速度快得多,其他设备的运行常常需要处理器的介入。用户程序进入内存后,只有获得处理器,才能真正得以运行。因此,对处理器的有效管理、提高处理器的利用率是操作系统最重要的管理任务。

处理器管理的主要工作内容如下。

① 统计系统中每个作业程序的状态,以便将处理器分配给相关候选程序。

② 指定处理器调度策略,也是挑选待分配候选程序必须遵循的原则。

③ 实施处理器的分配,以便让获得处理器的程序真正投入运行。

为了顺利完成工作任务,操作系统通过分别对作业、进程和线程进行相应的低级、中级和高级调度,实现处理器的管理和调度。

1.2.2　存储器管理

存储器是计算机系统中除了处理器以外的另一种重要资源,主存储器(也称主存或内存)是处理器和外部设备共享和快速访问程序与数据的部件,程序只有加载到主存储器后,才有可能获得执行。存储器管理的主要任务是为多道程序提供良好的环境,方便用户使用存储器,并提高存储器的利用率以及从逻辑上扩充内存。现代操作系统中,存储器管理应具有内存分配和回收、内存保护、地址映射、内存共享和内存扩充等功能。

1. 内存分配和回收

内存分配和回收的主要任务是为每道程序分配内存空间,回收程序运行结束后释放的空间,提高存储器的利用率。内存分配方式有静态和动态两种:静态分配方式中,每个作业的内存空间是在作业装入时确定的,在整个运行过程中不再接收新的请求,也不允许作业在内存中重新定位;动态分配方式中,每个作业所要求的基本内存空间也是在装入时确定的,但允许作业在运行过程中继续申请新的空间,也允许作业在内存中重新定位。系统对于用户不再需要的内存,通过用户的释放请求去完成系统的回收功能。

2. 内存保护

内存保护的主要任务是确保每道程序都只在自己的内存空间中运行,彼此互不干扰,既不允许用户程序访问系统程序和数据,也不允许用户程序转移到非共享的其他程序中运行。操作系统通过设置界限寄存器和越界检查机制保证执行程序的上界和下界。

3. 地址映射

在多道程序环境下,每道程序不可能都从"0"地址开始装入内存,这就导致地址空间内的逻辑地址和内存空间中的物理地址不一致。地址映射的任务是把用逻辑地址编程的应用程序装入内存,并将逻辑地址转换成内存物理地址,此功能应在硬件的支持下完成。

4. 内存共享

内存共享让内存中的多个应用程序实现存储共享,提高存储资源的利用率。多个应用程序共同访问同一段代码或者数据时,可以通过内存共享技术将相关内存地址空间加载到应用程序的地址空间,而不必重复加载。

5. 内存扩充

内存扩充的任务不是扩大物理内存的容量,而是借助于虚拟存储技术从逻辑上扩充内存容量,使用户感觉到内存容量比实际物理内存大得多。虚拟存储技术的基本思想来自程序运行的局部性特点,在辅助存储器的配合下,采取部分装入,用时调入,不用时置换到辅助存储器的机制。

1.2.3　设备管理

设备管理用于管理计算机系统中所有的外部设备,而设备管理的主要任务是:完成用户进程提出的 I/O 请求;为用户进程分配其所需的 I/O 设备;提高 CPU 和 I/O 设备的利用率;提高 I/O 速度;方便用户使用 I/O 设备。设备管理的主要功能有缓冲区管理、设备分配、设备驱动和虚拟设备等。

1. 缓冲区管理

设置缓冲区的目的是匹配 CPU 的高速特性和 I/O 设备的相对低速特性,最常见的缓冲区机制有单缓冲、双缓冲和公用缓冲池等。

2. 设备分配

设备分配通常采用独享、共享和虚拟分配三种技术，以满足不同用户程序对外部设备不同的输入/输出要求。

3. 设备驱动

设备驱动程序也称为设备处理程序，其基本任务是实现 CPU 和设备控制器之间的通信，由 CPU 向设备控制器发出 I/O 指令，要求其完成指定的 I/O 操作，CPU 能接收由设备控制器发来的中断请求，并给予及时的响应和相应的处理。

4. 设备独立性和虚拟设备

设备独立性是指应用程序独立于物理设备，即用户在编制程序时所使用的设备与实际使用的设备无关，因此要求用户程序对 I/O 设备的请求采用逻辑设备名，而在程序实际执行时使用物理设备名。虚拟设备是指通过 Spooling 技术将独占设备改造成多个程序共享的设备，提高设备的利用率。

1.2.4 文件管理

计算机系统中的信息资源（程序和数据）以文件的形式存放在外存储器上，需要时装入内存。

文件管理的任务是有效地支持文件的存储、检索和修改等操作，解决文件的共享、保密和保护问题，以便用户方便、安全地访问文件。文件管理涉及文件的组织方法、文件的存取和使用方法、文件存储空间的管理、文件的目录管理、文件的共享和安全性等多个方面的内容。

1. 文件的组织方法

文件的组织方法包括文件的逻辑结构和组织、文件的物理结构和组织两个方面。文件的逻辑结构和组织是指从用户角度出发的信息组织形式，而文件的物理结构和组织是指逻辑文件在物理存储空间中的存放方法和组织关系。

2. 文件的存取和使用方法

用户通过两类接口建立与文件系统的联系，并获得文件系统的服务：一是通过操作命令，二是通过系统调用。

3. 文件存储空间的管理

文件系统为每个文件分配一定的外存空间，并尽可能提高外存空间的利用率和文件访问的效率。

4. 文件的目录管理

文件系统为每个文件建立目录项并有效组织目录项，从而实现按名存取。

5. 文件的共享和安全性

文件共享是指不同的进程使用同一个文件时，只需建立一个文件，可节省辅存空间。安全性包括文件的读写权限管理及存取控制机制，用来防止文件的非法访问和篡改。

【本节自测】

选择题

1. 操作系统应具有处理器管理、存储器管理、设备管理和_____等方面的功能。

A. CPU 调度　　　　B. 磁盘调度　　　　C. 文件管理　　　　D. 进程调度

2. 存储器管理应具有 _____ 等功能。

A. 内存分配和回收　　　　　　　　　B. 内存保护

C. 地址映射　　　　　　　　　　　　D. 内存共享和内存扩充

E. 以上都是

3. 设备管理的主要功能有 _____ 等。

A. 缓冲区管理　　　　　　　　　　　B. 设备分配

C. 设备驱动和虚拟设备　　　　　　　D. 以上都是

1.3　操作系统的接口

【本节综述】

操作系统除了上述管理功能外,还应为程序和用户提供各种服务,并为程序的执行提供良好运行环境。为了使用户能方便灵活地使用计算机和操作系统的功能,操作系统向用户提供了一组友好的使用操作系统的手段,这组手段也称为用户接口,其包括操作接口和程序接口两大类。用户通过这些接口能方便地操作和调用系统所提供的服务,有效地组织作业及其工作和处理流程,使整个系统能高效地运行。

【问题导入】

- 操作系统提供的用户接口有哪两类?
- 什么是操作接口?有哪几种实现方式?
- 什么是程序接口?计算机系统如何处理系统调用?

1.3.1　操作接口和操作命令

操作接口又称为作业级接口,是操作系统为用户提供操作控制计算机等功能和提供服务的手段的集合,通常可借助于操作命令、图形操作界面和作业控制语言等方式实现。

1. 操作命令

这是为联机用户提供的调用控制系统功能、请求系统为其服务的手段,由一组命令和命令解释程序组成,所以也称为命令接口。用户可通过终端设备输入一条或一批操作命令,向系统提出各种请求,操作系统将启用命令解释程序对其进行解释并予以执行,完成要求的功能后控制转回终端,用户可以继续输入命令,提出新的请求。

2. 图形操作界面

输入操作命令的方式非常直接,便于用户灵活地进行人机对话,但对用户的要求较高,用户必须牢记操作命令的内容和格式。图形操作界面的出现减轻了用户的负担,用户只需单击便可达到与输入操作命令相同的效果。图形操作界面使用窗口、图标、菜单和光标等元素,采用事件驱动控制方式,能轻松地完成各项任务。

3. 作业控制语言

作业控制语言(JCL)是早期操作系统专门为批处理作业的用户提供的,所以也称为批处理用户接口。用户提出的请求由作业控制语句或作业控制操作命令组成,用户在向系统提交作业的同时提交 JCL 说明书,系统运行时,一边解释作业控制命令,一边执行该命令,直到完成所有任务。

1.3.2 程序接口与系统调用

程序接口又称为应用程序接口(Application Programming Interface,API),程序中使用这种接口可以调用操作系统的服务功能。许多操作系统的程序接口由一组系统调用和标准库函数组成。

系统调用是能完成特定功能的子程序,是操作系统提供给编程人员的唯一接口,编程人员利用系统调用动态请求和释放系统软硬件资源,调用系统中已有的系统功能来完成那些与机器硬件部分相关的工作以及控制程序的执行速度等。

系统调用对用户屏蔽了操作系统的具体动作,而只提供有关的功能。它与一般程序、库函数的区别是:系统调用运行在核心态,调用它们需要一个类似于硬件中断处理的中断处理机制(陷入机制和系统调用入口地址表)来提供系统服务。

早期的系统调用都是用汇编语言提供的,因而只有在用汇编语言编写的程序中,才能直接使用系统调用;而在高级程序设计语言以及 C 语言中,往往提供了与各系统调用一一对应的库函数,编程人员可通过调用对应的库函数来使用系统调用。

系统调用的处理过程如图 1.5 所示。

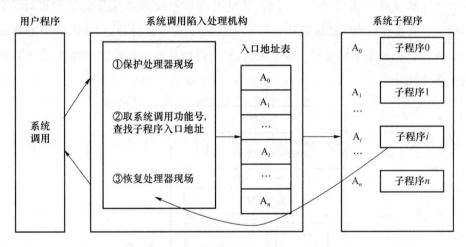

图 1.5　系统调用的处理过程

【本节自测】

填空题

1. 为了使用户能方便灵活地使用计算机和操作系统的功能,操作系统向用户提供了一组友好的使用操作系统的手段,这组手段也称为_____,其包括_____和_____两大类。

2. _____又称为作业级接口,是操作系统为用户提供操作控制计算机等功能和提供服务的手段的集合,通常可借助于操作命令、图形操作界面和作业控制语言等方式实现。

3. _____又称为应用程序接口,程序中使用这种接口可以调用操作系统的服务功能。

1.4 操作系统的结构

【本节综述】

操作系统是一个大型的程序系统,由不同的功能模块组成,每个模块包含数据、完成一定功能的程序以及该模块对外提供的接口。由于模块间的通信只能通过输出接口进行,因此模块间通信的形式和风格与接口的复杂性相关。一般来说,操作系统的结构可以分为整体式结构、层次式结构、客户/服务器结构和虚拟机结构等形式。

【问题导入】

- 操作系统的结构可以分为哪几种?各自有何优缺点?
- 如果读者想进一步学习这几种结构在实际程序设计中的应用,可参考相关程序设计书籍。

1.4.1 整体式结构

整体式结构又称为模块组合法结构,是早期操作系统通常采用的结构设计方式,如图 1.6 所示。其设计思想是把模块作为操作系统的基本单位,按照功能需要而不是根据程序和数据的特性把整个系统分解为若干模块,每个模块具有一定的独立功能,若干关联模块协作完成某个功能。

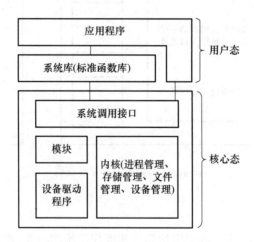

图 1.6　整体式结构示意图

1.4.2 层次式结构

层次式结构的操作系统是模块化的,从资源管理观点出发,将操作系统划分成若干层次,每一层都是在它下一层模块的基础上实现的,如图 1.7 所示。在某一层次上只能调用低层次上的代码,使模块间的调用变得有序,有利于系统的可靠性和可维护性。

进程管理
文件管理
存储管理
设备管理
硬件

图 1.7 层次式结构示意图

1.4.3 客户/服务器结构

客户/服务器结构的设计思想是:将操作系统分成两大部分,一是运行在用户态并以客户/服务器方式活动的进程;二是运行在核心态的内核。除内核部分外,操作系统的其他部分被分成若干相对独立的进程,每一个进程实现一类服务,称为服务器进程。客户和服务器进程之间采用消息传送进行通信,而内核被映射到所有进程的虚拟地址空间中,它可以控制所有进程。客户进程发出消息,内核将消息传送给服务器进程,服务器进程执行客户提出的服务请求,在满足客户的要求后再通过内核发送消息,把结构返回给用户,如图 1.8 所示。

图 1.8 客户/服务器结构示意图

1.4.4 虚拟机结构

虚拟机结构的核心部分是虚拟机监控程序,它运行在裸机上,并形成多道程序环境,它为上一层提供多台虚拟机,如图 1.9 所示。

应用程序	应用程序	应用程序
子操作系统	子操作系统	子操作系统
虚拟机操作系统		
计算机硬件		

图 1.9 虚拟机结构示意图

与其他操作系统结构不同,在这种结构中,这些虚拟机并不是具有文件及其他优良特性的扩展机器,而仅仅是裸机硬件的复制品,包括核心态/用户态、I/O 结构、中断以及实际机器所应具有的全部内容。由于每台虚拟机在功能上等同于一台实际的裸机,从效果上就呈现出多台裸机。不同的虚拟机往往运行不同的操作系统,因而这些虚拟机可以同时提供若干种不同的操作系统环境。例如,VMware 已经实现了商业化的虚拟机,可以同时虚拟

Windows、Linux/UNIX 和 Solaris 等操作系统,这些操作系统可同时运行并且互不干扰。

【本节自测】

选择题

一般来说,操作系统的结构可以分为_____等形式。

A. 整体式结构   B. 层次式结构

C. 客户/服务器结构   D. 虚拟机结构

E. 以上都是

画图说明题

1. 画图说明操作系统客户/服务器结构的设计思想。
2. 画图说明操作系统的层次式结构。

1.5 流行操作系统简介

【本节综述】

目前,不同类型的计算机运行着不同类型的操作系统。例如,大型计算机大多使用 UNIX 操作系统,通用微型计算机大多使用 Windows 或 Linux 操作系统,移动终端大多使用 Android 操作系统,苹果公司的微型计算机和移动终端使用 iOS 操作系统。下面对这几种操作系统做简单介绍。

【问题导入】

目前计算机或移动终端使用的主流操作系统有哪些? 了解它们的成长历史并思考对我们有何借鉴意义。

1.5.1 Windows 操作系统

Windows 操作系统是由美国微软(Microsoft)公司开发的窗口化操作系统,采用了 GUI 图形化操作模式,与在它以前使用的指令操作系统(如 DOS)相比显得更为友好和人性化。Windows 操作系统是目前世界上使用最广泛的操作系统。最新的版本是 Windows 10。

Microsoft 公司成立于 1975 年,目前是世界上最大的软件公司。该公司从 1983 年开始研制 Windows 操作系统,几十年来 Windows 操作系统取得了巨大成功,市场占有率始终名列第一。各版本的 Windows 特点如下。

1985 年问世的 Windows 1.0 是一个具有图形用户界面的系统软件。

1987 年推出的 Windows 2.0 采用了相互叠盖的多窗口界面形式。

1990 年推出的 Windows 3.0 确定了窗口界面的基本形式。

1992 年发布的 Windows 3.1 为程序开发提供了功能强大的窗口控制能力,使 Windows 和在其环境下运行的应用程序具有了风格统一、操纵灵活、使用简便的用户界面,同时,Windows 3.1 在内存管理上取得了突破性进展,开始支持虚拟存储管理功能。

1995 年开始发布 Windows 9X 系列,包括 Windows 95、Windows 98、Windows 98 SE 以及 Windows Me。Windows 9X 是一种 16 位/32 位混合源代码的准 32 位操作系统,它把浏览器技术整合到了操作系统中,从而更好地满足了用户访问 Internet 资源的需要。

2000 年开始发布的 Windows 2000/XP/Vista 是 32 位/64 位操作系统,支持采用工具条访问和控制任务,整合了防火墙以强化用户安全性。

2007 年发布的 Windows 7 既有独立的 32 位版本,也有 64 位版本,其特点是针对笔记本计算机的特有设计、基于应用服务的设计、用户的个性化、视听娱乐的优化、用户易用性的新引擎等。

2012 年发布的 Windows 8 采用触控优先的 Metro 界面,既支持平板计算机(含智能手机),也支持桌面台式计算机,给使用者带来了更好的使用体验,同时支持更多的外部设备,且具有更好的安全性。

2014 年 10 月 1 日,微软在旧金山召开新品发布会,对外展示了新一代 Windows 操作系统,将它命名为"Windows 10",新系统的名称跳过了数字"9"。

2015 年 1 月 21 日,微软在华盛顿发布新一代 Windows 系统,并表示向运行 Windows 7、Windows 8.1 的所有设备提供,用户可以在 Windows 10 发布后的第一年享受免费升级服务。3 月 18 日,微软中国官网正式推出了 Windows 10 中文介绍页面。4 月 22 日,微软推出了 Windows Hello 和微软 Passport 用户认证系统,微软又公布了名为"Device Guard"(设备卫士)的安全功能。4 月 29 日,微软宣布 Windows 10 将采用同一个应用商店,即可展示给 Windows 10 覆盖的所有设备使用,同时支持 Android 和 iOS 程序。7 月 29 日,微软发布 Windows 10 正式版。

1.5.2　UNIX 操作系统

UNIX 操作系统是美国 AT&T 公司贝尔实验室的肯·汤普逊(Kenneth Thompson)、丹尼斯·里奇(Dennis Ritchie)于 1969 年成功开发的操作系统,其首先在 PDP-II 上运行,该系统具有多用户、多任务的特点,支持多种处理器架构。

UNIX 的系统结构可分为两部分:操作系统内核(由文件子系统和进程控制子系统构成,最贴近硬件),系统的外壳(贴近用户)。外壳由 Shell 解释程序、支持程序设计的各种语言、编译程序和解释程序、实用程序和系统调用接口等组成。系统大部分是由 C 语言编写的,这使得系统易读、易修改、易移植。

UNIX 操作系统提供了丰富的、精心挑选的系统调用,整个系统的实现十分紧凑、简洁;UNIX 操作系统提供了功能强大的可编程 Shell 语言(外壳语言)作为用户界面,具有简洁、高效的特点;系统采用树状目录结构,具有良好的安全性、保密性和可维护性;系统采用进程对换(Swapping)的内存管理机制和请求调页的存储方式,实现了虚拟内存管理,大大提高了内存的使用效率。UNIX 操作系统提供多种通信机制,如管道通信、软中断通信、消息通信、共享存储器通信、信号灯通信。

UNIX 操作系统目前主要运行在大型计算机或各种专用工作站上,其版本有 AIX(IBM 公司开发)、Solaris(SUN 公司开发)、HP-UX(HP 公司开发)、IRIX(SGI 公司开发)、Xenix(微软公司开发)和 A/UX(苹果公司开发)等。Linux 也是由 UNIX 操作系统发展而来的。

1.5.3　Linux 操作系统

Linux 操作系统是 UNIX 操作系统的一种克隆系统,也是目前唯一免费的操作系统,它诞生于 1991 年,其后借助于 Internet,并通过世界各地计算机爱好者的共同努力,已成为目前世界上使用最多的一种 UNIX 类操作系统,并且使用人数还在迅猛增长。

Linux 是一个基于 POSIX 和 UNIX 的多用户、多任务、支持多线程和多 CPU 的操作系统。Linux 继承了 UNIX 以网络为核心的设计思想,是一个性能稳定的多用户网络操作系统。Linux 能运行主要的 UNIX 工具软件、应用程序和网络协议,支持 32 位和 64 位硬件。这个系统是由世界各地的程序员设计和实现的,其目的是建立不受任何商品化软件版权制约的、全世界都能自由使用的 UNIX 兼容产品。

Linux 以其高效性和灵活性著称,Linux 模块化的设计结构使得它既能在价格昂贵的工作站上运行,也能在廉价的 PC 上实现全部的 UNIX 特性,具有多任务、多用户的能力。Linux 是在 GNU 公共许可权限下免费获得的,是一个符合 POSIX 标准的操作系统。Linux 操作系统软件包不仅包括完整的 Linux 操作系统,还包括文本编辑器、高级语言编译器等应用软件。它还包括带有多个窗口管理器的 X-Windows 图形用户界面,如同使用 Windows 一样,允许我们使用窗口、图标和菜单对系统进行操作。

Linux 操作系统运行平台包括个人计算机、专用工作站、移动终端、嵌入式系统等。

1.5.4　Android 操作系统

Android 操作系统是一种基于 Linux 的自由及开放源代码的操作系统,主要应用于移动设备,如智能手机和平板计算机,由 Google 公司和开放手机联盟开发,我国较多人称其为"安卓"。Android 操作系统最初由 Andy Rubin 开发,主要支持手机。2005 年 8 月由 Google 收购注资。2007 年 11 月,Google 与 84 家硬件制造商、软件开发商及电信运营商组建开放手机联盟,共同研发改良 Android 系统。随后 Google 以 Apache 开源许可证的授权方式发布了 Android 的源代码。第一部 Android 智能手机发布于 2008 年 10 月。随后,Android 逐渐扩展到平板计算机及其他领域,如电视、数码相机、游戏机等。2011 年第一季度,Android 在全球的市场份额首次超过塞班系统,跃居全球第一。2012 年 11 月数据显示,Android 占据全球智能手机操作系统市场 76% 的份额,中国市场占有率为 90%。

Android 操作系统中,活动(Activity)是所有程序的根本,所有程序的流程都运行在活动之中,活动可以算是开发者遇到最频繁的,也是 Android 中最基本的模块之一。在 Android 的程序中,活动一般代表手机屏幕的一个画面。如果把手机比作一个浏览器,那么活动就相当于一个网页,在活动中可以添加一些按钮、复选框等控件,可以看出,活动的概念和网页的概念类似。一般一个 Android 应用是由多个活动组成的,多个活动之间可以相互跳转。例如,按下一个按钮后,可能会跳转到其他的活动。和网页跳转不同的是,活动之间的跳转有可能存在返回值,例如,从活动 A 跳转到活动 B,当活动 B 运行结束后,可能会给活动 A 发送一个返回值。这种返回机制为应用开发者提供了极大方便。

另外,当打开一个新的页面时,上一个页面会被置为暂停状态,并且压入历史堆栈中,用户可以通过回退操作返回到以前打开过的页面。可以选择性地移除一些没有必要保留的页面,因为 Android 会把每个应用开始到当前的每个页面保存在堆栈中。

Android 平台的最大优势就是其开放性,开放的平台允许任何移动终端厂商加入 Android 联盟。显著的开放性可以使其拥有更多的开发者,随着用户和应用的日益丰富,一个崭新的平台也将很快走向成熟。

1.5.5　iOS 操作系统

iOS 操作系统是由苹果公司开发的手持设备操作系统。苹果公司最早于 2007 年 1 月 9 日的 MacWorld 大会上公布这个系统，iOS 最初是专门为 iPhone 设计的，后来陆续套用到 iPod touch、iPad 以及 Apple TV 等苹果产品上。iOS 与苹果的 Mac OS X 操作系统一样，也是以 Darwin 为基础的，因此同样属于类 UNIX 的商业操作系统。原本这个系统名为 iPhone OS，在 2010 年 6 月 7 日 WWDC 大会上宣布改名为 iOS。截至 2011 年 11 月，Canalys 的数据显示，iOS 已经占据了全球智能手机系统市场份额的 30%，在美国的市场占有率为 43%。

iOS 的系统结构分为核心操作系统层（Core OS layer）、核心服务层（Core Services layer）、媒体层（Media layer）、可触摸层（Cocoa Touch layer）四个层次。

Objective-C 是 iOS 的开发语言，Objective-C 是 C 语言的升级版。对初学者来说，Objective-C 有些令人费解，但实际上它们是非常优雅的。有 C 语言基础的程序员在专业教师的指导下，用很短的时间就可以完全掌握 Objective-C 这门编程语言。

iOS 不断丰富的功能和内置 App 使得 iPhone、iPad 和 iPod touch 比以往更强大、更具创新精神，使用起来乐趣无穷。iOS 的主要功能模块和突出特点如下。

1．Siri

Siri 能够利用语音来完成发送信息、安排会议、查看最新比分等事务，只要说出你想做的事，Siri 就能帮你办到。

2．Facetime

使用 Facetime，用户可以通过 WLAN 网络或者蜂窝移动网络与联系人进行视频通话。

3．iMessage

iMessage 是一项比手机短信更出色的信息服务，用户可以通过网络连接与任何 iOS 设备或 Mac 用户免费收发信息，而且信息数量不受限制。

4．Safari

Safari 是一款极受欢迎的移动网络浏览器。在 iOS 6 中，它变得比以往更强大。用户不仅可以使用阅读器排除网页上的干扰，还可以保存阅读列表，以便进行离线浏览。

5．庞大的 App 集合

iOS 所拥有的应用程序是所有移动操作系统中最多的。这是因为 Apple 为第三方开发者提供了丰富的工具和 API，从而让他们设计的 App 能充分利用每部 iOS 设备蕴含的先进技术。所有 App 按照用途进行分类，用户使用 Apple ID 即可轻松访问、搜索和购买这些 App。

6．iCloud

iCloud 是苹果公司为用户提供的云空间，可以存放照片、App、电子邮件、通讯录、日历和文档等内容，并以无线方式将它们传送到移动设备上。如果用户用 iPad 拍摄照片或编辑日历事件，iCloud 能确保这些内容出现在用户的 Mac、iPhone 和 iPod touch 设备上。

7．安全可靠的设计

苹果公司专门设计了低层级的硬件和固件功能，用于防止恶意软件和病毒；同时还设计了高层级的 OS 功能，有助于在访问个人信息和企业数据时确保安全性。为了保护用户隐私,从日历、通讯录、提醒事项和照片中获取信息的 App 必须先获得用户的许可。用户可以设置密码锁,以防止有人未经授权访问私人设备,并可进行相关配置,允许设备在多次输入密码失败后删除所有数据。该密码还会为用户存储的邮件自动加密和提供保护,并能允许第二方 App 为其存储的数据加密。iOS 支持加密网络通信,可供 App 保护传输过程中的敏感信息。如果用户的设备丢失或失窃,可以利用"查找我的 iPhone"功能在地图上定位设备,并远程擦除所有数据,一旦用户的设备失而复得,还能恢复上一次备份过的全部数据。

【本节自测】

选择题

1. Windows 操作系统是目前世界上使用最广泛的操作系统。最新的版本是_____。

A. Windows 95   B. Windows 2000   C. Windows 7   D. Windows 10

2. _____是美国 AT&T 公司贝尔实验室的肯·汤普逊(Kenneth Thompson)、丹尼斯·里奇(Dennis Ritchie)于 1969 年成功开发的操作系统,其首先在 PDP-II 上运行,该系统具有多用户、多任务的特点,支持多种处理器架构。

A. Linux   B. Windows   C. Android   D. UNIX

3. _____是由苹果公司开发的手持设备操作系统。苹果公司最早于 2007 年 1 月 9 日的 MacWorld 大会上公布这个系统。

A. Windows   B. Windows Phone   C. iOS   D. Linux

本 章 小 结

本章主要介绍操作系统的基本概念。操作系统作为计算机系统中最基本的一种系统软件,控制和管理着计算机系统中各种硬件和软件资源。操作系统的主要目标是方便使用、扩充功能、管理资源、提高效率和开放环境。

操作系统的发展历史很长,从操作系统替代操作人员的那天开始,到现代操作系统,主要包括早期批处理系统、多道程序系统以及现代操作系统。现代操作系统具有并发性、共享性、异步性和虚拟性四种基本特性,其中并发性是最重要的特性。

操作系统的主要功能有处理器管理、存储器管理、设备管理和文件管理等。为使用户能更方便地使用计算机,操作系统提供了操作接口和程序接口等两大类接口,操作接口包括操作命令、图形操作界面和作业控制语言;程序接口包括系统调用和标准库函数,供用户编程时使用。

操作系统根据功能模块的不同组成方式,其结构可分为整体式、层次式、客户/服务器和虚拟机等形式。

本章最后简单介绍了 Windows、UNIX、Linux、Android 和 iOS 等流行的操作系统。

【课后练习题】

选择题

1. 操作系统中采用多道程序设计技术提高 CPU 和外部设备的( )。

A. 利用率   B. 可靠性   C. 稳定性   D. 兼容性

2. 如果分时系统的时间片一定,那么( ),响应时间越短。

A. 内存越少   B. 内存越多   C. 用户数越少   D. 用户数越多

3. 若把操作系统看作资源管理者,下列的( )不属于操作系统所管理的资源。

A. CPU　　　　　　B. 内存　　　　　　C. 中断　　　　　　D. 程序

4. 很好地解决了内存碎片问题的存储管理方案是( )。

A. 固定分区管理　　B. 可变分区管理　　C. 页式存储管理　　D. 段式存储管理

简答题

1. 操作系统的主要目标是什么?

2. 操作系统的主要功能有哪些?

【课后讨论题】

1. 什么是操作系统?配置操作系统的目的是什么?

2. 什么是多道程序设计?多道程序设计的主要优点是什么?

3. 常见的主流操作系统有哪些?以你用的操作系统为例,说明操作系统通常提供哪些服务。

第2章 移动操作系统概述

【本章导读】

本章主要掌握移动操作系统的概念,了解在移动操作系统发展史上有哪些主要的移动操作系统,以及它们的优缺点和现状。

通过对本章的学习,请读者思考一个软件系统产生、发展、更新换代甚至消亡的条件或教训是什么,对我们有何借鉴意义。

本章重点了解主流移动操作系统概况。

【思维导图】

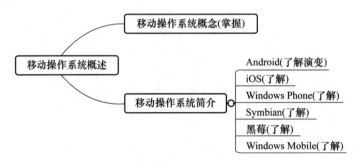

2.1 移动操作系统概念

【本节综述】

移动操作系统主要应用在智能手机上。主流的移动操作系统有 Google 的 Android 和苹果的 iOS 等。智能手机与非智能手机都支持 Java,智能机与非智能机的区别主要在于能否基于系统平台的功能进行扩展。

目前,在智能手机市场上,中国市场仍以个人信息管理型手机为主,随着更多厂商的加入,整体市场的竞争开始呈现出分散化的态势。目前应用在手机上的操作系统主要有Android(谷歌)、iOS(苹果)、Windows Phone(微软)、Symbian(诺基亚)、BlackBerry(黑莓)等。

智能手机具备个人数字助理(Personal Digital Assistant,PDA)的大部分功能,特别是信息管理以及基于无线数据通信的网络功能。随着移动通信技术的飞速发展,手机作为人们必备的移动通信工具,已经演变成一个移动的个人信息收集和处理平台。

流行的智能手机操作系统有 Symbian、Android、Windows Phone、iOS、BlackBerry 等。按照源代码、内核和应用环境等的开放程度划分,智能手机操作系统可分为开放型平台(基于 Linux 内核)和封闭型平台(基于 UNIX 和 Windows 内核)两大类。

1996年,微软发布了Windows CE操作系统,自此,微软开始研发手机操作系统。2001年6月,塞班公司发布了Symbian S60操作系统,塞班系统曾以其庞大的客户群和终端占有率称霸世界智能手机中低端市场。2007年6月,苹果公司的iOS登上了历史舞台,手指触控的概念开始进入人们的生活,iOS将创新的移动电话、可触摸宽屏、网页浏览、手机游戏、手机地图等几种功能完美地融为一体。2008年9月,当苹果和诺基亚两个公司还沉溺于争斗之时,Android这个由Google研发团队设计的小机器人悄然出现在世人面前,良好的用户体验和开放性的设计让Android很快地打入了智能手机市场。

现在Android和iOS系统在智能手机系统市场中维持领先地位,而且这种优势仍在不断增加。作为成熟稳定的手机操作系统,Symbian仍占有一定的市场份额,有上升的潜力。而Windows Phone与Windows系统绑定的优势不容忽视。如果微软公司在手机性能和第三方软件开发上做出提升和让步,其也是市场份额的有力竞争者。

智能手机操作系统是在嵌入式操作系统基础之上发展形成的专为手机设计的操作系统,除了具备嵌入式操作系统的功能(如进程管理、文件系统、网络协议栈等)外,还需有针对电池供电系统的电源管理部分、与用户交互的输入/输出部分、对上层应用提供调用接口的嵌入式图形用户界面服务、针对多媒体应用提供的底层编解码服务、Java运行环境、针对移动通信服务的无线通信核心功能及智能手机的上层应用等。

【本节自测】

选择题

1. 移动操作系统主要应用在智能手机上。主流的移动操作系统有Google的_____和苹果的_____等。

A. Windows   B. Android

C. Linux   D. iOS

E. B和D

2. 智能手机操作系统可分为开放型平台(基于_____内核)和封闭型平台(基于UNIX和Windows内核)两大类。

A. Linux   B. DOS   C. Windows NT   D. Windows CE

3. 2001年6月,塞班公司发布了_____操作系统。

A. Linux   B. Windows   C. Android   D. Symbian S60

2.2 移动操作系统简介

【本节综述】

本节主要了解在移动操作系统发展史上有哪些主要的移动操作系统,以及它们的优缺点和现状。

【问题导入】

- Android、iOS和Windows Phone作为目前世界上的三大主流移动操作系统,它们的发展历史以及现状如何?

- 在移动操作系统发展史上还有哪些主要的移动操作系统?它们的产生、发展、更新换代甚至消亡的条件或教训是什么?对我们有何借鉴意义?

2.2.1 Android 介绍

1. Android 移动操作系统简介

Android 是一种以 Linux 为基础的开放源代码操作系统，主要用于移动设备。Android 操作系统最初由 Andy Rubin 开发，最初主要支持手机，2005 年由 Google 收购注资，随后 Google 组建开放手机联盟开发改良，Android 逐渐扩展到平板计算机及其他领域。Android 的主要竞争对手是苹果公司的 iOS 以及 RIM 的 BlackBerry。2011 年第一季度，Android 在全球的市场份额首次超过塞班系统，跃居全球第一。

2. Android 移动操作系统来源

Android 一词的本义指"机器人"，Android 也是 Google 于 2007 年 11 月 5 日宣布的基于 Linux 平台的开源移动操作系统名称，该平台由操作系统、用户界面和应用软件组成，号称是首个为移动终端打造的、真正开放和完整的移动软件。

3. Android 移动操作系统介绍

2008 年 9 月 22 日，美国运营商 T-Mobile USA 在纽约正式发布第一款 Google 手机——T-Mobile G1。该款手机为 HTC 制造，是世界上第一款使用 Android 操作系统的手机，支持 WCDMA/HSPA 网络，理论下载速率为 7.2 Mbit/s，并支持 WiFi。Android 是 Google 开发的基于 Linux 平台的开源移动操作系统，它包括操作系统、用户界面和应用程序——移动电话工作所需的全部软件，而且不存在任何以往阻碍移动产业创新的专有权障碍。谷歌与开放手机联盟合作开发了 Android，这个联盟由包括中国移动、摩托罗拉、高通、宏达和 T-Mobile 在内的多家技术和无线应用的领军企业组成。通过与运营商、设备制造商、开发商和其他有关各方结成深层次的合作伙伴关系，其希望借助于建立标准化、开放式的移动电话软件平台，在移动产业内形成一个开放式的生态系统。

Android 作为谷歌企业战略的重要组成部分，将进一步推进"随时随地为每个人提供信息"这一企业目标的实现。

4. Android 移动操作系统标准版本

Android 在正式发布之前，最开始拥有两个内部测试版本，并且以著名的机器人名称来命名，它们分别是阿童木（Android Beta）和发条机器人（Android 1.0）。后来由于涉及版权问题，谷歌将命名规则变更为用甜点作为系统版本的代号。甜点命名法开始于 Android 1.5 发布的时候。版本代号包括：纸杯蛋糕（Android 1.5），甜甜圈（Android 1.6），松饼（Android 2.0/2.1），冻酸奶（Android 2.2），姜饼（Android 2.3），蜂巢（Android 3.0），冰激凌三明治（Android 4.0），果冻豆（Android 4.1/Android 4.2/Android 4.3），奇巧巧克力（Android 4.4），棒棒糖（Android 5.0）等。

（1）Android 1.1

2008 年 9 月发布的 Android 第一版。

（2）Android 1.5（Cupcake，纸杯蛋糕）

2009 年 4 月 30 日，Android 1.5（Cupcake，纸杯蛋糕）发布，主要的更新如下：

① 拍摄/播放影片，并支持上传到 YouTube。

② 支持立体声蓝牙耳机，同时改善自动配对性能。

③ 最新的采用 WebKit 技术的浏览器，支持复制/粘贴和页面中搜索。

④ GPS 性能大大提高。

⑤ 提供屏幕虚拟键盘。

⑥ 主屏幕增加音乐播放器和相框 widgets。

⑦ 应用程序自动随着手机旋转。

⑧ 短信、Gmail、日历、浏览器的用户接口大幅改进，如 Gmail 可以批量删除邮件。

⑨ 相机启动速度加快，拍摄的图片可以直接上传到 Picasa。

⑩ 来电照片显示。

（3）Android 1.6(Donut,甜甜圈)

2009 年 9 月 15 日，Android 1.6(Donut,甜甜圈)版本软件开发工具包发布，主要的更新如下：

① 重新设计的 Android Market 手势。

② 支持 CDMA 网络。

③ 文字转语音系统(Text-to-Speech)。

④ 快速搜索框。

⑤ 全新的拍照接口。

⑥ 查看应用程序耗电。

⑦ 支持虚拟私人网络(VPN)。

⑧ 支持更多的屏幕分辨率。

⑨ 支持 OpenCore2 媒体引擎。

⑩ 新增面向视觉或听觉困难人群的易用性插件。

（4）Android 2.0/2.0.1/2.1(Eclair,松饼)

2009 年 10 月 26 日，Android 2.0(Eclair,松饼)版本软件开发工具包发布，主要的更新如下：

① 优化硬件速度。

② "Car Home"程序。

③ 支持更多的屏幕分辨率。

④ 改良的用户界面。

⑤ 新的浏览器用户接口和支持 HTML5。

⑥ 新的联系人名单。

⑦ 更好的白色/黑色背景比率。

⑧ 改进 Google Maps 3.1.2。

⑨ 支持 Microsoft Exchange。

⑩ 支持内置相机闪光灯。

⑪ 支持数码变焦。

⑫ 改进的虚拟键盘。

⑬ 支持蓝牙 2.1。

⑭ 支持动态桌面的设计。

（5）Android 2.2/2.2.1(Froyo,冻酸奶)

2010 年 5 月 20 日，Android 2.2(Froyo,冻酸奶)版本软件开发工具包发布，主要的更新如下：

① 整体性能大幅度提升。

② 3G 网络共享功能。

③ Flash 的支持。

④ App2sd 功能。

⑤ 全新的软件商店。

⑥ 更多 Web 应用 API 的开发。

（6）Android 2.3（Gingerbread，姜饼）

2010 年 12 月 7 日，Android 2.3（Gingerbread，姜饼）版本软件开发工具包发布，主要的更新如下：

① 增加了新的垃圾回收和优化处理事件。

② 原生代码可直接存取输入和感应器事件、EGL/OpenGL ES、OpenSL ES。

③ 新的管理窗口和生命周期的框架。

④ 支持 VP8 和 WebM 视频格式，提供 AAC 和 AMR 宽频编码，提供了新的音频效果器。

⑤ 支持前置摄像头、SIP/VOIP 和 NFC（近场通信）。

⑥ 简化界面、速度提升。

⑦ 更快、更直观的文字输入。

⑧ 一键文字选择和复制/粘贴。

⑨ 改进的电源管理系统。

⑩ 新的应用管理方式。

（7）Android 3.0（Honeycomb，蜂巢）

2011 年 2 月 2 日，Android 3.0（Honeycomb，蜂巢）版本主要更新如下：

① 优化针对平板。

② 全新设计的 UI 增强网页浏览功能。

③ n-app purchases 功能。

（8）Android 3.1（Honeycomb，蜂巢）

2011 年 5 月 11 日在 Google I/O 开发者大会上发布，版本主要更新如下：

① 经过优化的 Gmail。

② 全面支持 Google Maps。

③ 将 Android 手机系统和平板系统再次合并，从而方便开发者。

④ 任务管理器可滚动，支持 USB 输入设备（键盘、鼠标等）。

⑤ 支持 Google TV，可以支持 XBOX 360 无线手柄。

⑥ widget 支持发生变化，能更加容易地定制屏幕 widget 插件。

（9）Android 3.2（Honeycomb，蜂巢）

2011 年 7 月 13 日发布，版本主要更新如下：

① 支持 7 英寸设备。

② 引入了应用显示缩放功能。

（10）Android 4.0（Ice Cream Sandwich，冰激凌三明治）

2011 年 10 月 19 日发布，Android 4.0（Ice Cream Sandwich，冰激凌三明治）版本主要更新如下：

① 全新的 UI。

② 全新的 Chrome Lite 浏览器,有离线阅读、16 标签页、隐身浏览模式等功能。

③ 截图功能。

④ 更强大的图片编辑功能。

⑤ 自带照片应用堪比 Instagram,可以加滤镜、加相框,可进行 360 度全景拍摄,照片还能根据地点来排序。

⑥ Gmail 加入手势、离线搜索功能,UI 更强大。

⑦ 新功能 People:以联系人照片为核心,界面偏重滑动而非点击,集成了 Twitter、Linkedin、Google＋等通信工具。有望支持用户自定义添加第三方服务。

⑧ 新增流量管理工具,可具体查看每个应用产生的流量。

⑨ 正在运行的程序可以像计算机一样互相切换。

⑩ 人脸识别功能,同时前置摄像头可以进行面部解锁。

⑪ 系统优化、速度更快。

⑫ 支持虚拟按键,手机可以不再拥有任何按键。

⑬ 更直观的程序文件夹。

⑭ 平板计算机和智能手机通用。

⑮ 支持更高的分辨率。

⑯ 专为双核处理器编写的优化驱动。

⑰ 全新的 Linux 内核。

⑱ 增强的复制、粘贴功能。

⑲ 语音功能。

⑳ 全新通知栏。

㉑ 更加丰富的数据传输功能。

㉒ 更多的传感器支持。

㉓ 语音识别的键盘。

㉔ 全新的 3D 驱动,游戏支持能力提升。

㉕ 全新的谷歌电子市场。

㉖ 增强的桌面插件自定义。

(11) Android 4.1(Jelly Bean,果冻豆)

2012 年 6 月 28 日发布,从版本号上看,Android 4.1(Jelly Bean,果冻豆)并没有做出很大改变,只是对 Android 4.0 系统的改善,但其中还是有许多令用户兴奋的新功能,版本主要更新如下:

① 更快、更流畅、更灵敏;特效动画的帧速提高至 60 fps,增加了三倍缓冲。

② 增强通知栏。

③ 全新搜索。搜索带来全新的 UI、智能语音搜索和 Google Now 三项新功能。

④ 桌面插件自动调整大小。

⑤ 加强无障碍操作。

⑥ 语言和输入法扩展。

⑦ 新的输入类型和功能。

⑧ 新的连接类型。

⑨ 新的媒体功能。

⑩ 浏览器增强。

⑪ Google 服务。

(12) Android 5.0(Lollipop,棒棒糖)

2014 年 10 月 15 日发布,Android 5.0(Lollipop,棒棒糖)版本主要更新如下:

① 碎片问题。

② 数据迁移。

③ 独立平板。

④ 功能按键。

5.Android 移动操作系统联盟名单

开放联盟由谷歌与 34 家移动互联公司于 2007 年组建,旨在普及 Android 智能手机和打破其他智能手机高价低配的局面,开放联盟的成员负责制造和推广 Android 手机,并且支持更新和完善 Android 操作系统,使 Android 能更好地发展。

(1)手机和其他终端制造商

宏达国际电子股份有限公司(HTC)-中国;

Motorola Mobility(摩托罗拉移动技术)-美国;

Samsung Electronics(三星电子)-韩国;

Sony(索尼)-日本;

LG Electronics(LG 电子)-韩国;

Lumigon(丹麦陆力更手机公司)-丹麦;

ARCHOS(爱可视)-法国;

TOSHIBA(东芝)-日本;

华为技术有限公司-中国;

中兴通讯股份有限公司-中国。

(2)半导体公司

Audience Corp(声音处理器公司);

Broadcom Corp(无线半导体主要提供商);

Intel(英特尔);

Marvell Technology Group;

Nvidia(图形处理器公司);

SiRF(GPS 技术提供商);

Synaptics(手机用户界面技术提供商);

Texas Instruments(德州仪器);

Qualcomm(高通);

AMD(移动处理器供应商);

MTK(联发科技股份有限公司)。

(3)软件公司

Aplix;

Ascender；

eBay 的 Skype；

Esmertec；

Living Image；

NMS Communications；

Noser Engineering AG；

Nuance Communications；

PacketVideo；

SkyPop；

Sonix Network；

TAT-The Astonishing Tribe；

Wind River Systems。

（4）移动运营商

中国移动；

日本 KDDI；

日本 NTT DoCoMo；

美国 Sprint Nextel；

意大利电信（Telecom Italia）；

西班牙 Telefónica；

T-Mobile；

中国联通；

中国电信 CDMA 运营商。

2.2.2 iOS 介绍

1. iOS 移动操作系统简介

iOS 的原名为 iPhone OS，其核心与 Mac OS X 的核心都源自 Apple Darwin。iOS 主要是给 iPhone 和 iPod touch 使用。iOS 的系统架构分为四个层次：核心操作系统层（Core OS layer）、核心服务层（Core Services layer）、媒体层（Media layer）、可触摸层（Cocoa Touch layer）。

iOS 由两部分组成：操作系统及能在 iPhone 和 iPod touch 设备上运行原生程序的技术。由于 iOS 是为移动终端而开发，因此要解决的用户需求与 Mac OS X 有些不同，尽管在底层的实现上 iOS 与 Mac OS X 共享了一些底层技术。如果你是一名 Mac 开发人员，你可以在 iOS 中发现很多熟悉的技术，同时会注意到 iOS 的独有之处，如多触点接口（multi-touch interface）和加速器（accelerometer）。

2. iOS 移动操作系统支持软件

iPhone 和 iPod touch 使用基于 ARM 架构的中央处理器，而不是 X86 处理器（如以前的 PowerPC 或 MC680x0），其使用由 PowerVR 视频卡渲染的 OpenGL ES。因此，Mac OS X 上的应用程序不能直接复制到 iOS 上运行，需要针对 iOS 的 ARM 重新编写。但 Safari 浏览器支持"Web 应用程序"。从 iOS 2.0 开始，通过审核的第三方应用程序能够通过苹果的

App Store 进行发布和下载。

3. iOS 移动操作系统自带程序

在 iOS 2.2 版本的固件中,iPhone 的主界面包括以下自带的应用程序:SMS(简讯)、日历、照片、相机、YouTube、股市、地图(AGPS 辅助的 Google 地图)、天气、时间、计算机、备忘录、系统设定、iTunes(将会被链接到 iTunes Music Store 和 iTunes 广播目录)、App Store 以及联络资讯。还有四个位于最下方的常用应用程序:电话、Mail、Safari 和 iPod。

除了电话、简讯和相机,iPod touch 保留了大部分 iPhone 自带的应用程序。iPhone 上的 iPod 程序在 iPod touch 上被分成了两个:音乐和视讯。位于主界面最下方的应用程序也根据 iPod touch 的主要功能而改成了音乐、视讯、照片和 iTunes。

4. iOS 移动操作系统 Web 程序

在 2007 年苹果全球开发者大会上,苹果宣布 iPhone 和 iPod touch 会通过 Safari 浏览器支持某些第三方应用程序,这些应用程序被称为 Web 应用程序,它们通过 AJAX 互联网技术编写出来。

5. 关于 SDK

2007 年 10 月 17 日,史蒂夫·乔布斯在一封张贴于苹果公司网站的公开信上宣布软件开发工具包(SDK)将在 2008 年 2 月左右提供给第三方开发商。软件开发工具包于 2008 年 3 月 6 日发布,允许开发人员开发 iPhone 和 iPod touch 的应用程序,并对其进行测试,名为 "iPhone 手机模拟器"。然而,只有在付出了 iPhone 手机开发计划的费用后,应用程序才能发布。自 Xcode 3.1 发布以后,Xcode 就成为 iPhone 软件开发工具包的开发环境。

随着 SDK 的发布,iPhone 的爱好者便可以开发在 iPhone 上运行的应用程序了。iPhone SDK 包含了所需的资料和工具,使用这些工具可以开发、测试、运行、调试和调优程序以适配 iOS。除了提供代码的基本编辑、编译和调试环境,当在 iPhone 或者 iPod touch 设备上调试程序时,Xcode 还提供了运行点(launching point)功能。

2.2.3 Windows Phone 介绍

1. Windows Phone 移动操作系统简介

Windows Phone(WP)是微软发布的一款移动操作系统,它将微软旗下的 Xbox Live 游戏、Zune 音乐与独特的视频体验整合至手机中。2010 年 10 月 11 日晚上 9 点 30 分,微软公司正式发布了智能手机操作系统 Windows Phone。2011 年 2 月,诺基亚与微软达成全球战略同盟并深度合作、共同研发。

Windows Phone 具有桌面定制、图标拖拽、滑动控制等一系列操作体验。其主屏幕通过提供类似于仪表盘的体验来显示新的电子邮件、短信、未接来电、约会日程等,对重要信息保持时刻更新。它还包括一个增强的触摸屏界面,更方便手指操作;以及一个 IE Mobile 浏览器——该浏览器在一项由微软赞助的第三方调查研究中,和参与调研的其他浏览器相比,可以执行指定任务的比例高达 48%。很容易看出微软在用户操作体验上所做出的努力,而史蒂夫·鲍尔默也表示:全新的 Windows 手机把网络、个人计算机和手机的优势集于一身,让人们可以随时随地享受到想要的体验。

Windows Phone 力图打破人们与信息和应用之间的隔阂,提供适用于人们生活和工作方方面面的、最优秀的端到端体验。

2. Windows Phone 移动操作系统动态磁贴

Live Tile(动态磁贴)是出现在 Windows Phone 中的一个新概念,这是微软的 Metro 概念,与微软已经中止的 Kin 很相似。Metro 是长方形的功能界面组合方块,是 Zune 的招牌设计。Metro UI 要带给用户的是"glance and go"的体验。即便 Windows Phone 7 是在 Idle 或 Lock 模式下,仍然支持 Tile 更新。Mango 中的应用程序可以支持多个 Live Tile。在 Mango 更新后,Live Tile 的扩充能力更加明显,Deep Linking 既可以用在 Live Tile 上,也可以用在 Toast 通知上。Live Tile 只支持直式版面,也就是说,旋转手机时 Live Tile 的方向不会改变。

Metro UI 是一种界面展示技术,和 iOS、Android 界面最大的区别在于:后两种都是以应用为主要呈现对象,Metro 界面强调的是信息本身,而不是冗余的界面元素。显示下一个界面的部分元素的作用主要是提示用户"这儿有更多信息"。同时,在视觉效果方面,这有助于让用户形成一种身临其境的感觉,该界面概念首先被运用到 Windows Phone 系统中,随后被引入 Windows 8 操作系统中。

3. Windows Phone 移动操作系统人脉功能

People Hub 虽然被称作"人脉",但其基本功能就相当于传统意义上的"联系人",只不过功能强化了几十倍,带有各种社交更新,还实时云端同步。在 Mango 里面 People Hub 的首页 Tile 有了一点变化。之前它的 Live Tile 分成 9 个小格子,里面轮番显示联系人头像。Mango 里面则引入了占 4 个小格子的大号头像,让每个联系人都有充分展示自己的机会。其次就是联系人分组的引入,除了已经说过的功能以外,分组在人性化方面也很值得一提。应用程序商店服务 Marketplace 和在线备份服务 Microsoft My Phone 也已同时开启,前者提供多种个性化定制服务,如主题。

2.2.4 Symbian 介绍

1. Symbian 移动操作系统简介

众所周知,Symbian 操作系统是诺基亚一家独大的局面,尽管摩托罗拉和三星等厂商也生产基于 Symbian 的手机产品,但都没有形成规模,只是零星的尝试而已。诺基亚作为手机市场占有率较高的国际品牌,加速推广其旗下的智能手机,智能手机在其整体手机出货量中所占的比重不断攀升,诺基亚智能手机大多基于 Windows Phone,另外还有基于 Asha 系统的智能手机发售,基于 Symbian 系统的智能手机已经很少。

Symbian 操作系统提供了一系列个人信息管理(PIM)功能,包括联系人和日程管理等,还有众多的第三方应用软件可供选择。不过因为 Symbian 操作系统通常会随手机的具体硬件而做出改变,所以在不同的手机上它的界面和运行方式都有所不同。

2. Symbian 移动操作系统基本功能易用性

正如我们前面提到的,用户使用 Symbian 操作系统的体验将取决于用户的手机是哪一款。如果使用的是具备全键盘的诺基亚 9300,就会发现 Symbian 操作系统相当容易使用,比 Palm 或者 Windows Mobile 要方便很多。如果使用的是直板手机诺基亚 6680,操作界面就会非常复杂,会让用户感到困惑不已,输入数据的速度可能比你所能想象到的还要慢。总的来说,在这几个操作系统中,Symbian 是最难上手的一个,但具体情况取决于手机的硬件。

3. Symbian 移动操作系统兼容性

Symbian 操作系统完全支持 Microsoft Word、Excel 和 PowerPoint 文件，不过是否能够建立或者编辑这些文档，最终还是取决于手机的硬件。

4. Symbian 移动操作系统 E-mail

Symbian 对电子邮件的支持度与其他操作系统相比，如果不是更好的话，至少也是一样的。Symbian 支持 POP3、IMAP4 和 Webmail 账户，而且它支持多种 push to E-mail 方案，在欧洲和北美还可以使用比较成熟的 BlackBerry 和 Visto 技术来收发邮件。同时，笔者个人认为，Symbian 对 Lotus Notes 和 Microsoft Exchange 平台的支持在这几个操作系统中是最好的。

5. Symbian 移动操作系统第三方应用软件

Symbian 操作系统上的第三方应用软件同样很多，在知名的 Handango 网站上已经提供了众多可以运行在 Symbian 系统上的应用软件，尽管还是比不上 Palm 和 Windows Mobile，但已经足以找到所需要的内容了。

Symbian 旗下分为智能系统与非智能系统，在此主要说明智能系统。从大类上分，Symbian 的智能系统可分为：Symbian Sieres60（S60）；Symbian S80；Symbian S90 以及 Symbian UIQ。非智能系统基本上以 Symbian Sieres40（S40）为主。

2.2.5 BlackBerry 介绍

BlackBerry 开始于 1998 年，RIM 的品牌战略顾问认为，无线电子邮件接收器挤在一起形成的小小的标准英文黑色键盘，看起来像是草莓表面的一粒粒种子，就起了这么一个有趣的名字。应该说，BlackBerry 与桌面 PC 同步堪称完美，它可以自动把 Outlook 邮件转寄到 BlackBerry 中，不过在用 BlackBerry 发邮件时，它会自动在邮件结尾加上"此邮件由 BlackBerry 发出"字样。

BlackBerry 在美国之外的影响微乎其微，我国曾在广州与 RIM 合作进行移动电邮的推广试验，不过收效甚微。可以说 BlackBerry 在中国的影响力几乎为零，除了它那经典的外形。

2.2.6 Windows Mobile 介绍

1. Windows Mobile 移动操作系统简介

微软推出的 Windows Mobile（WM）操作系统最初被视作与 Palm 竞争的产品。2005 年 9 月 5 日微软推出的 v5.0 做出了很多实用的改进，包括更加智能化的 Word 和 Excel 版本、直接邮件技术和持久的数据存储。2010 年 10 月，微软宣布终止对 WM 的所有技术支持，其继任者 Windows Phone 进入市场。

2. Windows Mobile 移动操作系统易用性

Windows Mobile 在管理联系人方面较有优势，它在每个联系人下面提供了众多可选条目，而且在搜索大数量的联系人列表时更加容易。输入任意字符，在手机屏幕上会显示与之相关的联系人，很容易就能找到想要的信息。

采用 Windows Mobile 的所有设备都能够记录语音形式的备忘录，可以说语音记事是 Windows OS 的核心功能，只有一小部分的 Palm OS 设备支持语音记事。Pocket PC 的日程表功能比较普通,在这点上 Palm 似乎做得更好,因为后者的安排更有条理。

3. Windows Mobile 移动操作系统兼容性

Windows Mobile 操作系统只能与 Microsoft Outlook 同步,发布的 ActiveSync 4.5 支持真正的无缝同步,在几乎察觉不到的时间里,手机就已经与计算机连接并且可以交换数据。不过也许是因为具有 WiFi 功能的 Windows Mobile 手机较少,ActiveSync 不支持通过 WiFi 同步。

随着 Windows Mobile 6.1 的到来,微软终于给 Word 和 Excel 添加了本地文件支持。要想把 PC 上面的文档传输到手机上,以前必须先把文档转换为掌上设备所能识别的格式,这一过程非常耗时,而且转换后的文档还会损失部分功能;v6.1 发布后,绝大多数桌面版的 Office 文件都不需要转换就可以直接在手机上查看或者编辑,而且 Mobile Office 程序也有了较大改善,它新增了拼写检查功能,并且支持内置表格和图片,但对于 PowerPoint 文件还是只能够浏览。

Windows Mobile 的办公性能还有一个缺点,那就是把手机与 PC 连接后,微软没有提供一种让用户方便地同步其 Word 和 Excel 文档的方式,除非用户把所有的文档都放到一个固定的文件夹内,然后再指定同步文件夹。

4. Windows Mobile 移动操作系统电子邮件

由于采用了 direct-push 技术,Windows Mobile 5.0 的 E-mail 功能有了进步。通过 Microsoft Messaging 和 Security Feature Pack 这两个程序,用户的手机可以实时地接收邮件。除此之外,Outlook 没有改变多少,只不过把名字由 Messaging 改成了 Outlook Mobile。用户可以通过多种连接方式收发邮件,如蓝牙、WiFi、GSM 和 GPRS,或者先与计算机同步,然后通过计算机处理邮件。

5. Windows Mobile 移动操作系统多媒体性能

每一部 Windows Mobile 手机都预装了 Windows Media Player,它支持的格式包括 MP3、WMA、WMV、ASF、MPG,通过加装其他播放软件还能够播放低码率的 RM、RMVB 文件。

Windows Mobile 支持受 DRM 保护的音乐和电影等,也就是说,用户购买自或者下载自不同在线服务商的多媒体内容,都可以在手机上任意播放。

6. Windows Mobile 移动操作系统第三方软件

因为微软的大力推广,Windows Mobile 吸引了众多的同盟者,每年有无数的第三方软件面市。如果用户希望自己的 Windows Mobile 手机具有某项功能,那么市面上应该有足够的软件供用户选择,不过大多数都是英文软件。找到这些软件不难,Handango 和 PocketGear 的网站上就提供了各式各样的 Windows Mobile 软件,难的是购买和注册。

在各种应用软件中,游戏是比较受欢迎的,Windows Mobile 下拥有很多优秀的游戏,如掌上版的《帝国时代》《雷神之锤》《神秘岛》,它甚至还能够通过加装 DOS 模拟器运行经典的《仙剑奇侠传》。

Windows Mobile 作为软件巨头微软的掌上版本操作系统,在与桌面 PC 和 Microsoft Office 的兼容性方面具有先天的优势,而且 WM 具有强大的多媒体性能,办公娱乐两不误,使其成为最有潜力的操作系统之一。当然,它的缺点也很明显:软件使用复杂、系统不稳定、硬件要求较高。这些都是不可忽略的。最终 Windows Mobile 被微软后来推出的 Windows

Phone 操作系统取代。

【本节自测】

选择题

1. _____ 是一种以 Linux 为基础的开放源代码操作系统,主要用于移动设备。

A. Android　　　　B. iOS　　　　　　　C. Windows Phone　　D. Symbian

2. iOS 的原名为 iPhone OS,其核心与 Mac OS X 的核心都源自_____。

A. DOS　　　　　B. Macintosch　　　C. Apple Darwin　　D. Windows CE

3. 2010 年 10 月 11 日晚上 9 点 30 分,微软公司正式发布了智能手机操作系统_____
_____。

A. Windows 95　　B. Windows Phone　　C. Linux　　　　　D. BlackBerry

本 章 小 结

本章从什么是移动操作系统入手,介绍了移动操作系统的直观概念,同学们要了解智能手机操作系统的发展。此外,本章从移动操作系统的发展历程以及性能方面,介绍了几种主要的移动操作系统,同学们重点了解三种主流的移动操作系统:Android、iOS 和 Windows Phone。这是学习移动操作系统的基础性知识。

【课后练习题】

选择题

1. Android 是基于什么平台的开源智能手机操作系统?(　　　)

A. WinCE　　　　　B. Linux　　　　　　C. SHP

2. Android 系统的缺点有(　　　)。

A. 版本多不统一　　　　　　　　　B. 用户体验不一致

C. 耗电大　　　　　　　　　　　　D. 应用把关不严

E. 以上全部

3. 哪个移动操作系统是开源的系统?(　　　)

A. Symbian　　　　B. Android　　　　C. Windows Phone　　D. iOS

4. Android 操作系统是 Google 在什么时间公布的?(　　　)

A. 2007 年 11 月 5 日　　　　　　　B. 2010 年 5 月 20 日晚 10 点 30 分

C. 2009 年 11 月 10 日

【课后讨论题】

1. 比较 Android 与 iOS 系统,列举 Android 系统的优缺点。

2. 以你使用的智能手机操作系统为例,说明移动操作系统都提供了哪些主要功能。

3. 简述华为手机的发展历史。

第 3 章　移动操作系统 Android

【本章导读】

这一章我们来学习目前世界智能手机市场占有率的霸主——Android 操作系统。通过对本章的学习，读者应掌握 Android 开发环境、Android 编译环境，掌握 Android 主要概念，掌握 SDK 中的常用命令，掌握 Android 应用结构，最后能够开发出一个 HelloWorld 小应用程序，掌握开发移动应用程序的主要步骤和流程，为深入学习 Android 操作系统和后续课程打下坚实基础。

这一章是本书的重点内容，读者不仅需要掌握相关开发环境的搭建，还需要掌握开发的流程，以及思考 Android 操作系统的成功经验能够给我们带来什么启示。

【思维导图】

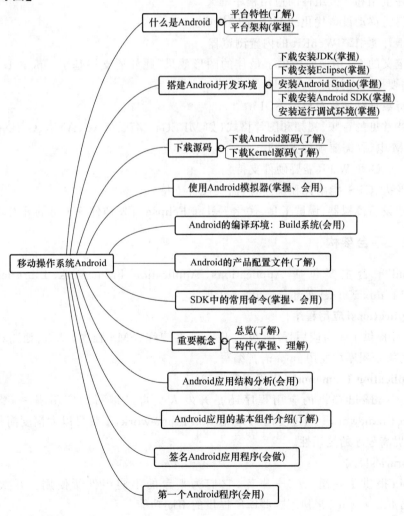

3.1 什么是 Android?

【本节综述】

Android 是专门为移动设备开发的平台,其中包含操作系统、中间件和核心应用等。Android 最早由 Andy Rubin 开发,于 2005 年被 Google 收购。2007 年 11 月 5 日,Google 正式发布 Android 平台。在 2010 年年底,Android 超越称霸 10 年的诺基亚 Symbian 系统,成为全球最受欢迎的智能手机平台。采用 Android 平台的手机厂商主要包括 HTC、Samsung、Motorola、LG、Sony Ericsson 等。

【问题导入】

Android 有哪些平台特性?其架构有哪几个层次和组成部分?

3.1.1 平台特性

Android 平台具有如下特性:

① 允许重用和替换组件的应用程序框架。

② 专门为移动设备优化的 Dalvik 虚拟机。

③ 基于开源引擎 WebKit 的内置浏览器。

④ 自定义的 2D 图形库提供了最佳的图形效果,此外还支持基于 OpenGL ES 规范的 3D 效果(需要硬件支持)。

⑤ 支持数据结构化存储的 SQLite。

⑥ 支持常见的音频、视频和图片格式(如 MPEG4、MP3、AAC、AMR、G、PNG、GIF)。

⑦ GSM 电话(需要硬件支持)。

⑧ 蓝牙、5G 和 WiFi(需要硬件支持)。

⑨ 摄像头、GPS、指南针和加速计(需要硬件支持)。

⑩ 包括设备模拟器、调试工具、优化工具和 Eclipse 开发插件等丰富的开发环境。

3.1.2 平台架构

Android 平台主要包括 Applications、Application Framework、Libraries、Android Runtime 和 Linux Kernel 等部分,如图 3.1 所示。

1. Applications(应用程序)

Android 提供了一组应用程序,包括 E-mail 客户端、SMS 程序、日历、地图、浏览器、通讯录等。这部分程序均使用 Java 语言编写。

2. Application Framework(应用程序框架)

无论是 Android 提供的应用程序还是开发人员自己编写的应用程序,都需要使用 Application Framework。通过使用 Application Framework,不仅可以大幅度简化代码的编写,还可以提高程序的复用性。

3. Libraries(库)

Android 提供了一组 C/C++库,它们为平台的不同组件所使用。开发人员通过 Application Framework 来使用这些库所提供的不同功能。

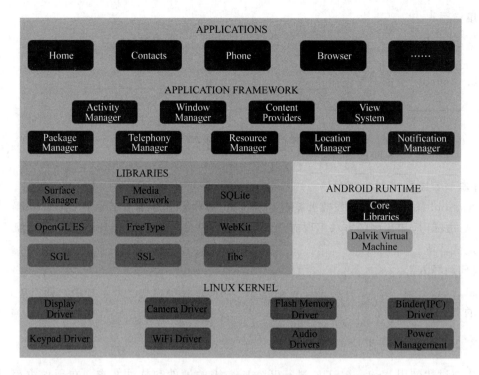

图 3.1 Android 平台架构

4. Android Runtime(Android 运行时)

Android 运行时包括核心库和 Dalvik 虚拟机两部分。核心库中提供了 Java 语言核心库包含的大部分功能,虚拟机负责运行程序。Dalvik 虚拟机专门针对移动设备进行编写,不但效率更高,而且占用更少的内存。

5. Linux Kernel(Linux 内核)

Android 平台使用 Linux 内核提供的核心系统服务,包括安全性、内存管理、进程管理等。

3.1.3 Android 市场

Android 市场是 Google 公司为 Android 平台提供的在线应用商店,Android 平台用户可以在该市场中浏览、下载和购买第三方人员开发的应用程序。

对于开发人员,Android 开发有两种获利方式:一种方式是销售软件,开发人员可以获得该应用销售额的 70%,其余 30%作为其他费用;另一种方式是增加广告,即将自己的软件定为免费软件,通过增加广告链接,靠点击率获利。

【本节自测】

选择题

在 2010 年年底,_____超越称霸 10 年的诺基亚 Symbian 系统,成为全球最受欢迎的智能手机平台。

A. Windows   B. Android   C. Linux   D. iOS

填空题

1. 对于开发人员，Android 开发有两种获利方式：一种方式是_____；另一种方式是_____。

2. Android 平台主要包括_____、_____、_____、_____和_____等部分。

3.2　搭建 Android 开发环境

【本节综述】

Android 操作系统的开发需要搭建相应的开发环境，还需要安装运行、调试环境。目前调试 Android 应用程序的方法主要有三种：真机环境、Android 虚拟环境 AVD 和第三方开发的调试环境。

【问题导入】

目前 Android 的开发环境主要有哪两种？如何搭建 Android 开发环境？如何运行调试开发的 Android 程序？

3.2.1　系统需求

本节讲述使用 Android SDK 进行开发所必需的硬件和软件要求。在硬件方面，要求 CPU 和内存尽量大。Android SDK 全部下载大概要占用 4 GB 硬盘空间。由于开发过程中需要反复重启模拟器，而每次重启都会花费几分钟的时间（视机器配置而定），因此使用高配置的机器能节约不少时间。对于软件要求，这里重点介绍两个方面：操作系统和开发环境。Android SDK 对操作系统的要求如表 3.1 所示。

表 3.1　Android SDK 对操作系统的要求

操作系统	要求
Windows	Windows XP(32 位)
	Windows Vista(32 位或 64 位)
	Windows 7(32 位或 64 位)
Mac OS X	10.5.8 或更新(仅支持 X86)
Linux(在 Ubuntu 的 10.04 版测试)	需要 GNU C Library(glibc)2.7 或更新 在 Ubuntu 系统上，需要 8.04 版或更新 64 位版本必须支持 32 位应用程序

对于开发环境，除了常用的 Eclipse IDE，还可以使用 IntelliJ IDEA 进行开发。对于 Eclipse，要求其版本号为 3.5 或更新，具体版本选择 Eclipse IDE for Java Developers 即可。此外，还需要安装 JDK5 或者 JDK6，以及 Android Development Tools 插件（简称 ADT 插件）。

3.2.2　下载和安装 JDK

1. JDK 的下载

由于 Sun 公司已经被 Oracle 收购，因此可以在 Oracle 公司的官方网站（http://www.

oracle.com/index.html)上下载JDK。下面以JDK 6 Update 45 为例,介绍下载JDK 的方法,具体步骤如下。

① 打开浏览器,在地址栏输入 http://www.oracle.com/index.html,进入 Oracle 的官方主页,如图 3.2 所示。

图 3.2 Oracle 官方主页

② 选择"Downloads"选项卡,选择"Java for Developers",在跳转的页面中滚动到图 3.3 所示的位置,单击 JDK 下方的"Download"按钮。

图 3.3 Java 开发资源下载页面

③ 在新页面中,同意协议并根据计算机硬件和系统选择适当的版本进行下载,如图 3.4 所示。

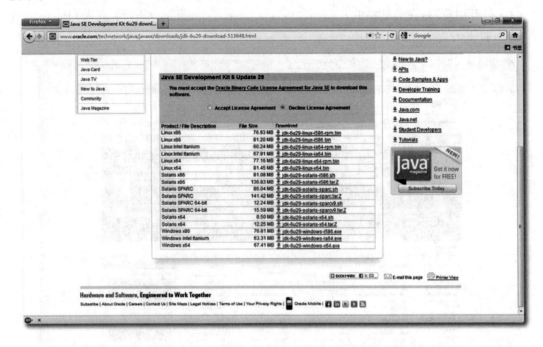

图 3.4　JDK 下载页面

2. JDK 的安装

下载完适合自己系统的 JDK 版本后,就可以进行安装了。下面以 Windows 系统为例,讲解 JDK 的安装步骤。

① 双击下载的 JDK 程序,会弹出图 3.5 所示的 JDK 安装向导对话框,单击"下一步"按钮。

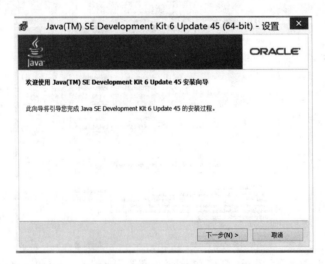

图 3.5　JDK 安装向导对话框

② 在打开的图3.6所示的对话框中,单击"更改"按钮,将安装位置修改为 C:\Program Files\Java\jdk1.6.0_45\,如图3.7所示。

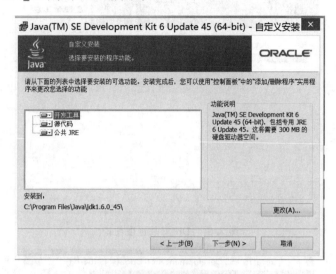

图 3.6　JDK 安装功能及位置选择对话框(一)

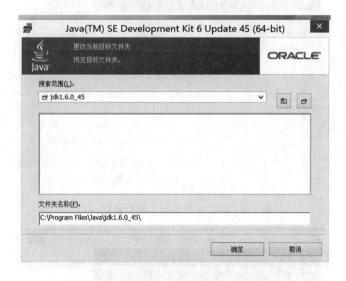

图 3.7　JDK 安装功能及位置选择对话框(二)

注意　在 Windows 系统中,软件默认安装到 Program Files 文件夹中,该路径中包含一个空格,通常建议将 JDK 安装到没有空格的路径中。

③ 单击"下一步"按钮,开始安装,如图3.8所示。

注意　安装 JDK 时,请不要同时运行其他安装程序,以免出现冲突。

④ 单击"更改"按钮,弹出图3.9所示的 JRE 安装路径选择对话框,将安装路径修改为 C:\Program Files\Java\jre6\,如图3.10所示。

⑤ 单击"下一步"按钮进行安装,如图3.11所示。

⑥ 安装完成后,会弹出图3.12所示的对话框。

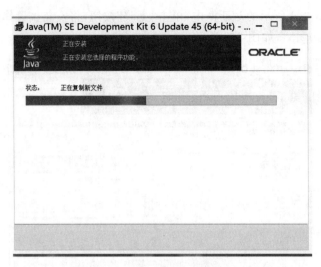

图 3.8   JDK 安装进度窗口

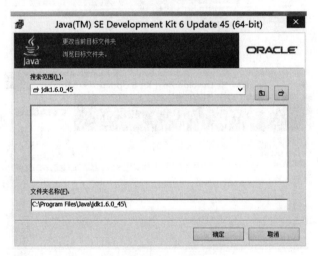

图 3.9   JRE 安装路径选择对话框(一)

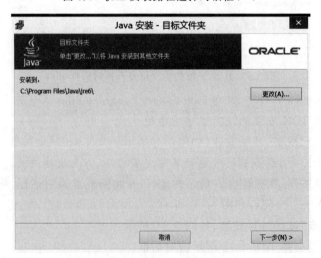

图 3.10   JRE 安装路径选择对话框(二)

图 3.11 JRE 安装进度窗口

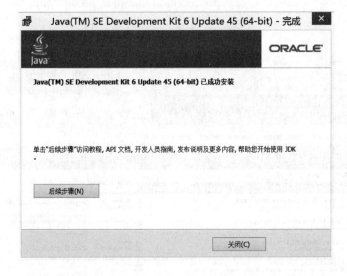

图 3.12 JDK 安装完成对话框

3.2.3 下载和安装 Eclipse

1. Eclipse 的下载与安装

① 打开浏览器,在地址栏输入 http://www.eclipse.org,进入 Eclipse 官方主页,如图 3.13 所示。

② 单击图 3.13 中的"Download Eclipse",根据操作系统,在 Eclipse IDE for Java Developers 选项右侧选择适当的版本,如图 3.14 所示。

③ 在图 3.15 所示的界面中,单击"Download[China]Beijing Institute of Technology (http)"链接进行下载。

④ 对下载得到的压缩包进行解压缩,完成 Eclipse 的安装。

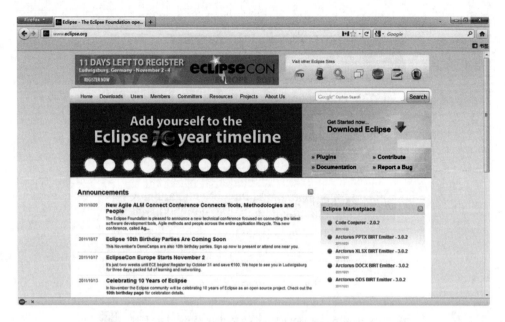

图 3.13　Eclipse 官方主页

图 3.14　Eclipse 版本选择页面

2. Eclipse 的汉化

为了方便不熟悉英语的用户使用 Eclipse,下面讲解如何对 Eclipse 进行汉化。

① 打开浏览器,在地址栏输入 http://www.eclipse.org/babel/,进入 Eclipse Babel 官方主页,如图 3.16 所示。

② 单击页面左侧的"Downloads",复制"Babel Language Pack Update Site for Indigo"下方的"http://download.eclipse.org/technology/babel/update-site/R0.9.0/indigo"链

图 3.15　Eclipse 下载页面

图 3.16　Eclipse Babel 官方主页

接，如图 3.17 所示。

③ 启动 Eclipse，选择"Help"→"Install New Software"命令，如图 3.18 所示。打开安装新插件窗口，如图 3.19 所示。

④ 单击"Add"按钮，显示增加仓库对话框，如图 3.20 所示。在 Name 文本框中输入 Eclipse Babel，在 Location 文本框中输入上述复制的网址。单击"OK"按钮，联网查找可用软件包。

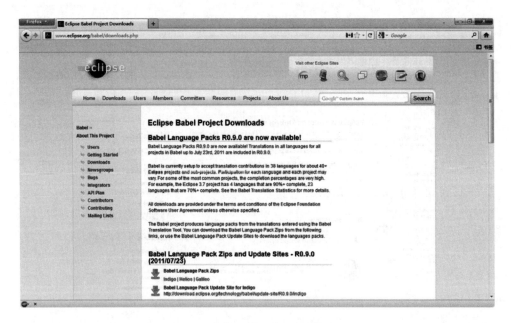

图 3.17　Eclipse Babel 下载页面

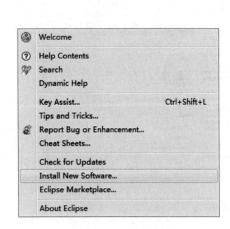

图 3.18　Help 菜单

图 3.19　安装新插件窗口

图 3.20　增加仓库对话框

⑤ 在图 3.21 所示窗口中，选中"Babel Language Packs for eclipse"下的"Babel Language Pack for eclipse in Chinese(Simplified)"复选框，单击"Next"按钮。

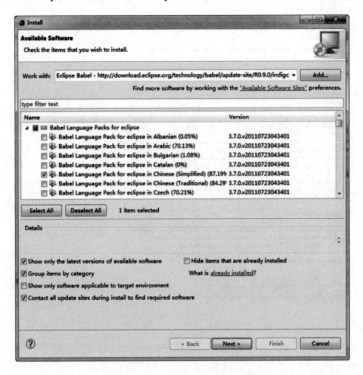

图 3.21　选择新插件窗口

⑥ 在图 3.22 所示窗口中，显示的是插件的详细信息，包括插件名称、版本号和 ID。单击"Next"按钮继续。

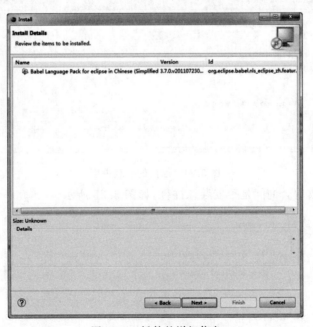

图 3.22　插件的详细信息

⑦ 在图3.23所示窗口中，显示的是安装协议，选中"I accept the terms of the license agreement"单选按钮同意协议，然后单击"Next"按钮开始安装。

图3.23　安装协议

⑧ 将显示插件的下载进度，如图3.24所示。

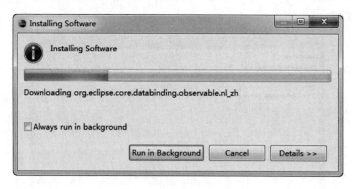

图3.24　插件的下载进度

⑨ 在下载完成后会询问是否安装该插件，如图3.25所示。

图3.25　询问是否安装该插件

⑩ 单击"OK"按钮确认安装,在安装完成后会要求重新启动 Eclipse,如图 3.26 所示。单击"Restart Now"按钮,完成安装。

图 3.26　询问是否重启 Eclipse

3. ADT 插件的安装及配置

Google 专门为 Eclipse 开发了一个插件来辅助开发,即 Android Development Tools (ADT),下面讲解该插件的安装及配置。

① 打开浏览器,在地址栏输入 http://developer. android. com/index. html,进入 Android 开发者官方主页,如图 3.27 所示。

图 3.27　Android 开发者官方主页

② 选择"SDK"选项卡,单击页面左侧的"ADT 16.0.1",如图 3.28 所示。

③ 滚动页面到 Downloading the ADT Plugin,复制 "https://dl-ssl. google. com/android/eclipse/"链接。

④ 启动 Eclipse,单击"帮助"菜单,在"帮助"菜单中选择"Install New Software"命令,如图 3.29 所示。

⑤ 打开安装新插件窗口,如图 3.30 所示。

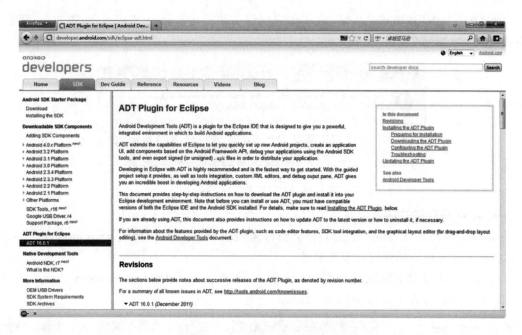

图 3.28 ADT 插件说明页面

图 3.29 "帮助"菜单

⑥ 在图 3.30 所示窗口中,单击"Add"按钮,显示增加仓库对话框,如图 3.31 所示。在 Name 文本框中输入 ADT,在 Location 文本框中输入上述复制的网址。单击"确定"按钮,联网查找可用软件包。

⑦ 在图 3.32 所示窗口中,选中"Developer Tools"复选框,单击"下一步"按钮。

⑧ 在图 3.33 所示窗口中,显示的是插件的详细信息,包括插件名称、版本号和 ID。单击"下一步"按钮继续。

⑨ 在图 3.34 所示窗口中,显示的是安装协议,选中"I accept the terms of the license agreement"单选按钮同意协议,然后单击"下一步"按钮开始安装。

⑩ 将显示插件的下载进度,如图 3.35 所示。

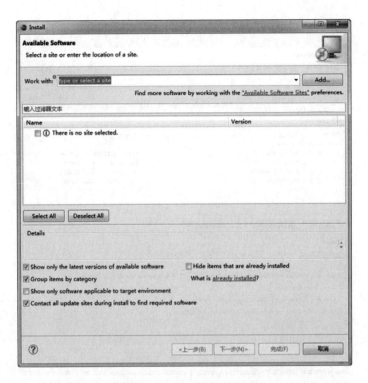

图 3.30　安装新插件窗口

图 3.31　增加仓库对话框

⑪ 在下载完成后会询问是否安装该插件,如图 3.36 所示。

⑫ 单击"确定"按钮确认安装,在安装完成后会要求重新启动 Eclipse,如图 3.37 所示。单击"Restart Now"按钮,完成安装。

⑬ 在重启 Eclipse 后,会显示 ADT 插件的配置页面,如图 3.38 所示。

⑭ 选中"Use existing SDKs"单选按钮,然后选择下载得到的 SDK 的位置,单击"下一步"按钮,打开图 3.39 所示的统计数据窗口,单击"完成"按钮,完成配置。

⑮ 单击 Eclipse 工具栏中的图标,显示 AVD 管理工具对话框,如图 3.40 所示。

⑯ 在图 3.40 所示窗口中,单击"New"按钮。在打开的窗口中,在 Name 文本框中输入 AVD4.0.3,在 Target 下拉列表中选择"Android 4.0.3-API Level 15",在 SD Card 的 Size 文本框中输入 256,在 Skin 的 Built-in 下拉列表中选择"WSVGA",其他使用默认设置,如图 3.41 所示。单击"Create AVD"按钮,完成创建。

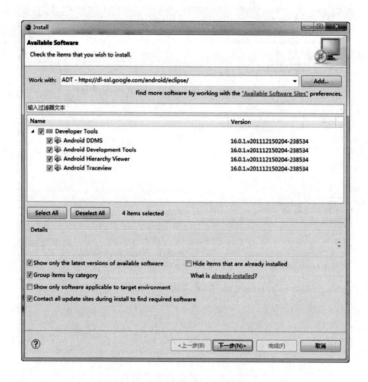

图 3.32　选择新插件窗口

图 3.33　插件的详细信息

图 3.34　安装协议

图 3.35　插件的下载进度

图 3.36　询问是否安装该插件

图 3.37　询问是否重启 Eclipse

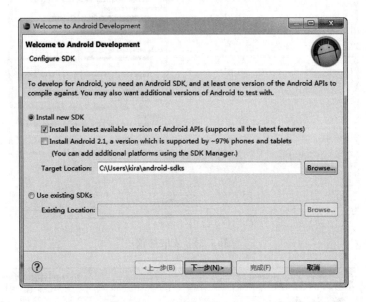

图 3.38　ADT 插件的配置页面

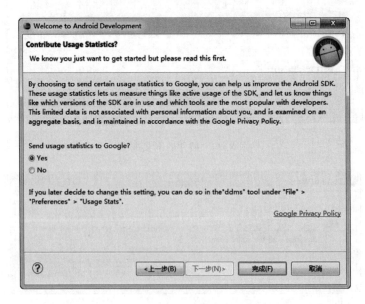

图 3.39　ADT 插件统计数据窗口

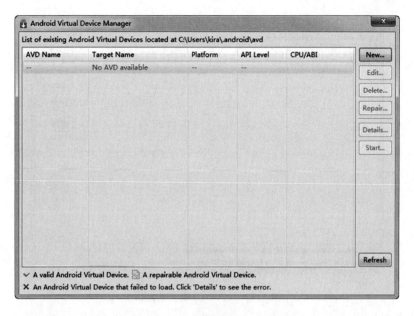

图 3.40　AVD 管理工具对话框

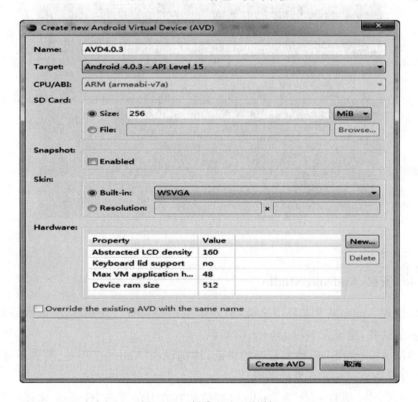

图 3.41　创建 AVD 对话框

⑰ 创建完 AVD 后,打开图 3.42 所示窗口,单击"Start"按钮,在打开的窗口中单击"Launch"按钮,启动 Android 模拟器,如图 3.43 所示。

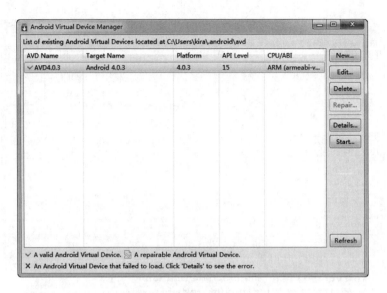

图 3.42　AVD 管理工具窗口

图 3.43　Android 模拟器效果图

3.2.4　安装 Android Studio

在开始搭建 Android 开发环境之前，假定学生已经具有一定的 Java 编程基础，如果学生暂时还不会这些，建议先学习 Java 入门知识。

下面将从 Android SDK 的安装开始讲起，详细说明 Android 开发、调试环境的安装和使用，这些内容是 Android 开发的基础。

Android Studio 是 Google 为 Android 提供的官方 IDE 工具，Google 建议广大 Android 开发者尽快从使用 Eclipse＋ADT 的开发环境改为使用 Android Studio。

Android Studio 不再基于 Eclipse，而是基于 IntelliJ IDEA。实际上，IntelliJ IDEA 一直都是一款非常优秀的 Java IDE 工具，只是 IntelliJ IDEA 是一款商业的 IDE 工具（虽然也有免费的社区交流版，但功能相当有限），因此影响了 IntelliJ IDEA 的广泛应用。现在，

Google 以 IntelliJ IDEA 为基础推出的 Android Studio 可以免费使用,具有非常大的吸引力。

下载和安装 Android Studio 请按如下步骤进行。

① 登录 http://developer.android.google.cn/sdk/index.html 页面,滚动到该页面的最下方,即可看到图 3.44 所示的下载链接。

Android Studio downloads

Platform	Android Studio package	Size	SHA-256 checksum
Windows (64-bit)	android-studio-ide-183.5522156-windows.exe Recommended	971 MB	3bdeb96033d9aa54ed6192b5f95688464eed8d4d3a5bf23aa5b421f095b05741
	android-studio-ide-183.5522156-windows.zip No .exe installer	1035 MB	34fb0eb7c965e86cfe2d26a9fd176e9faa78b245f71fe0ee250da5a393d96eff
Windows (32-bit)	android-studio-ide-183.5522156-windows32.zip No .exe installer	1035 MB	908b871e55067285e60179b0a53c4bd42fb3c1c4f7ee78e0da373ef2312eda1b
Mac (64-bit)	android-studio-ide-183.5522156-mac.dmg	1026 MB	8c504f8e151260d915bc54ac0c69ec06effcf424f66deb1432a2eb7aafe94522
Linux (64-bit)	android-studio-ide-183.5522156-linux.tar.gz	1037 MB	60488b63302fef657367105d433321de248f1fb692d06dba6661efec434b9478

See the Android Studio release notes.

图 3.44　下载 Android Studio

② 单击“android-studio-ide-183.5522156-windows”链接,即可下载得到一个 android-studio-ide-183.5522156-windows 文件。

③ 运行 android-studio-ide-183.5522156-windows 文件,即可看到图 3.45 所示的对话框。

图 3.45　安装 Android Studio 向导开始对话框

④ 单击“Next”按钮,系统显示 Android Studio 的配置选择对话框,如图 3.46 所示。

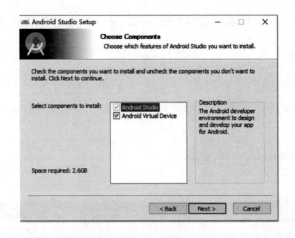

图 3.46 配置选择对话框

⑤ 单击"Next"按钮,系统显示 Android Studio 的安装路径选择对话框,如图 3.47 所示。

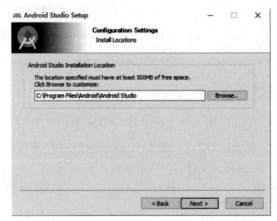

图 3.47 选择 Android Studio 的安装路径

⑥ 单击"Next"按钮,系统显示 Android Studio 的开始菜单目录选择对话框,如图 3.48 所示。

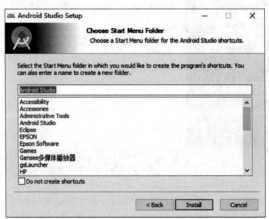

图 3.48 选择 Android Studio 的开始菜单目录

⑦ 单击"Install"按钮，即可完成 Android Studio 的安装。安装完成后将看到图 3.49 所示的对话框。

图 3.49 Android Studio 安装完成

由于 Android Studio 是基于 IntelliJ IDEA 的 IDE 工具，因此 Android Studio 中 Project （项目）的概念与 Eclipse 中 Project 的概念不同，Android Studio 的项目相当于 Eclipse 的 Workspace（工作空间），Android Studio 的 Module（模块）才相当于 Eclipse 的项目。由此可见，Android Studio 的项目相当于一个工作空间，一个工作空间可包含多个模块，每个模块对应一个 Android 项目。因此要记住一句有些拗口的话：Android Studio 的项目可以包含多个 Android 项目（模块）。

⑧ 勾选"Start Android Studio"，单击"Finish"按钮，即可启动 Android Studio。启动完成后如图 3.50 所示。

图 3.50 新建项目

⑨ 接下来即可单击图 3.50 所示界面中的"Start a new Android Studio project"列表项来新建一个 Android Studio 项目。记住：Android Studio 的所谓项目只是一个工作空间，与 Android 项目并不对应。单击"Start a new Android Studio project"后会显示图 3.51 所示的添加 Activity 对话框。

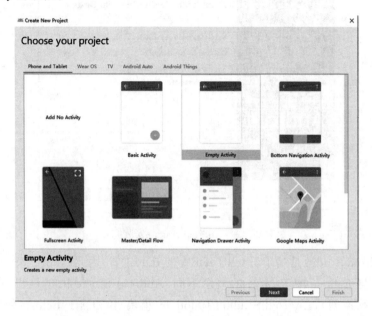

图 3.51　添加 Activity

⑩ 选择"Add No Activity"（不添加 Activity），然后单击"Next"按钮，将显示图 3.52 所示的对话框。

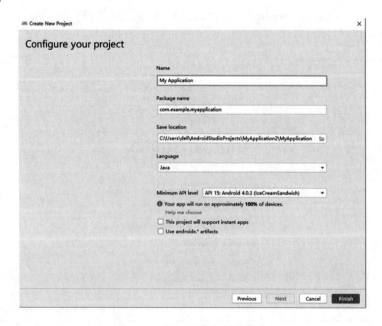

图 3.52　添加项目名称等信息

提示 Activity 是 Android 应用中最主要的应用组件,负责与用户交互,大致上可以把它想象成传统界面编程中的窗口。

⑪ 添加项目名称和包名等信息后,单击"Finish"按钮,即可看到 Android Studio 正常打开的窗口。

3.2.5 下载和安装 Android SDK

虽然安装 Android Studio 时已经附带安装了 Android SDK,但最新版的 Android Studio 自动下载的 Android SDK 往往不是最新版的,因此需要重新下载最新的 Android SDK。

Android 的官方网站是 http://www.android.com,登录该网站即可下载 Android SDK。下载和安装 Android SDK 请按如下步骤进行。

① 登录 http://developer.android.google.cn/sdk/index.html 页面,滚动到该页面下方,即可看到图 3.53 所示的下载链接。

Platform	Package	Size	SHA-1 Checksum
Windows	installer_r24.4.1-windows.exe (Recommended)	151659917 bytes	f9b59d72413649d31e633207e31f456443e7ea0b
	android-sdk_r24.4.1-windows.zip	199701062 bytes	66b6a6433053c152b22bf8cab19c0f3fef4eba49
Mac OS X	android-sdk_r24.4.1-macosx.zip	102781947 bytes	85a9cccb0b1f9e6f1f616335c5f07107553840cd
Linux	android-sdk_r24.4.1-linux.tgz	326412652 bytes	725bb360f0f7d04eaccff5a2d57abdd49061326d

图 3.53 Android SDK 的下载链接

② 单击"android-sdk_r24.4.1-windows.zip"链接,通过该链接即可下载 Android 5.0 SDK 压缩包。

提示 不同平台下载相应的 SDK 压缩包,不管是 Windows 平台还是其他平台,都只需将下载得到的压缩包解压,再配置一些环境变量即可。

③ 下载完成后得到一个 android-sdk_r24.4.1-windows.zip 文件,将该文件解压缩到任意路径下,如 D 盘的根路径下。解压缩后得到一个 android-sdk-windows 文件夹,该文件夹下包含如下文件结构。

- add-ons:该目录下存放第三方公司为 Android 平台开发的附加功能系统。刚解压缩时该目录为空。
- platforms:该目录下存放不同版本的 Android 系统。刚解压缩时该目录为空。
- tools:该目录下存放大量 Android 开发、调试的工具。
- AVD Manager.exe:该程序是 AVD(Android 虚拟设备)管理器。通过该工具可以管理 AVD。
- SDK Manager.exe:该程序是 Android SDK 管理器。通过该工具可以管理 Android SDK。

④ 启动 SDK Manager. exe，即可看到图 3.54 所示的窗口。

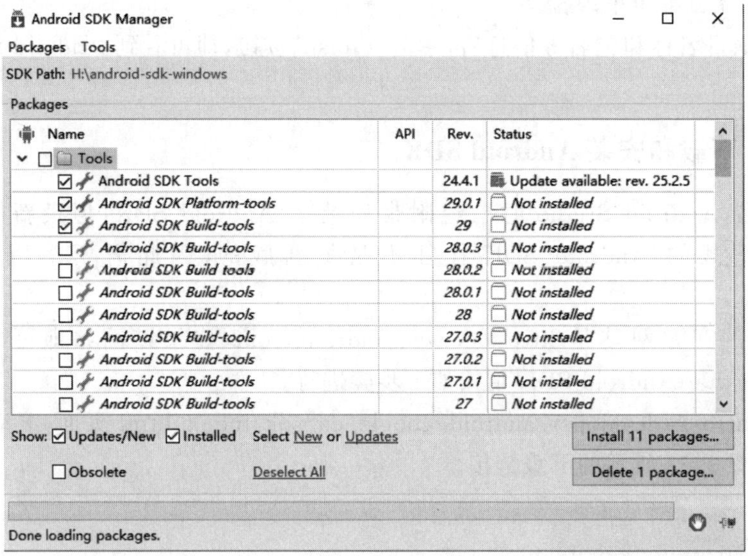

图 3.54　Android SDK 管理器

提示　如果读者运行 Android SDK 管理器时无法看到图 3.54 所示的列表，请单击该管理器上方"Tools"菜单中的"Options"菜单项，然后在弹出的对话框中勾选以"Force"开头的复选框。并修改 Windows 系统目录中 System32\drivers\etc 目录下的 hosts 文件，在其中增加如下两行：

203.208.46.146 dl. google. com

203.208.46.146 dl-ssl. google. com

⑤ 在图 3.54 所示的列表中勾选需要安装的平台和工具，如 Android 5.0.1 的平台和工具，其中 Android 文档、SDK Platform 是必选的。如果想查看 Android 官方提供的示例程序，使用 Android SDK 的源代码，则可以勾选"Samples for SDK"和"Sources for Android SDK"两个列表项（最好将 Android 5.0.1 包含的所有工具都安装上，如果无须为 Android TV、可穿戴设备开发应用，则可暂时不勾选以 Android TV、Android wear 开头的选项）。至于是否需要安装 Android 早期版本的 SDK，则取决于实际情况。选中所需安装的工具之后，单击"Install××packages"（其中××代表用户勾选的列表项数量）按钮，将看到图 3.55 所示的窗口。

⑥ 单击"Accept License"单选按钮，确认需要安装所有的工具包，然后单击"Install"按钮，系统开始在线安装 Android SDK 及相关工具。根据学生的网络状态及选中的工具包数量，在线安装时间不会太短，甚至可能花费一两个小时，耐心等待即可。

⑦ 安装完成后可以看到在 Android SDK 目录下增加了如下几个文件夹。

- docs：该文件夹下存放了 Android SDK 开发文件和 API 文档等。
- extras：该文件夹下存放了 Google 提供的 USB 驱动、Intel 提供的硬件加速等附加工具包。
- platform-tools：该文件夹下存放了 Android 平台相关工具。

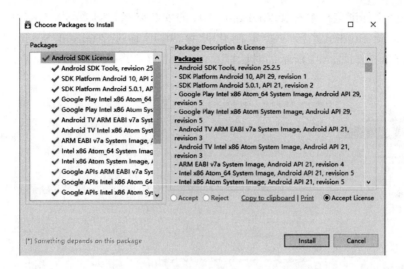

图 3.55　列出将要安装的 Android 工具包

- samples：该文件夹下存放了不同 Android 平台的示例程序。
- sources：该文件夹下存放了 Android 5.0 的源代码。
- system-images：该文件夹下存放了不同 Android 平台针对不同 CPU 架构提供的系统镜像。

⑧ 为了在命令行窗口可以使用 Android SDK 的各种工具，建议将 Android SDK 目录下的 tools 子目录、platform-tools 子目录添加到系统的 PATH 环境变量中。

成功安装了最新版本的 Android SDK 之后，还需要为 Android Studio 设置 Android SDK 的路径，单击"File"→"Other Settings"→"Default Project Structure"菜单，即可看到图 3.56 所示的对话框。

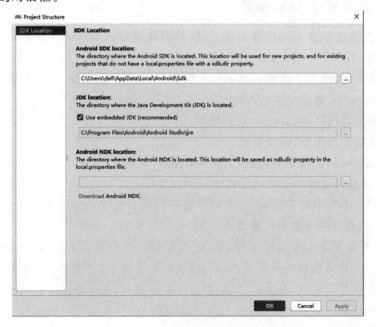

图 3.56　设置 Android SDK 的安装路径

在第一个文件浏览框中选择 Android SDK 的安装路径,然后单击"OK"按钮。如果还需要对 Android Studio 进行一些定制化设置,则可通过 Android Studio 的"File"→"Settings"菜单打开图 3.57 所示的对话框。

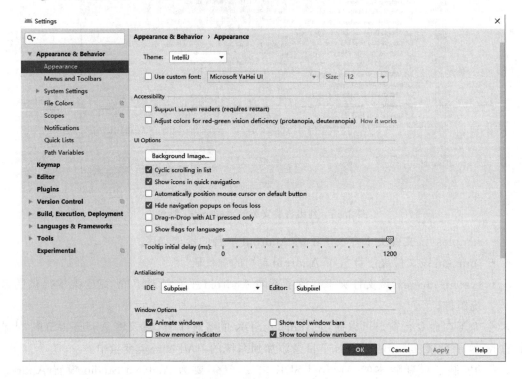

图 3.57　设置 Android Studio

3.2.6　安装运行、调试环境

Android 程序必须在 Android 手机上运行,因此进行 Android 开发时必须准备相关的运行、调试环境,有如下 3 种方式。

- 条件允许时,优先考虑购买 Android 真机(真机调试的速度更快、效果更好)。
- 配置 Android 虚拟设备(AVD)。
- 使用第三方提供的 Genymotion 模拟器。

1. 使用真机作为运行、调试环境

使用真机作为运行、调试环境时,只要完成如下 3 步。

① 用 USB 连接线将 Android 手机连接到计算机上。

② 在计算机上为手机安装驱动,不同手机厂商生产的 Android 手机的驱动略有差异,请登录各手机厂商官网下载手机驱动。

注意　通常都需要在计算机上为手机安装驱动。可能有读者会感到疑惑:Android 手机连接计算机后,计算机即可识别到 Android 手机的存储卡,不需要安装驱动啊? 需要提醒读者的是,计算机能识别 Android 手机的存储卡是不够的,安装驱动才能把 Android 手机整合成运行、调试环境。

③ 打开手机的调试模式。打开手机,依次单击"Dev Tools"→"开发者选项",进入

图3.58所示的设置界面,在该界面中开启开发者选项。

图3.58 打开调试模式

按图3.58所示,勾选"USB调试"选项即可。如果开发者还有其他需要,则可以勾选其他的选项。

2. 使用AVD作为运行、调试环境

Android SDK为开发者提供了可以在计算机上运行的"虚拟手机",Android把它称为Android Virtual Device(AVD)。如果开发者没有Android手机,则完全可以在AVD上运行编写的Android应用。

创建、删除和浏览AVD之前,通常应该先为Android SDK设置一个环境变量:ANDROID_SDK_HOME,该环境变量的值为磁盘上一个已有的路径。如果不设置该环境变量,开发者创建的虚拟设备默认保存在C:\Documents and Settings\< user_name >\ .android路径(以Windows XP为例)下;如果设置了ANDROID_SDK_HOME环境变量,虚拟设备就会保存在%ANDROID_SDK_HOME%\.android路径下。

注意 这里有一点非常容易混淆,此处的%ANDROID_SDK_HOME%环境变量并不是Android SDK的安装目录。学习过Java EE的读者可能都记得JAVA_ME、ANT_

HOME 等环境变量，它们都指向自身的安装目录，但 Android 的％ANDROID_SDK_HOME％不是。

在图形用户界面下管理 AVD 比较简单，因为可以借助于 Android SDK 和 AVD 管理器完成，完全可以在图形用户界面下操作，比较适合新上手的用户。

① 通过 Android SDK 安装目录下的 AVD Manager.exe 启动 AVD 管理器。单击该管理器左边的"Android Virtual Devices"选项卡，管理器会列出当前已有的 AVD，如图 3.59 所示。

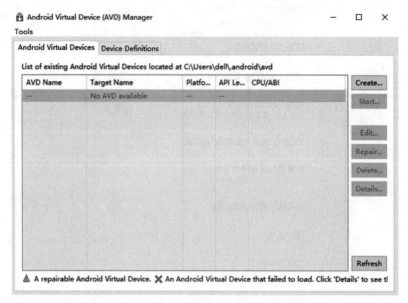

图 3.59　查看所有可用的 AVD

② 单击右边的"Create"按钮，AVD 管理器会弹出图 3.60 所示的对话框。

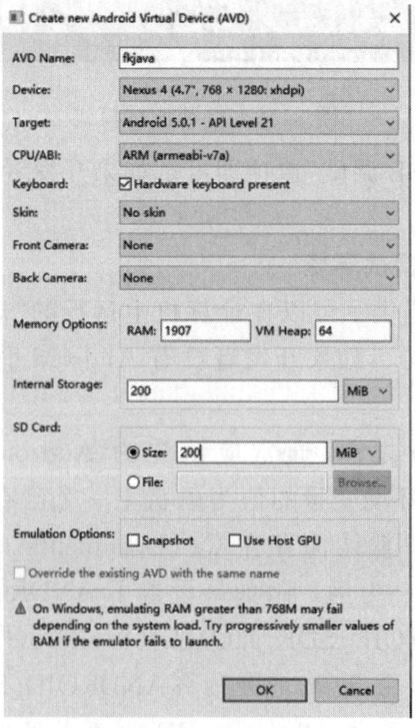

图 3.60　创建 AVD

③ 填写 AVD 的名称、Android 平台的版本和虚拟 SD 卡的大小,然后单击"OK"按钮,管理器将创建 AVD,开发者只需稍做等待。

创建完成后,管理器返回图 3.59 所示的窗口,该管理器将会列出当前所有可用的 AVD。如果开发者想删除某个 AVD,只要在图 3.59 所示窗口中选择指定的 AVD,然后单击右边的"Delete"按钮即可。

AVD 创建成功之后,接下来就可以使用模拟器来运行该 AVD 了。在 Android SDK 和 AVD 管理器中运行 AVD 非常简单:①在图 3.59 所示窗口中选择需要运行的 AVD;②单击"Start"按钮。

图 3.61 所示的就是一个运行在计算机上的虚拟手机,相信读者对这个界面应该不会陌生。可以使用该"虚拟手机"来模拟一些"手机操作",读者可以花点时间来熟悉一下 Android 系统的操作习惯。单击 Android 桌面上的"程序列表"按钮,Android 进入图 3.62 所示的界面。

图 3.61　启动后的虚拟手机

图 3.62　Android 应用程序列表

从图 3.62 所示的列表中可以看到 Android 系统默认提供的所有可用程序,以后我们开发的 Android 程序也可以在这里找到。当包含的程序太多时,可以通过手指左右拖动来查看更多的程序。

对国内用户来说,设置中文操作界面、设置中文输入法是两个常用的操作。中文操作界面可通过单击图 3.62 所示界面中的"Settings"项来进行设置,依次单击"Settings"→"Language&input"→"Language",Android 系统将出现图 3.63 所示的列表,选中其中的"中文(简体)"列表项,然后单击虚拟手机上的确认键返回。

提示　为 Android 模拟器设置中文操作界面之后,在有些计算机上启动、运行模拟器会特别慢,慢到令人难以忍受。如果遇到这种情况,请放弃使用中文操作界面。

中文输入法通过单击图 3.62 所示界面中的"Settings"项进行设置,依次单击"Settings"→

图 3.63　设置中文操作界面

"Language&input",在出现的列表中勾选"谷歌拼音输入法"列表项,然后单击虚拟手机上的确认键返回即可。

　　提示　有时开发者启动了 Android 模拟器,虚拟手机的显示屏右上方可能提示没有网络信号,通常是因为模拟器无法访问网络。一般来说,只要运行模拟器的计算机已经处于局域网内(已接入 Internet 也可以),并且没有防火墙阻止 Android 模拟器访问网络,Android 模拟器都不应该提示没有网络信号。如果运行 Android 模拟器的计算机既不在局域网内,也没有接入 Internet,则可将计算机 DNS 服务器设为与本机相同。例如,设置本机 IP 地址为 192.168.1.50,再将 DNS 服务器地址设为 192.168.1.50 即可。

　　3. 安装 Genymotion 模拟器

　　使用 Android 自带的模拟器虽然简单、方便,但最大的问题就是慢,慢到让大部分开发者难以忍受,这时可以选择使用第三方模拟器 Genymotion,该模拟器最大的特点是速度快,使用该模拟器可模拟出与真机媲美的速度。

　　提示　如果读者的计算机性能很好,使用 Android 自带的模拟器时性能良好,则完全可以跳过这部分内容。

　　下载和安装 Genymotion 模拟器按如下步骤进行。

　　① 登录 https://www.genymotion.com/#!/download 网址,可看到图 3.64 所示的页面。

　　② 单击"GetStartedFree"按钮,浏览器会打开图 3.65 所示的页面。

　　提示　Genymotion 有两个版本:免费的个人使用版本和收费的商业版本。免费版本的功能比较少,只能个人使用,但商业版本要收费,因此此处我们使用免费版本。

　　在图 3.65 所示页面中输入用户名、密码,登录 Genymotion 官网,如果读者暂时没有该网站的账户,则可单击该页面上的"Create an account"按钮注册账户。注册账户时需要输

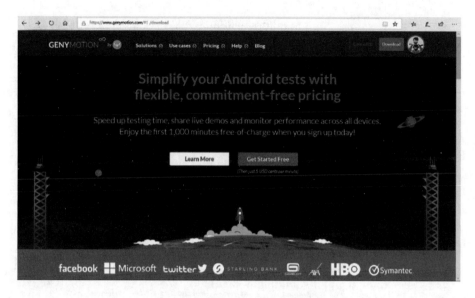

图 3.64 下载 Genymotion 模拟器

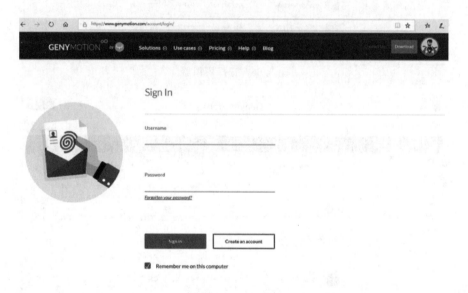

图 3.65 注册账户

入一个有效的邮箱地址,注册完成后必须登录该邮箱来激活账户。

③ 登录成功之后即可开始下载,下载完成后得到一个 genymotion-2.3.1-vbox.exe 文件,该文件就是 Genymotion 的安装文件,双击该文件即可开始安装。安装 Genymotion 与安装其他 Windows 程序并没有什么区别,此处不再赘述。

提示 安装 Genymotion 时会自动安装 Oracle 的 VM VirtualBox,读者只要不断地单击"Next"按钮即可完成安装。安装完成后会自动重启计算机。

④ 从"开始"菜单中启动 Genymotion,即可看到图 3.66 所示的窗口。

⑤ 从图 3.66 中可以看出,此时还没有任何 Genymotion 模拟器,读者在该窗口下方的列表中选择添加模拟器,即可看到图 3.67 所示的窗口。

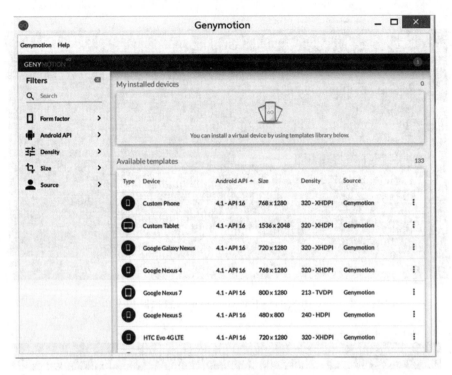

图 3.66　选择模拟器

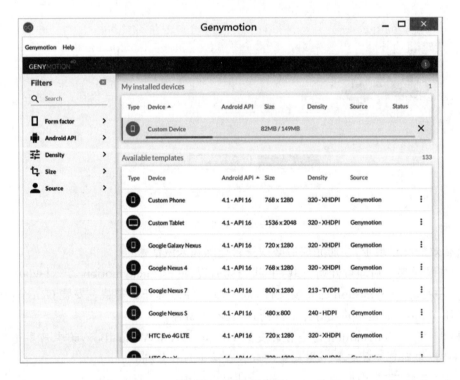

图 3.67　添加模拟器

⑥ 在图 3.67 所示列表中选择一个模拟器（此处的选择并不重要,后面还需要对此处的

选择重新进行设置），此处选择第一项：Custom Phone—4.1-API16—768×1280，然后单击
"ADD CUSTOM DEVICE"按钮来添加模拟器。

⑦ 下载完毕后，在该窗口选择下载的模拟器，然后单击窗口上方的"Start"按钮，即可启
动 Genymotion 模拟器，如图 3.68 所示。

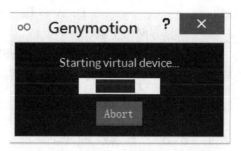

图 3.68 启动 Genymotion 模拟器

Genymotion 模拟器的启动速度比 Android 自带模拟器的启动速度快，因此很快即可看
到图 3.69 所示的模拟器界面。

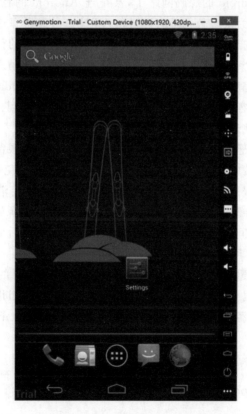

图 3.69 使用 Genymotion 模拟器

注意 如果读者在启动 Android 5.0 版本的 Genymotion 模拟器时一直卡在黑屏界面，
或者卡在 Android Logo 界面，则可能是因为计算机没有开启 CPU 虚拟化支持。此时需要
重启计算机，并进入 BIOS 开启 CPU 虚拟化支持。

【本节自测】

选择题

1. Android 开发环境有两种,包括_____。
A. Eclipse＋ADT   B. Android Studio
C. Visual Studio 和 Eclipse   D. A 和 B

2. JDK 可以在_____官方网站下载。
A. Sun 公司   B. Google 公司   C. Oracle 公司   D. 苹果公司

3. Android Studio 是基于_____的 Android 开发环境。
A. Windows NT   B. Linux   C. Eclipse   D. IntelliJ IDEA

3.3　下载源码

【本节综述】

对国内的开发者而言,下载 Android 的源码从来不是一件简单的事。因为一些原因,目前国内已经不能访问 Android 的源码网站了,甚至连 Android 的官方网站也访问不了。对公司而言这不是难题,因为很多公司都有国外的 VPN 账号或者海外服务器。下载 Android 的源码可以通过亚马逊的云服务器完成。只要有国内大型银行的信用卡账号,就可以在亚马逊平台上免费开通一个 EC2 服务器(免费使用期为一年)。亚马逊提供的带宽约为 1 GB,不到半个小时就能下载完所有源码,去掉.repo 目录后打包的 Android 5.0 源码有 6 GB 左右(比 Android 4.4 的压缩代码包大了近 2 GB)。虽然下载代码到云服务器非常快,但是从国外的服务器下载到本地还需要十多个小时。

需要注意的是,亚马逊提供的试用服务器虽然免费,但也有限制条件。首先是流量,流入云服务器的流量是免费的,但是流出的流量每月只有 15 GB 是免费的,超出的部分需要收费,因此,不要通过在云服务器上建代理的方式下载源码,这样会消耗 20 GB 以上的流量。其次,免费的 EC2 服务器默认的存储空间比较小,无法下载所有源码,创建服务器时要注意扩大存储空间,扩大的空间也会按时间收取少量费用,下载完成后应尽快关闭服务器,以免产生过多费用。

亚马逊的云服务器可以免费试用一年,如果使用得当,每个月的免费流量至少可供下载两套完整的 Android 源码。而且亚马逊的云服务器可以按小时租用,即使免费时间使用完了,租十几个小时来下载源码所需的费用也非常少,个人完全可以承受。

【问题导入】

如何下载 Android 操作系统源代码?

3.3.1　Git 和 Repo 简介

Git 最初是 Linus Torvalds 为了帮助管理 Linux 内核而开发编写的一个开放源码的版本控制软件。Git 功能强大,很适合分布式开发,但是它的命令比较晦涩难懂,新手学习起来有一定的困难。Repo 是 Google 开发的一个脚本文件,只是在 Git 的基础上封装了一层,用来简化 Git 下载 Android 源码的过程。如果只需下载 Android 源码,则不需要深入学习 Git,了解 Repo 的使用方法就可以了(下载 Kernel 的源码还是要用到 Git 命令)。如果希望能够自由、有选择性地下载源码,就需要系统学习 Git 的使用方法。下面介绍 Repo 的使用方法。

首先通过 curl 下载 Repo 的最新版本,具体命令如下:

curl https://storage.googleapis.com/git-repo-downloads/repo >～/bin/repo

下载完 Repo 脚本后,使用下面的命令将文件的属性修改为"可执行":

chmod a + x ～/bin/repo

Repo 的用法很简单,下面是最常用的几个命令。

(1) repo help 命令

格式为 repo help [command]。例如,"repo help init"将显示 init 命令的参数和用法。

(2) repo init 命令

repo init 命令可以有很多参数。-u 参数用来初始化软件仓库,例如:

repo init -u git://android.git.kernel.org/platform/manifest.git

-b 参数用来指定某个分支,不指定则默认为 master 分支,例如:

repo init -u git://android.git.kernel.org/platform/manifest.git

-b android 5.0.1

init 命令其他的参数不太常用,这里就不介绍了。

(3) repo sync 命令

repo sync 命令用来同步代码。可以使用-j 参数来启动多个线程同时下载,例如:

repo sync -j4

这条命令将会启动 8 个线程来同时下载。

3.3.2　源码版本历史

Android 源码版本历史如表 3.2 所示。

表 3.2　Android 源码版本历史

代号	版本编号	API 级别
(没代号)	1.0	API level 1
(没代号)	1.1	API level 2
Cupcake	1.5	API level 3,NDK 1
Donut	1.6	API level 4,NDK 2
Eclair	2.0	API level 5
Eclair	2.0.1	API level 6
Eclair	2.1	API level 7,NDK 3
Froyo	2.2.x	API level 8,NDK 4
Gingerbread	2.3—2.3.2	API level 9,NDK 5
Gingerbread	2.3.3—2.3.7	API level 10
Honeycomb	3.0	API level 11
Honeycomb	3.1	API level 12,NDK 6
Honeycomb	3.2.x	API level 13

续 表

代号	版本编号	API 级别
Ice Cream Sandwich	4.0.1—4.0.2	API level 14,NDK 7
Ice Cream Sandwich	4.0.3—4.0.4	API level 15,NDK 8
Jelly Bean	4.1.x	API level 16
Jelly Bean	4.2.x	API level 17
Jelly Bean	4.3.x	API level 18
Kitkat	4.4—4.4.4	API level 19
Lollipop	5.0	API level 20 21

注：摘自 Android 官方网站。

从表 3.2 中可以看到 Android 版本的发展历程。Android 对重大的升级都赋予了一个代号,有趣的是每个代号都是一种甜点的名称,如 Android 5.0 的代号是 Lollipop(棒棒糖),而且代号的首字母按照字母顺序排列。Android 的很多版本都是昙花一现,立即就被新版本代替了,市场上使用这些版本开发的手机很少。所有版本中,比较著名的有 Android 1.5、Android 2.1、Android 2.3 和 Android 4.2。

除了大的版本外,每个版本可能会有好几个分支,每个分支就是一个小的升级版本,主要是修复 bug 和进行小范围的功能调整。

3.3.3 下载 Android 源码

在下载代码前,需要知道版本的分支名。通过 Repo 可以查看所有分支名,例如:

＃repo init -u https://android.googlesource.com/platform/manifest

运行结果如图 3.70 所示,从中可以找到需要下载的分支名,如 android 5.0.0_r1。

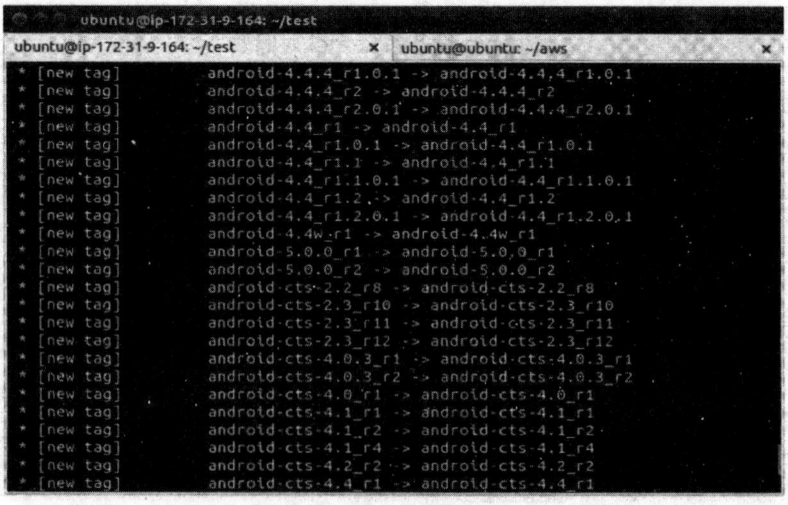

图 3.70 运行结果

注意 Repo 的 init 指令运行后会在当前目录下创建一个隐藏目录.repo。重新执行

init 指令前必须先删除这个隐藏目录,否则执行会失败。

下载源码的命令序列如下:

＃mkdir android5.0

＃cd android5.0

＃repo init -u https://android.googlesource.com/platform/manifest

＃repo sync

如果需要通过代理服务器下载,可以使用下面的命令来设置 Linux 的环境变量:

＃ export HTTP PROXY = http://< user_id >:< password >@< proxy_serve >:< proxy port >

＃ export HTTPS PROXY = http://< user_id >:< password >@< proxy_serve >:< proxy port >

3.3.4 下载 Kernel 源码

Android 的源码包中没有包含 Kernel 的源码,虽然 Android 的代码是通用的,但是每种设备的 Kernel 代码有比较大的差异。和 PC 相比,手机的主板并没有一个兼容标准,不同的厂家即使使用同一种解决方案,最后生产的主板也有很大差异。Google 的手机设备是不同的厂家代工生产的,使用的芯片解决方案也不相同。到目前为止,Google 所有设备的 Kernel 源码都放在下面这个 Git 库中,可以用 Git 的 clone 命令复制一份到本地:

＃git clone https://android.googlesource.com/kernel/common.git

＃git clone https://android.googlesource.com/kernel/exyncs.git

＃git clone https://android.googlesource.com/kernel/goldfish.git

＃git clone https://android.googlesource.com/kernel/msm.git

＃git clone https://android.googlesource.com/kernel/omap.git

＃git clone https://android.googlesource.com/kernel/samsung.git

＃git clone https://android.googlesource.com/kernel/tegra.git

其中,goldfish. git 是模拟器的内核代码库。

这些 Git 库的分类基于芯片解决方案,因此,只需要下载自己手机对应的 Git 库即可。

例如,Galaxy Nexus 手机是由三星代工的,所用的方案是 omap,需要 clone 的 Git 库就是 omap. git。

通常大家熟知的是设备的代号,如 Nexus 5、Nexus 7 等,但是 Google 的同一款设备可能会有多个型号,不同型号的主板功能也有区别,Kernel 可能一样也可能不一样。

表 3.3 是 Google 部分设备型号、Kernel 位置和 Kernel 源码仓库的对照表。

表 3.3　Google 部分设备型号、Kernel 位置和 Kernel 源码仓库的对照表

手机代号	设备型号	Kernel image 位置	源码仓库
Nexus 5	hammerhead	device/lge/hammerhead-kernel	msm. git
Nexus 7 二代	flo	device/asus/flo-kernel/kernel	msm. git
Nexus 7 二代	deb	device/asus/flo-kernel/kernel	msm. git

手机代号	设备型号	Kernel image 位置	源码仓库
Nexus 10	manta	device/samsung/manta/kernel	exynos. git
Nexus 4	mako	device/lge/mako-kernel/kernel	msm. git
Nexus 7	grouper	device/asus/grouper/kernel	tegra. git
Nexus 7(GSM)	tilapia	device/asus/grouper/kernel	tegra. git
Galaxy Nexus	maguro	device/samsung/tuna/kernel	omap. git
Galaxy Nexus	toro	device/samsung/tuna/kernel	omap. git
HTC One	panda	device/ti/panda/kernel	omap. git
XRoom	stingray	device/moto/wingray/kernel	tegra. git
XRoom	wingray	device/moto/wingray/kernel	tegra. git
Nexus S	crespo	device/samsung/crespo/kernel	samsung. git
Nexus S 4G	crespo4g	device/samsung/crespo/kernel	samsung. git

通过表 3.3 可以很容易地找到 Google 设备对应的 Git 库。clone 完成后还需要使用 Git 的 checkout 命令"检出"代码。checkout 命令需要用"分支名称"作为参数,"分支名称"可以通过 Git 的 branch 命令查到,例如:

```
#git branch - a
```

执行这条命令后将列出所有分支,知道了分支名后,就可以使用 checkout 命令来检出代码了,如下所示:

```
#git checkout branch_name
```

在 Android 的源码中,通常会包含某个 Android 手机的 Kernel 文件,如果需要下载和这个 Kernel 文件对应的源码版本(这样下载的源码版本和某款具体的设备更加匹配),可以通过下面的方法进行。

下面以 Nexus 7(grouper)为例,介绍如何下载它的 Kernel 文件对应的源码。

首先,输入以下命令:

```
#cd android                    //进入下载好的 Android 源码根目录
#cd device/asus/grouper        //进入 Kernel image 所在目录
#git log kernel                //查看 Kernel 的提交记录
```

执行最后一条命令会显示以下内容:

```
Commit e39a27e473b7ffelaedf85f4f005d0be7d8a7a9e
Author:The Android Open Source Project < initial-contribution@android.com >
Date:Wed Oct30 10:59:08 2013 - 0700
     Snapshot to f4f5f74b6273db81d4091632ad7cec1fc290e0f2
Commit 4a0eb239e802bc20c2d2101217170879440b8e99
Author:The Android Open Source Project < initial-contribution@android.com >
Date:Wed Oct30 10:52:08 2013 - 0700
     Snapshot to 6cfc880236a05b22f25353b221321ea64a56dee
Commit 954cdaf3b1671ccf49d42cd605e94b2b20d90e89
```

Author:Ed Tam < etam@google.com >

Date:Tue Jun11 23:58:25 2013 - 0700

    grouper:update kernel prebuilt

    1e8b3d8 ashmem:avoid deadlock between read and mmap calls

    Bug:9261835

    Change - Id:Ib81a9419dfd1659520306011d0be37e6ffacec6f

:debug2:client_check_window_change:changed

debug2:channel 0:request window-change confirm 0

这是 Google 工程师对 Nexus 7(grouper)的 Kernel image 文件的提交记录,其中记录了 image 文件对应的 Kernel 源码的分支,在这个例子中是"1e8b3d8"。知道了分支名,就可以开始下载 Kernel 的源码了,使用如下命令完成:

```
#git clone https://android.googlesource.com/kernel/tegra.git
#cd tegra
#git checkout 1e8b3d8
```

如果使用的手机不是 Google 出品的,怎么才能得到 Kernel 源码呢? Android 的 Kernel 源于 Linux,根据 Linux 的开源协议,所有 Android 设备的 Kernel 源码都需要公开。一般大型公司都会遵守这个协议,只要到相应公司的网站上搜索,通常可以找到。

【本节自测】

选择题

Android 操作系统是开源的,_____从相关网站下载源代码。

A. 可以   B. 不可以

填空题

1. _____最初是 Linus Torvalds 为了帮助管理 Linux 内核而开发编写的一个开放源码的版本控制软件。

2. _____是 Google 开发的一个脚本文件,只是在 Git 的基础上封装了一层,用来简化 Git 下载 Android 源码的过程。如果只需下载 Android 源码,则不需要深入学习 Git,了解_____的使用方法就可以了(下载 Kernel 的源码还是要用到 Git 命令)。

3.4 使用 Android 模拟器

【本节综述】

Android SDK 中包含了可以在计算机上运行的虚拟移动设备模拟器,开发人员不必使用物理设备就可以开发、测试 Android 应用程序。

除了不能真正实现通话,Android 模拟器可以模拟典型移动设备的所有硬件和软件特性。它提供了多种导航和控制键,开发人员通过鼠标或键盘来为应用程序生成事件;它还提供了一个屏幕,用于显示开发的应用程序以及其他正在运行的 Android 应用。

为了简化模拟和测试应用程序,模拟器使用 AVD 配置。AVD 允许用户设置模拟手机的特定硬件属性(如 RAM 大小),并且允许用户创建多个配置来在不同的 Android 平台和硬件组合下进行测试。一旦应用程序在模拟器上运行,它可以使用 Android 平台的服务来启动其他应用、访问网络、播放声音和视频、存储和检索数据、通知用户以及渲染图形渐变和主题。

模拟器包括多种调试功能,如记录内核输出的控制台、模拟应用中断(如收到短信或电话)和模拟数字通道的延迟及丢失。

【问题导入】

如何设置 Android 虚拟开发环境?如何使用和控制 Android 模拟器?

3.4.1　模拟器概述

Android 模拟器是一个基于 QEMU 的程序,提供了可以运行 Android 应用的虚拟 ARM 移动设备。它在内核级别运行一个完整的 Android 系统栈,其中包含一组可以在自定义应用中访问的预定义应用程序(如拨号器)。开发人员通过定义 AVD 来选择模拟器运行的 Android 系统版本,此外,还可以自定义移动设备皮肤和键盘映射。在启动和运行模拟器时,开发人员可以使用多种命令和选项来控制模拟器行为。

随 SDK 分发的 Android 系统镜像包含用于 Android Linux 内核的 ARM 机器码、本地库、Dalvik 虚拟机和不同的 Android 包文件(如 Android 框架和预安装应用)。模拟器 QEMU 层提供从 ARM 机器码到开发者系统和处理器架构的动态二进制翻译。

通过向底层 QEMU 服务增加自定义功能,Android 模拟器支持多种移动设备的硬件特性,例如:

- ARMv5 中央处理器和对应的内存管理单元(MMU)。
- 16 位液晶显示器。
- 一个或多个键盘(基于 QWERTY 键盘和相关的 DPad/Phone 键)。
- 具有输出和输入能力的声卡芯片。
- 闪存分区(通过计算机上的磁盘镜像文件模拟)。
- 包括模拟 SIM 卡的 GSM 调制解调器。

3.4.2　Android 虚拟设备和模拟器

Android 虚拟设备(AVD)是模拟器的一种配置。开发人员通过定义需要的硬件和软件选项,使用 Android 模拟器来模拟真实的设备。

一个 Android 虚拟设备由以下几部分组成。

- 硬件配置:定义虚拟设备的硬件特性。例如,开发人员可以定义该设备是否包含摄像头、是否使用物理 QWERTY 键盘和拨号键盘、内存大小等。
- 映射的系统镜像:开发人员可以定义虚拟设备运行的 Android 系统版本。
- 其他选项:开发人员可以指定需要使用的模拟器皮肤,用于控制屏幕尺寸、外观等。此外,还可以指定 Android 虚拟设备使用的 SD 卡。
- 开发计算机上的专用存储区域:用于存储当前设备的用户数据(如安装的应用程序、设置等)和模拟 SD 卡。

根据需要模拟的设备类型的不同,开发人员可以创建多个 AVD。由于一个 Android 应用通常可以在很多类型的硬件设备上运行,因此开发人员需要创建多个 AVD 来进行测试。

为 AVD 选择系统镜像目标时,请牢记以下要点:

① 目标的 API 等级非常重要。在应用程序的配置文件（Android Manifest 文件）中，minSdkVersion 属性标明了需要使用的 API 等级。如果系统镜像等级低于该值，将不能运行这个应用。

② 建议开发人员创建一个 API 等级大于应用程序所需等级的 AVD，主要用于测试程序的向后兼容性。

③ 如果应用程序配置文件中说明了需要使用额外的类库，则其只能在包含该类库的系统镜像中运行。

本章后面会详细讲解如何使用图形化的 AVD 管理工具来管理 AVD。在创建 AVD 时，还可以同时设置模拟设备的硬件属性，如图 3.71 所示。

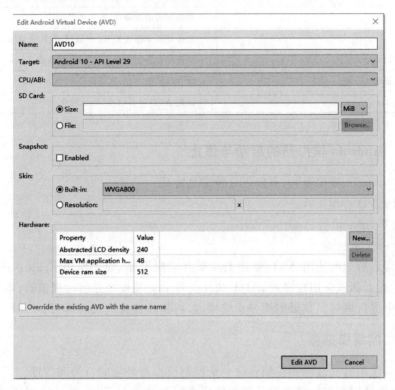

图 3.71　设置 AVD 属性

单击图 3.71 中的"New"按钮，还可以增加其他属性。AVD 支持的硬件属性及说明如表 3.4 所示。

表 3.4　AVD 支持的硬件属性及说明

硬件属性	说明
hw. ramSize	设备的物理内存量，默认值是 96
hw. touchScreen	设备是否包含触摸屏，默认值是 yes
hw. trackBall	设备是否包含轨迹球，默认值是 yes
hw. keyboard	设备是否包含 QWERTY 键盘，默认值是 yes
hw. dPad	设备是否包含 DPad 键，默认值是 yes
hw. gsmModem	设备是否包含 GSM 调制解调器，默认值是 yes

续 表

硬件属性	说明
hw. camera	设备是否包含摄像头,默认值是 no
hw. camera. maxHorizontalPixels	最大水平摄像头像素,默认值是 640
hw. camera. maxVerticalPixels	最大垂直摄像头像素,默认值是 480
hw. gps	设备是否包含 GPS,默认值是 yes
hw. battery	设备能否使用电池运行,默认值是 yes
hw. accelerometer	设备是否包含加速针,默认值是 yes
hw. audioInput	设备能否录制音频,默认值是 yes
hw. audioOutput	设备能否播放音频,默认值是 yes
hw. sdCard	设备是否支持虚拟 SD 卡插拔,默认值是 yes
disk. cachePartition	是否在设备上使用缓存分区,默认值是 yes
disk. cachePartition. size	缓存分区的大小,默认值是 66 MB
hw. lcd. density	设置 AVD 屏幕密度,默认值是 160

3.4.3　Android 模拟器的启动与停止

在启动 Android 模拟器时,有以下 3 种常见方式:

- 使用 AVD 管理工具。
- 使用 Eclipse 运行 Android 程序。
- 使用 emulator 命令。

在后面将讲解如何使用 AVD 管理工具来启动模拟器;如果使用 Eclipse 开发 Android 应用,在运行或者测试应用程序时,ADT 插件会自动安装程序并启动模拟器;第 3 种方式将在 3.6.3 节中进行讲解。如果需要停止模拟器,将模拟器窗口关闭即可。

3.4.4　控制模拟器

用户可以使用启动选项和控制台命令来控制模拟器环境的行为和特性。当模拟器运行时,用户可以像使用真实的移动设备那样使用模拟移动设备,不同的是需要使用鼠标来"触摸"屏幕,使用键盘来"按下"按键。

模拟器按键与键盘按键的对应关系如表 3.5 所示。

表 3.5　模拟器按键与键盘按键的对应关系

模拟器按键	键盘按键
Home	Home 键
Menu	F2 或者 Page Up 键
Start	Shift＋F2 组合键或者 Page Down 键
Back	Esc 键
Call	F3 键
Hangup	F4 键

续 表

模拟器按键	键盘按键
Search	F5 键
Power	F7 键
音量增加	KEYPAD_PLUS(＋)或者 Ctrl＋F5
音量减少	KEYPAD_MINUS(－)或者 Ctrl＋F6
Camera	Ctrl＋KEYPAD_5 或者 Ctrl＋F3
切换到先前的布局方向(如横向或纵向)	KEYPAD_7 或者 Ctrl＋F11
切换到下一个布局方向(如横向或纵向)	KEYPAD_9 或者 Ctrl＋F12
开启/关闭电话网络	F8 键
切换代码分析	F9 键(与-trace启动选项连用)
切换全屏模式	Alt＋Enter 组合键
切换轨迹球模式	F6 键
临时进入轨迹球模式(当键按下时)	Delete 键
DPad 左/上/右/下	KEYPAD_4/8/6/2
DPad 中间键	KEYPAD_5
透明度增加/减少	KEYPAD_MULTIPLY(＊)/KEYPAD_DIVIDE(/)

注意 如果使用小键盘按键,则需要关闭 Num Lock。

3.4.5 模拟器与磁盘镜像

模拟器使用计算机上可挂载的磁盘镜像来模拟真实设备的闪存分区。例如,它使用包含模拟器专用内核的磁盘镜像、RAM 磁盘镜像以及保存用户数据和模拟 SD 卡的可写镜像。

正常启动模拟器,需要用到一组特定的磁盘镜像文件。默认情况下,模拟器总是在使用的私有存储区域查找磁盘镜像。如果模拟器启动时没有找到镜像文件,它会根据 SDK 中存储的默认版本在 AVD 文件夹中创建磁盘镜像。

说明 在 Windows 7 系统中,AVD 的存储位置是 C:\Users\kira\.android\avd,其中 kira 是用户名。

为了便于开发人员修改或者自定义镜像文件版本,模拟器提供了启动选项来使用新的磁盘镜像。当使用这些选项时,模拟器根据开发人员指定的镜像名称或者位置查找镜像文件,如果查找失败,则使用默认的镜像文件。

模拟器使用 3 种类型的镜像文件:默认镜像文件、运行时镜像文件和临时镜像文件。运行时镜像文件中包含用户数据和 SD 卡,当关闭模拟器时,用户进行的设置都会被保存到用户数据中。

3.4.6 Android 4.0模拟器介绍

在 Android 4.0 中,模拟器同时支持移动电话与平板计算机。下面以平板计算机为例

（使用 WSVGA 皮肤），介绍一下 Android 模拟器，如图 3.72 所示。

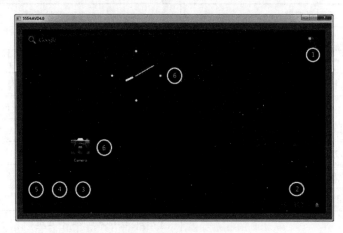

图 3.72　Android 4.0 系列模拟器界面

图 3.72 中主要有 6 个功能区域，分别使用不同的数字进行了标注，下面进行简单介绍。

① 应用程序按钮：单击该按钮会显示系统安装的应用程序。

② 设备状态：包括时间、信号强度、电量等。

③ 任务切换键：单击后显示最近运行的程序。

④ Home 键：用于返回桌面。

⑤ 后退键：用于返回前一个应用。

⑥ 当前安装的应用程序。

3.4.7　模拟器限制

在 Android 4.0 版本中，模拟器有如下限制：

- 不支持拨打或接听真实电话，但是可以使用模拟器控制台模拟电话呼叫。
- 不支持 USB 连接。
- 不支持相机/视频采集（输入）。
- 不支持设备连接耳机。
- 不支持确定连接状态。
- 不支持确定电量水平和交流充电状态。
- 不支持确定 SD 卡插入/弹出。
- 不支持蓝牙。

【本节自测】

填空题

1._____中包含可以在计算机上运行的虚拟移动设备模拟器，开发人员不必使用物理设备就可以开发、测试 Android 应用程序。

2. Android 模拟器是一个基于_____的程序，提供了可以运行 Android 应用的虚拟 ARM 移动设备。

3. 一个 Android 虚拟设备由_____、_____、_____和_____等部分组成。

4. 在启动 Android 模拟器时,有以下 3 种常见方式:_____、_____、_____。

3.5 Android 的编译环境——Build 系统

【本节综述】

Android 的 Build 系统是基于 GNU Make 和 Shell 构建的一套编译环境。Android 是一个庞大的系统,它包含了太多的模块,各种模块的类型也有十多种。因此,为了管理整套源码的编译,Android 专门开发了自己的 Build 系统。这套系统定义了大量的变量和函数,无论是编写一个产品的配置文件还是编写一个模块的 Android.mk 文件,都不用直接和 GNU Make 打交道,只需要理解 Android 提供的编译变量和函数,就能够方便地将我们开发的模块加入 Android 的 Build 体系中。

Android 的 Build 系统除了要完成对目标(手机)系统二进制文件、APK 的编译、链接、打包等工作外,还需要生成目标文件系统的镜像以及各种配置文件,同时还要维护各个模块间的依赖关系,确保某个模块的修改能引起所依赖的文件重新编译。Android Build 系统的功能非常强大,能同时支持多架构(X86、ARM 和 MIPS)、多语言(汇编、C/C++、Java)和多目标(同时支持多个产品)。

从大的方面讲,Android 的 Build 系统可以分成三大块:第一块是位于 build/core 目录下的文件,这是 Android Build 系统的框架和核心;第二块是位于 device 目录下的文件,存放的是具体产品的配置文件;第三块是各模块的编译文件 Android.mk,位于模块的源文件目录下。本节将分析这三大块涉及的脚本、文件,让读者能完全理解 Android Build 系统的原理及运行机制。

对于 Android 5.0 而言,Build 系统最大的变化是开始支持 64 位系统,本节也将介绍 Android 64 位编译相关的内容。

【问题导入】

如何搭建和使用 Android 编译环境——Build 系统?

3.5.1 Android Build 系统的核心

Android Build 系统的核心位于目录 build/core 中,这个目录中有几十个 mk 文件以及一些 shell 脚本和 perl 脚本,它们构成了 Android Build 系统的基础和框架。

分析一个大的模块时,比较好的方式是从入口开始,一步步深入,这样就能很快了解整个模块的组织架构。Android 系统的编译命令就是了解 Android Build 系统的入口。通常,使用下面的命令来编译 Android 系统:

```
# .build/envsetup.sh
# lunch
# make
```

上面的命令看上去很简单,数量只有 3 条,其中,命令 lunch 会打印出菜单让用户选择需要编译的产品。下面顺着这 3 条命令,一步步分析整个编译过程。

1. 编译环境的建立

（1）envsetup. sh 文件的作用

要执行 Android 系统的编译，必须先运行 envsetup. sh 脚本，这个脚本会建立 Android 的编译环境。打开 build/envsetup. sh 文件，可以看到这个脚本文件中定义了很多 shell 命令，这些 shell 命令在执行完 envsetup. sh 脚本后就可以从 shell 环境中调用了。编译中执行的 lunch 命令就是在 envsetup. sh 脚本中定义的。shell 命令如果没有被调用，是不会执行的，我们先忽略命令定义部分，看看运行 envsetup. sh 脚本时实际执行的代码，如下所示：

```
# 中间部分的代码
add lunch combo aosp_arm-eng
add lunch combo aosp_arm64-eng
add lunch combo aosp_mips-eng
add lunch combo aosp_mips64-eng
add lunch combo aosp_x86-eng
add lunch combo aosp_x86_64-eng
……
# 结尾部分的代码
for f in 'test - d device && find - L device - maxdepth 4 - name 'vendorsetup. sh'
2 >/dev/null '\
        'test - d vendor && find - L vendor - maxdepth 4 - name 'vendorsetup. sh'
2 >/dev/null'
do
    echo "including $ f"
        . $ f
done
unset f
```

envsetup. sh 文件中有两段代码会执行：在文件中间部分有 6 条 add_lunch_combo 命令的调用（可以看到这里已经加入了 64 位 ARM 和 X86 系统的编译选项）；结尾部分也有一段代码，这段代码的含义是，在 device 和 vendor 目录下搜索所有"vendorsetup. sh"文件，然后运行它们。

下面以产品 hammerhead 为例，看看它的 vendorsetup. sh 文件的内容，这个文件位于目录 device/lge/hammerhead 下，内容如下所示：

```
add_lunch_combo   aosp_hammerhead-userdebug
```

vendorsetup. sh 文件的内容只有一行，仍然是在调用 add_lunch_combo 命令。这样看来，整个 envsetup. sh 脚本除了建立 shell 命令外，只是在执行 add_lunch_combo 命令。add_lunch_combo 命令的定义如下所示：

```
unset LUNCH_MENU_CHOICES
function add_lunch_combo()
{
    local new_combo = $ 1
```

```
local c
for c in  ${LUNCH_MENU_CHOICES[@]};do
  if [" $ new_combo" = " $ c"];then
    return
  fi
done
LUNCH_MENU_CHOICES = ( ${LUNCH_MENU_CHOICES[@]}) $ new_combo)
}
```

add_lunch_combo 命令的功能是将调用该命令所传递的参数存放到一个全局的数组变量 LUNCH_MENU_CHOICES 中。执行 lunch 命令时打印出的菜单项正是这个数组的内容,具体如下所示:

You're building on Linux

Lunch menu … pick a combo:

1. aosp_arm-eng

2. aosp_arm64-eng

3. aosp_mips-eng

4. aosp_mips64-eng

5. aosp_x86-eng

6. aosp_x86_64-eng

7. aosp_grouper-userdebug

8. full_fugu-userdebug

9. aosp_fugu-userdebug

10. aosp_deb-userdebug

11. aosp_flo-userdebug

12. aosp_tilapia-userdebug

13. aosp_shamu-userdebug

14. aosp_mako-userdebug

15. aosp_hammerhead-userdebug

16. aosp_menta-userdebug

17. mini_emulator_x86_64-userdebug

18. mini_emulator_arm-userdebug

19. mini_emulator_arm64-userdebug

20. mini_emulator_x86-userdebug

21. mini_emulator_mips-userdebug

Which would you like? [aosp_arm-eng]

上面这些选项就是通过 add_lunch_combo 命令加入的。

envsetup. sh 脚本中定义了一些有用的 shell 命令,这些命令可以单独使用,如表 3.6 所示。

表 3.6   Android 的编译命令

命令	说明
lunch	用法：lunch＜product_name＞-＜build_name＞。指定当前编译的产品
tapas	用法：tapas[＜App1＞＜App2＞…][arm|x86|mips|armV5|arm64|x86_64|mips64][eng|userdebug|user]。以交互方式设置 build 环境变量
croot	快速切换到源码的根目录，方便开始编译
m	编译整个源码，但是不用将当前目录切换到源码的根目录
mm	编译当前目录下的所有模块，但是不编译它们的依赖模块
mmm	编译指定目录下的所有模块，但是不编译它们的依赖模块
mma	编译当前目录下的所有模块，同时编译它们的依赖模块
mmma	编译指定目录下的所有模块，同时编译它们的依赖模块
cgrep	对系统所有的 C/C++文件执行 grep 命令
ggrep	对系统所有本地的 Gradle 文件执行 grep 命令
jgrep	对系统所有的 Java 文件执行 grep 命令
resgrep	对系统所有的 res 目录下的 XML 文件执行 grep 命令
sgrep	对系统所有的源文件执行 grep 命令
godir	根据 godir 后的参数文件名在整个源码目录中查找，然后切换到该目录

（2）lunch 命令的功能

了解了 envsetup.sh 文件之后，再看看 lunch 命令的定义，具体如下所示：

```
function lunch( )
{
    local answer
    ♯ 如果 lunch 命令后面没有参数，则打印菜单供选择，选择值存放在变量
answer 中
    ♯ 如果有参数，则将参数赋予变量 answer
    if ["$1"];then
        answer = $1
    else
        print_lunch_menu
        echo - n "Which would you like ? [aosp_arm - eng]"
        read   answer
    fi
    local selection =
    ♯ 如果变量 answer 为空，则将变量 selection 的值设置为"aosp_arm-eng"
    ♯ 如果 answer 是数字，并且小于等于菜单条数，则把相应菜单项的内容赋予变
量 selection
    ♯ 如果 answer 是包含一个"-"的字串，则将 answer 的值赋予变量 selection。否
则报错
```

```
if [ - z " $ answer"]
then
    selection = aosp_arm-eng
elif (echo - n $ answer |grep - q   - e  "^[0-9][0-9] * $")
then
    if [ $ answer - le $ {LUNCH_MENU_CHOICES[@]}]
    then
        selection = $ {LUNCH_MENU_CHOICES[ $ (( $ answer - 1))]}
    fi
elif (echo - n  $ answer|grep - q  - e  "^[^\ -][^\ -] * -[^\ -][^\ -] * $ ")
then
    selection = $ answer
fi
if [ - z " $ selection"]
then
    echo
    echo"Invalid lunch combo: $ answer"
    return   1
fi
export TARGET_BUILD_APPS =
#将变量 selection 中字串的被" - "分割的前半部分赋予变量 product
#并调用函数 check_product 去检查是否存在这个字串对应的产品配置文件
local product = $ (echo - n $ selection|sed - e "s/ - . * $ //")
check_product $ product
if [ $ ? - ne 0]
then
    echo
    echo " * * Don't have a product spec for:'$ product'"
    echo " * * Do you have the right repo manifest?"
    product =
fi
#将变量 selection 的后半部分赋予变量 variant
#并调用函数 check_variant 去检查这个值是否是"eng" "user" "userdebug"
之一
local variant = $ (echo - n $ selection | sed - e "s/^[^\ -] * - //")
check_variant $ variant
if [ $ ? - ne 0]
then
    echo
```

```
        echo " ** Invalid variant:'$ variant'"
        echo " ** Must be one of  $ {VARIANT_CHOICES[@]}"
        variant =
    fi
    if [ - z " $ product" - o - z " $ variant"]
    then
        echo
        return  1
    fi
    ♯将变量 product 的值赋予环境变量 TARGET_PRODUCT
    ♯将变量 variant 的值赋予环境变量 TARGET_BUILD_VARIANT
    ♯将环境变量 TARGET_BUILD_TYPE 设为 release
    export TARGET_PRODUCT = $ product
    export TARGET_BUILD_VARIANT = $ variant
    export TARGET_BUILD_TYPE = re1ease
    echo
    set_stuff_for_environment   ♯设置更多的环境变量
    print config
    }
```

lunch 命令如果没有参数,系统会打印出产品列表供选择。lunch 命令也可以有参数,参数的格式是"< product_name > - < build_variant >",参数前半部分的"product_name"必须是系统中已经定义的产品名称,后半部分的"build_variant"必须是"eng""user"和"userdebug"三者之一。

lunch 命令的主要作用是根据用户输入或选择的产品名来设置与具体产品相关的环境变量。这些环境变量中与产品编译相关的主要是以下 3 项。

- TARGET_PRODUCT:对应"product_name"。
- TARGET_BUILD_VARIANT:对应"build_variant"。
- TARGET_BUILD_TYPE:一般是 release。

此外,最后调用的 set_stuff_for_environment 命令还会设置一些环境变量。

2. Build 相关的环境变量

执行完 lunch 命令后,系统会打印出当前配置所生成的环境变量。例如,选择 aosp_arm64-eng 编译项后,会打印出如下信息:

```
    =======================================================
PLATFORM_VERSION_CODENAME = REL
PLATFORM_VERSION = 5.0
TARGET_PRODUCT = aosp_arm64
TARGET_BUILD_VARIANT = eng
TARGET_BUILD_TYPE = release
TARGET_BUILD_APPS =
```

```
TARGET_ARCH = arm64

TARGET_ARCH_VARIANT = armv8-a

TARGET_CPU_VARIANT = generic

TARGET_2ND_ARCH = arm

TARGET_2ND_ARCH_VARIANT = armv7-a-neon

TARGET_2ND_CPU_VARIANT = cortex-a15

HOST_ARCH = x86_64

HOST_OS = linux

HOST_OS_EXTRA = Linux-3.13.0-24-generic-x86_64-with-Ubuntu-14.04-trusty

HOST_BUILD_TYPE = release

BUILD_ID = LRX21M

OUT_DIR = out

=========================================================
```

这些环境变量将影响编译过程,具体说明如下。

- PLATFORM_VERSION_CODENAME:表示平台版本的名称,通常是 AOSP (Android Open Source Project,Android 开源项目)。
- PLATFORM_VERSION:Android 平台的版本号。
- TARGET_PRODUCT:所编译的产品名称。这里选择的是模拟器版本,因此是 aosp_arm64。
- TARGET_BUILD_VARIANT:表示编译产品的类型,可能的值有 eng、user 和 userdebug。
- TARGET_BUILD_TYPE:表示编译的类型,可选的值是 release 和 debug。当选择 debug 时,编译系统时会加入调试信息,方便追踪底层的 bug。
- TARGET_BUILD_APPS:编译 Android 系统时,这个变量的值为 NULL。使用 Build 系统编译单个模块时,这个变量的值是所编译模块的路径。
- TARGET_ARCH:表示编译目标的 CPU 架构。
- TARGET_ARCH_VARIANT:表示编译目标的 CPU 架构版本。
- TARGET_CPU_VARIANT:表示编译目标的 CPU 代号。
- TARGET_2ND_ARCH:表示编译目标的第二 CPU 架构。
- TARGET_2ND_ARCH_VARIANT:表示编译目标的第二 CPU 架构版本。
- TARGET_2ND_CPU_VARIANT:表示编译目标的第二 CPU 代号。
- HOST_ARCH:表示编译平台的架构。
- HOST_OS:表示编译平台使用的操作系统。
- HOST_OS_EXTRA:编译平台操作系统的一些额外信息,包括内核版本号、产品名称、代号等。
- BUILD_ID:BUILD_ID 的值会出现在编译的版本信息中,可以利用这个环境变量来定义公司特有的标识。
- OUT_DIR:指定编译结果的输出目录。

这些环境变量中,TARGET_2ND_ARCH、TARGET_2ND_ARCH_VARIANT 和

TARGET_2ND_CPU_VARIANT 是 Android 5.0 新增加的。当系统运行在 64 位环境时，考虑还要支持 32 位的应用，因此这里定义了两套架构。

对这些环境变量的修改可以放到产品的定义文件中，后面介绍产品定义文件时会讲解如何修改这些变量的值。如果只是希望临时改变这些环境变量的值，可以通过在 make 命令中加入参数的方式完成。例如：

make BUILD_ID = "Android L"

通过这条命令可以将环境变量 BUILD_ID 的值设置成"Android L"。

3. Build 系统的层次关系

设置好环境变量之后，接下来的 make 命令就会开始执行编译过程。

编译产品的目的是生成用于"刷机"的各种 image 文件，因此，生成这些特殊格式的文件是 Build 系统的主要功能。而这些 image 文件是由一个个小的文件组成的，这些文件有些需要从源码中编译产生，有些只需要进行简单的复制，此外，编译过程中会生成一些系统的配置文件。这样收集并编译模块、复制二进制文件、产生配置文件也是 Build 系统需要完成的重要工作。

一套 Android 的源码能编译出多个产品，但是对一个产品而言，这意味着 Android 的源码中只有一部分是这个产品需要的，产品配置文件的作用就是告诉 Build 系统它需要用哪些模块来组成产品。对 Build 系统而言，管理和执行这些产品配置文件也是它的功能之一。

最后，Android 中的模块有多种类型，Build 系统需要给这些模块的编译提供方便的途径，这也是 Build 系统的主要功能之一。build 目录下差不多三分之一的文件和模块编译相关。

理解了 Build 系统的工作之后，下面看看 Build 系统是如何实现这些功能的。

执行 make 命令会调用 build 目录下的 Makefile 文件，其内容如下：

include build/core/main.mk

Makefile 文件只有一行，包含 build/core/main.mk 文件。main.mk 文件是 Android Build 系统的主控文件。从 main.mk 开始，将通过 include 命令将其余所有需要的文件包含进来，最终在内存中形成一个包括所有编译脚本的集合，这个集合相当于一个巨大的 Makefile 文件。

虽然 Makefile 文件看上去很庞大，但其实主要由 3 种内容构成：变量定义、函数定义和目标依赖规则。此外，文件之间的包含关系也很重要，清楚了包含关系就能知道产品配置文件和模块编译文件是如何"加入"Build 过程中的。

图 3.73 是 Build 系统中 make 文件的包含关系图。图 3.73 中不带路径的文件都位于 build/core 目录下，同时，combo/ 目录和 clang/ 目录也位于 build/core 目录下。

从图 3.73 中可以清楚地看出 Build 系统是如何引入产品配置文件的。图 3.73 中加粗的 3 个部分表示 Build 系统会在这里分别引入具体产品的配置文件 AndroidProducts.mk 和 BoardConfig.mk，以及各个模块的编译文件 Android.mk。

注意 在 config.mk 文件中，会有 4 处引入 combo 目录下的 select.mk 文件，而 select.mk 文件中会根据编译平台（HOST）、第二编译平台（2ND_HOST）、编译目标（TARGET）、第二编译目标（2ND_TARGET）的不同来引入 combo 目录下的不同文件。目前通常第二编译平台未定义，一般情况下只会包含 3 次 select.mk，如图 3.73 所示。

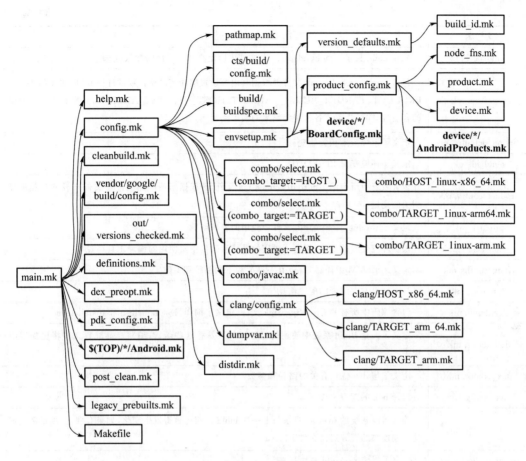

图3.73　Build系统中make文件的包含关系图

clang目录下的config.mk文件会按照和select.mk文件同样的规则包含3个不同的mk文件。

combo目录下的文件定义了GCC编译器的版本和参数。

clang目录下的文件则定义了LLVM编译器clang的路径和参数。

Build系统主要编译脚本简介如表3.7所示。

表3.7　Build系统主要编译脚本简介

文件名	说明
main.mk	Android Build系统的主控文件,该文件的主要作用是包含进其他mk文件,以及定义几个重要目标的编译目标,如droid、sdk、ndk等。同时检查编译工具的版本,如make、gcc、javac等
help.mk	Android Build系统的帮助,文件中定义了一个名为help的编译目标,因此,输入make help会打印出Build系统的使用说明
config.mk	Android Build系统的配置文件,主要定义了许多常量来负责不同类型模块的编译,定义编译器参数并引入产品的BoardConfig.mk文件来配置产品参数,同时定义了一些编译路径的工具,如AAPT、mkbootimg、javajar等
pathmap.mk	给一些头文件所在的目录定义别名,将framework下的一些源码目录按类别组合在一起并定义了别名,方便引用

文件名	说明
buildspec.mk	放在 build 目录下的 buildspec.mk 文件可以定义产品编译的参数,但是一般很少用它
envsetup.mk	包含 product_config.mk 文件并根据其内容设置编译产品所需要的环境变量,如 TARGET_PRODUCT、TARGET_BUILD_VARIANT、HOST_OS、HOST_ARCH 等,并检查这些变量值的合法性,同时指定了各种编译结果的输出路径
version_defaults.mk	定义了系统版本相关的变量
build_id.mk	定义了环境变量 BUILD_ID
product_config.mk	包含系统中所有的 AndroidProduct.mk 文件,并根据当前产品的配置文件来设置产品编译相关的变量
product.mk	定义了 product_config.mk 文件中使用的各种函数
combo/select.mk	根据环境变量的设置,指定了对应的系统和架构中所使用的编译工具路径
clang/config.mk	定义了 LLVM 编译器 clang 在不同架构下的路径和参数
dumpvar.mk	打印输出本次编译的配置信息
cleanbuild.mk	包含源码中所有的 CleanSpec.mk 文件,定义了编译目标 dataclean 和 installclean
definitions.mk	定义了大量 Build 系统中使用的函数。如果熟悉这些函数,编写产品配置文件将更加得心应手
dex_preopt.mk	定义了与 dex 优化有关的路径和参数
pdk_config.mk	编译 pdk 的配置文件
post_clean.mk	确认当前系统的 overlay 目录与上一次 build 时相比是否发生变化,如果有变化,则重新生成受影响模块的资源定义文件 R.java
legacy_prebuilts.mk	定义了系统 prebuild 模块列表
Makefile	定义了系统最终编译完成所需要的各种目标和规则

Android Build 系统中定义了大量的编译变量,通过改变这些编译变量的值就能控制整个编译过程和结果。产品的配置文件实际上就是对这些编译变量赋值的脚本文件。学习 Android 的 Build 系统很大程度上是在了解这些编译变量的含义和用法。但是 Google 仅仅对一小部分编译变量做了介绍,因此,了解这些编译变量最好的方法还是研究 Build 系统中如何使用这些变量。

build 目录下的文件数量比较多,不可能对每个文件都进行详细介绍,下面分析几个主要的文件。如果读者能看明白这几个文件,再阅读其他文件应该也不会有太大问题。

4. 分析 main.mk 文件

main.mk 文件是 Android Build 系统的主控文件,分段解释如下。

① 检查 gnu make 的版本号是否大于或等于 3.81,否则报错并停止编译:

```
ifeq (, $(findstring CYGWIN, $(shell uname - sm)))
ifneq,(1, $(strip $(shell expr $(MAKE_VERSION) \>= 3.81)))
$(warning
****************************************************************
$(warning *    You are using version $(MAKE_VERSION) of make.)
```

```
$(warning * Android can only be built by versions 3.81 and higher.)
$(warning * see https://source.android.com/source/download.html)
$(warning
********************************************************
$(error stopping)
endif
endif
```

② 定义默认的编译目标为 droid。因此,命令 make 相当于 make droid。

```
.PHONY:droid
DEFAULT_GOAL:=droid
$(DEFAULT_GOAL):
```

③ 引入几个 make 文件。注意"-include"和"include"的区别是:前者包含的文件如果不存在则不会报错,后者则会报错并停止编译:

```
include $(BUILD_SYSTEM)/help.mk
include $(BUILD_SYSTEM)/config.mk
include $(BUILD_SYSTEM)/cleanbuild.mk
-include vendor/google/build/config.mk
-include $(OUT_DIR)/versions_checked.mk
```

④ 检查 Java 的版本是否是 1.7 或者 1.6,不是则会报错退出。如果使用的 Java 版本是 1.7,在 Linux 下还要求必须是 OpenJDK 版本,否则要求是 Oracle 的 JDK 版本:

```
ifeq ($(LEGACY_USE_JAVA6),)
required_version:="1.7.x"
required_javac_version:="1.7"
java_version:=$(shell echo '$(java_version_str)'|grep '^java.*["]1\.7[\." $$]')
java_version:=$(shell echo'$(java_version_str)'|grep'["]1\.7[\." $$]')
else # if LEGACY_USE_JAVA6
required_version:="1.6.x"
required_javac_version:="1.6"
java_version:=$(shell echo'$(java_version_str)'|grep '^java.*["]1\.6[\." $$]')
java_version:=$(shell echo'$(java_version_str)'|grep'["]1\.6[\." $$]')
endif # if LEGACY_USE_JAVA6

ifeq($(strip $(java_version)),)
$(info ***********************************************)
$(info You are attempting to build with the incorrect version)
$(info of java.)
$(info $(space))
```

```
$（info your version is：$（required_version））
$（info $（space））
$（info please follow the machine setup instructions at）
$（info
$（space）$（space）$（space）$（space）https：//source.android.com/source/
initializing.html）
$（info ************************************************）
$（error   stop）
endif

# Check for the current JDK.
#
# For java 1.7,we require OpenJDK on linux and Oracle JDK on Mac OS.
# For java 1.6,we require Oracle for all host OSes.
requires_openjdk：= false
ifeq  （$（LEGACY_USE_JAVA6），）
ifeq  （$（HOST_OS），linux）
requires_openjdk：= true
endif
endif
```

⑤ 将变量 VERSIONS_CHECKED 和 BUILD_EMULATOR 写入文件 out/versions_checked.mk。下次 build 时会重新包含这个文件：

```
$（shell echo'VERSIONS_CHECKED：= $（VERSION_CHECK_SEQUENCE_NUMBER）'\
     >$（OUT_DIR）/versions_checked.mk）
$（shell echo 'BUILD_EMULATOR? = $（BUILD_EMULATOR）'\
     >>$（OUT_DIR）/versions_checked.mk）
```

⑥ 再包含 3 个 mk 文件：

```
include $（BUILD_SYSTEM）/definitions.mk
include $（BUILD_SYSTEM）/dex_preopt.mk
include build/core/pdk_config.mk
```

⑦ 如果变量 ONE_SHOT_MAKEFILE 的值不为空,则将它定义的文件包含进来。当编译一个单独的模块时,ONE_SHOT_MAKEFILE 的值会设为模块的 make 文件路径。如果变量 ONE_SHOT_MAKEFILE 的值为空,则说明正在编译整个系统,因此,调用findleaves.py 脚本搜索系统里所有的 Android.mk 文件并将它们包含进来：

```
ifneq（$（ONE_SHOT_MAKEFILE），）
    include $（ONE_SHOT_MAKEFILE）
    ……
else # ONE_SHOT_MAKEFILE
    ……
```

```
subdir_makefiles: = \
    $(shell build/tools/findleaves.py - prune = $(OUT_DIR) - prune = .repo
      --prune = .git $(subdirs) Android.mk)
    $(foreach mk, $(subdir_makefiles), $(info including $(mk) …)
    $(eval include $(mk)))
endif
```

⑧ 根据编译类型来设置属性 ro.secure 的值：

```
user_variant: = $(filter user debug, $(TARGET_BUILD_VARIANT))
enable_target_debugging: = true
tags_to_install: =
ifneq (, $(user_variant))
    # Target is secure in user builds.
    ADDITIONAL_DEFAULT_PROPERTIES + = ro.secure = 1
    ifeq ($(user_variant),userdebug)
        # Pick up some extra useful tools
        tags_to_install += debug
        # Enable Dalvik lock contention logging for userdebug builds.
        ADDITIONAL_DEFAULT_PROPERTIES += dalvik.vm.lockprof.threshold = 500
    else
        # Disable debugging in plain user builds.
        enable_target_debugging: =
    endif
……
ifeq   ($(TARGET_BUILD_VARIANT),eng)
        tags_to_install: = debug   eng
        ifneq ($(filter ro.setupwizard.mode = ENABLED, $(call collapse-pairs,\
            $(ADDITIONAL_BUILD_PROPERTIES))),)
            # Don't require the setup wizard on eng builds
            ADDITIONAL_BUILD_PROPERTIES: = $(filter-out ro.setupwizard.mode = % ,\
              $(call collapse-paires, $(ADDITIONAL_BUILD_PROPERTIES)))\
              ro.setupwizard.mode = OPTIONAL
        endif
endif
```

⑨ 将 post_clean.mk 和 legacypre_builts.mk 脚本包含进来。根据 legacypre_builts.mk 中定义的变量 GRANDFATHERED_ALL_PREBUILT 检查是否有不在这个列表中的 prebuilt 模块，如果有则报错退出：

```
include $(BUILD_SYSTEM)/post_clean.mk
include $(BUILD_SYSTEM)/legacy_prebuilts.mk
ifneq ($(filter - out $(GRANDFATHERED_ALL_PREBUILT), $(strip $(notdir \
```

```
        $(ALL_PREBUILT)))),)
        ......
        $(error ALL_PREBUILT contains unexpected files)
endif
```

⑩ 计算哪些模块应该在本次编译中引入：

```
known_custom_modules：= $(filter $(ALL_MODULES),$(CUSTOM_MODULES))
unknown_custom_modules：:= $(filter-out $(ALL_MODULES),$(CUSTOM_
MODULES))
CUSTOM_MODULES：= \
        $(call module-installed-files,$(known_custom_modules))\
        $(unknown_custom_modules)
define add-required-deps
$(1)：| $(2)
endef
$(foreach m,$(ALL_MODULES),\
        $(eval  r：= $(ALL_MODULES.$(m).REQUIRED))\
        $(if $(r),\
            $(eval r：= $(call module-installed-files,$(r)))\
            $(eval t_m：= $(filter $(TARGET_OUT_ROOT)/%,,$(ALL_MODULE.
              $(m).INSTALLED)))\
            $(eval h_m：= $(filter $(HOST_OUT_ROOT)/%,,$(ALL_MODULE.
              $(m).INSTALLED)))\
            $(eval t_r：= $(filter $(TARGET_OUT_ROOT)/%,,$(r)))\
            $(eval h_r：= $(filter $(HOST_OUT_ROOT)/%,,$(r)))\
            $(if  $(t_m),$(eval  $(call add-required-deps,$(t_m),
              $(t_r))))\
            $(if  $(h_m),$(eval  $(call add-required-deps,$(h_m),
              $(h_r))))\
          )\
)
```

⑪ 包含 Makefile 文件。至此，所有编译文件都包含进来了：

```
ALL_DEFAULT_INSTALLED_MODULES：= $(modules_to_install)
include $(BUILD_SYSTEM)/Makefile
modules_to_install：= $(sort $(ALL_DEFAULT_INSTALLED_MODULES))
```

⑫ 定义系统的编译目标。鉴于内容太多，就不详细列举了，后面将详细介绍 Android 的编译目标：

```
.PHONY:prebuilt
prebuilt：$(ALL_PREBUILT)
.PHONY:all_copied_headers
```

```
All_copied_headers:
.PHONY:files
files:prebuilt \
        $(modules_to_install) \
        $(INSTALLED_ANDROID_INFO_TXT_TARGET)
.PHONY:showcommands
showcommands:
        @echo  >/dev/null
.PHONY:nothing
nothing:
        @echo successfully read the makefiles
```

5. Build 系统的编译目标介绍

Android Build 系统的默认编译目标是 droid。droid 目标会依赖其他目标,所有这些目标共同组成了最终的产品。下面是 droid 目标的定义:

```
droid:droidcored dist_files
droidcore:  files\
            systemimage\
        $(INSTALLED_BOOTIMAGE_TARGET)\
        $(INSTALLED_RECOVERYIIMAGE_TARGET)\
        $(INSTALLED_USERDATAIMAGE_TARGET)\
        $(INSTALLED_CACHEIMAGE_TARGET)\
        $(INSTALLED_VENDORIMAGE_TARGET)\
        $(INSTALLED_FILES_FILE)
files:    prebuilt  \
        $(modules_to_install)\
        $(INSTALLED_ANDROID_INFO_TXT_TARGET)
prebuilt:$(ALL_PREBUILT)
```

在 droid 的依赖目标中,droidcore、files 和 prebuilt 是中间目标,其余目标的作用如表 3.8 所示。

表 3.8 Build 中和 droid 相关的编译目标

目标	说明
dist_files	用来复制文件到/out/dist 目录
systemimage	用来产生 system.img
$(INSTALLED_BOOTIMAGE_TARGET)	用来产生 boot.img
$(INSTALLED_RECOVERYIMAGE_TARGET)	用来产生 recovery.img
$(INSTALLED_USERDATAIMAGE_TARGET)	用来产生 userdata.img
$(INSTALLED_CACHEIMAGE_TARGET)	用来产生 cache.img
$(INSTALLED_VENDORIMAGE_TARGET)	用来产生 vendor.img

续 表

目标	说明
$(INSTALLED_FILES_FILE)	用来产生名为 installed-files.txt 的文件,该文件将会存放在 out/target/product/< product_name >下。文件的内容是当前产品配置下将要安装的所有文件列表
$(modules_to_install)	modules_to_install 变量是当前产品配置下所有将要安装的模块列表。因此,该目标将导致所有这些模块的编译
$(INSTALLED_ANDROID_INFO_TXT_TARGET)	用来产生名为 android-info.txt 的文件,该文件将会存放在 out/target/product/< product_name >下。文件的内容是当前产品的设备信息
$(ALL_PREBUILT)	用来产生所有在变量 GRANDFATHERED_ALL_PREBUILT 中的文件

除了 droid 及其相关目标,Build 系统中还有很多可以独立使用的目标,如表 3.9 所示。

表 3.9　Build 中的独立目标

目标	说明
make clean	清除所有编译结果,相当于"rm out -rf"
make snod	重新生成最终的 image 文件,但是不再重新编译模块
make help	打印 Build 系统简单的帮助信息
make sdk	生成 Android SDK
make offline-sdk-docs	为 SDK 生成 HTML 版的文档
make doc-comment-check-docs	检查 HTML doc 是否有效,但是不生成 HTML
make libandroid_runtime	编译出所有 framework 的 JNI 库
make framework	编译出所有 framework 的 JAR 包
make services	编译出系统服务及相关的模块

6. 分析 config.mk 文件

config.mk 文件相当于 Build 系统的配置文件。整个文件分段分析如下。

① 定义表示文档、头文件、系统库的源码目录等的变量,方便其他编译脚本使用:

```
SRC_DOCS: = $(TOPDIR)docs
SRC_HEADERS: = \
    $(TOPDIR)system/core/include\
    $(TOPDIR)hardware/libhardware/include\
    $(TOPDIR)hardware/libhardware_legacy/include\
    $(TOPDIR)hardware/ril/include\
    $(TOPDIR)libnativehelper/include\
    $(TOPDIR)frameworks/native/include\
    $(TOPDIR)frameworks/native/opengl/include\
```

```
    $(TOPDIR)frameworks/av/include\
    $(TOPDIR)frameworks/base/include\
SRC_HOST_HEADERS：= $(TOPDIR)tools/include
SRC_LIBRARIES：= $(TOPDIR)libs
SRC_SERVERS：= $(TOPDIR)servers
SRC_TARGET_DIR：= $(TOPDIR)build/target
SRC_API_DIR：= $(TOPDIR)prebuilts/sdk/api
SRC_SYSTEM_API_DIR：= $(TOPDIR)prebuilts/sdk/system-api
SRC_DROIDDOC_DIR：= $(TOPDIR)build/tools/droiddoc
```

② 包含 pathmap.mk 文件：

```
include $(BUILD_SYSTEM)/pathmap.mk
```

③ 定义模块编译变量名,这里的模块是指编译出的 APK 文件、静态 Java 库、共享 Java 库等。这些变量会用在模块的编译脚本中,各个模块编译脚本的结尾都会 include 下面一个变量名,这将包含进某个系统的编译脚本：

```
BUILD_COMBOS：= $(BUILD_SYSTEM)/combo
CLEAR_VARS：= $(BUILD_SYSTEM)/clear_vars.mk
BUILD_HOST_STATIC_LIBRARY：= $(BUILD_SYSTEM)/host_static_library.mk
BUILD_HOST_SHARED_LIBRARY：= $(BUILD_SYSTEM)/host_shared_library.mk
BUILD_STATIC_LIBRARY：= $(BUILD_SYSTEM)/static_library.mk
BUILD_RAW_STATIC_LIBRARY：= $(BUILD_SYSTEM)/raw_static_library.mk
BUILD_SHARED_LIBRARY：= $(BUILD_SYSTEM)/shared_library.mk
BUILD_EXECUTABLE：= $(BUILD_SYSTEM)/executable.mk
BUILD_RAW_EXECUTABLE：= $(BUILD_SYSTEM)/raw_executable.mk
BUILD_HOST_EXECUTABLE：= $(BUILD_SYSTEM)/host_executable.mk
BUILD_PACKAGE：= $(BUILD_SYSTEM)/package.mk
BUILD_PHONY_PACKAGE：= $(BUILD_SYSTEM)/phony_package.mk
BUILD_HOST_PREBUILT：= $(BUILD_SYSTEM)/host_prebuilt.mk
BUILD_PREBUILT：= $(BUILD_SYSTEM)/prebuilt.mk
BUILD_MULTI_PREBUILT：= $(BUILD_SYSTEM)/multi_prebuilt.mk
BUILD_JAVA_LIBRARY：= $(BUILD_SYSTEM)/java_library.mk
BUILD_STATIC_JAVA_LIBRARY：= $(BUILD_SYSTEM)/static_java_library.mk
BUILD_HOST_JAVA_LIBRARY：= $(BUILD_SYSTEM)/host_java_library.mk
BUILD_DROIDDOC：= $(BUILD_SYSTEM)/droiddoc.mk
BUILD_COPY_HEADERS：= $(BUILD_SYSTEM)/copy_headers.mk
BUILD_NATIVE_TEST：= $(BUILD_SYSTEM)/native_test.mk
BUILD_HOST_NATIVE_TEST：= $(BUILD_SYSTEM)/host_native_test.mk

BUILD_SHARED_TEST_LIBRARY：= $(BUILD_SYSTEM)/shared_test_lib.mk
BUILD_HOST_SHARED_TEST_LIBRARY：= $(BUILD_SYSTEM)/host_shared_test_lib.mk
```

```
BUILD_STATIC_TEST_LIBRARY:= $(BUILD_SYSTEM)/static_test_lib.mk
BUILD_HOST_STATIC_TEST_LIBRARY:= $(BUILD_SYSTEM)/host_static_test_lib.mk


BUILD_NOTICE_FILE:= $(BUILD_SYSTEM)/notice_files.mk
BUILD_HOST_DALVIK_JAVA_LIBRARY:= $(BUILD_SYSTEM)/host_dalvik_java_
library.mk
BUILD_HOST_DALVIK_STATIC_JAVA_LIBRARY:= $(BUILD_SYSTEM)/host_dalvik_
static_java_library.mk
BUILD_SHARED_TEST_LIBERARY:= $(BUILD_SYSTEM)/shared_test_lib.mk
BUILD_HOST_SHARED_LIBRARY:= $(BUILD_SYSTEM)/host_shared_test_lib.mk
BUILD_STATIC_TEST_LIBRARY:= $(BUILD_SYSTEM)/static_test_lib.mk
BUILD_HOST_STATIC_LIBRARY:= $(BUILD_SYSTEM)/host_static_test_lib.mk


BUILD_NOTICE_FILE_TEST_LIBRARY:= $(BUILD_SYSTEM)/notice_files.mk
BUILD_HOST_DALVIK_JAVA_LIBRARY:= $(BUILD_SYSTEM)/host_dalvik_java_
library.mk
```

④ 定义 C/C++代码编译时的参数以及系统常用包的后缀名：

```
COMMON_GLOBAL_CFLAGS:= -DANDROID-fmessage-length=0 -W -Wall -Wno-unused\
        -Winit-self -Wpointer-arith
COMMON_RELEASE_CFLAGS:= -DNDEBUG -UDEBUG
COMMON_GLOBAL_CPPFLAGS:= $(COMMON_GLOBAL_CFLAGS)-Wsign-promo
COMMON_RELEASE_CPPFLAGS:= $(COMMON_RELEASE_CFLAGS)
#Set the extensions used for various packages
COMMON_PACKAGE_SUFFIX:= .zip
COMMON_JAVA_PACKAGE_SUFFIX:= .jar
COMMON_ANDROID_PACKAGE_SUFFIX:= .apk
#list of flags to turn specific warnings in to errors
TARGET_ERROR_FLAGS:= -Werror=return-type -Werror=non-virtual-dtor -Werror=
address -Werror=sequence-point


#TODO:do symbol compression
TARGET_COMPRESS_MODULE_SYMBOLS:= false
#Default shell is mksh. Other possible value is ash.
TARGET_SHELL:= mksh
```

⑤ 如果在源码根目录下有 buildspec.mk 文件,则将其包含进来：

```
ifndef ANDROID_BUILDSPEC
    ANDROID_BUILDSPEC:= $(TOPDIR)buildspec.mk
endif
- include $(ANDROID_BUILDSPEC)
```

⑥ 包含 envsetup. mk 文件：

```
include $ (BUILD_SYSTEM)/envsetup.mk
```

⑦ 包含 select. mk 文件。注意这里一共包含了 4 次，但是每次包含前会对变量 combo_target 和 combo_2nd_arch_prefix 赋予不同的值。select. mk 会根据这两个参数值来确定相应交叉编译工具的路径。这里实际上是指定了编译平台（Linux＋X86）的编译工具路径以及目标平台（Linux＋ARM）的交叉编译工具路径：

```
combo_target：= HOST_
combo_2nd_arch_prefix：=
include $ (BUILD_SYSTEM)/combo/select.mk

ifdef HOST_2ND_ARCH
combo_target：= HOST_
combo_2nd_arch_prefix：= $ (HOST_2ND_ARCH_VAR_PREFIX)
include $ (BUILD_SYSTEM)/combo/select.mk
endif

combo_target：= TARGET_
combo_2nd_arch_prefix：=
include $ (BUILD_SYSTEM)/combo/select.mk

ifdef TARGET_2ND_ARCH
combo_target：= TARGET_
combo_2nd_arch_prefix：= $ (TARGET_2ND_ARCH_VAR_PREFIX)
include $ (BUILD_SYSTEM)/combo/select.mk
endif
......
```

⑧ 包含 javac. mk 文件，这个文件定义了 Java 编译工具的路径：

```
include $ (BUILD_SYSTEM)/combo/javac.mk
```

⑨ 定义 Build 系统使用的一些工具的路径：

```
LEX：= prebuilts/misc/ $ (BUILD_OS) - $ (HOST_PREBUILT_ARCH)/flex/flex - 2.
5.39
BISON_PKGDATADIR：= $ (PWD)/external/bison/data
BISON：= prebuilts/misc/ $ (BUILD_OS) - (HOST_PREBUILT_ARCH)/bison/bison
YACC：= $ (BISON) - d
YASM：= prebuilts/misc/ $ (BUILD_OS) - (HOST_PREBUILT_ARCH)/yasm/yasm
DOXYGEN：= doxygen
AAPT：= $ (HOST_OUT_EXECUTABLES)/aapt $ (HOST_EXECUTABLE_SUFFIX)
AIDL：= $ (HOST_OUT_EXECUTABLES)/aidl $ (HOST_EXECUTABLE_SUFFIX)
PROTOC：= $ (HOST_OUT_EXECUTABLES)/aprotoc $ (HOST_EXECUTABLE_SUFFIX)
```

```
SIGN_APK_JAR:=$(HOST_OUT_JAVA_LIBRARIES)/signapk$(COMMON_JAVA_PACKAGE_
SUFFIX)
    MKBOOTFS:=$(HOST_OUT_EXECUTABLES)/mkbootfs$(HOST_EXECUTABLE_SUFFIX)
```
······

⑩ 定义 host 平台和 target 平台各自编译,链接 C/C++使用的参数:
```
HOST_GLOBAL_CFLAGS += $(COMMON_GLOBAL_CFLAGS)
HOST_RELEASE_CFLAGS += $(COMMON_RELEASE_CFLAGS)

HOST_GLOBAL_CPPFLAGS += $(COMMON_GLOBAL_CPPFLAGS)
HOST_RELEASE_CPPFLAGS += $(COMMON_RELEASE_CPPFLAGS)

HOST_GLOBAL_CFLAGS += $(HOST_RELEASE_CFLAGS)
HOST_GLOBAL_CPPFLAGS += $(HOST_RELEASE_CPPFLAGS)

TARGET_GLOBAL_CFLAGS += $(TARGET_RELEASE_CFLAGS)
TARGET_GLOBAL_CPPFLAGS += $(TARGET_RELEASE_CPPFLAGS)
```
⑪ 包含 clang/config.mk 文件。这个文件定义了 LLVM 编译器 clang 的路径和参数:
```
include $(BUILD_SYSTEM)/clang/config.mk
```
⑫ 定义 Android SDK 的版本:
```
TARGET_AVAILABLE_SDK_VERSIONS:=$(call numerically_sort,\
    $(patsubst $(HISTORICAL_SDK_VERSIONS_ROOT)/%/android.jar,%,\
    $(wildcard $(HISTORICAL_SDK_VERSIONS_ROOT)///android.jar)))
#We don't have prebuilt system current SDK yet.
TARGET_AVAILABLE_SDK_VERSIONS:=$(TARGET_AVAILABLE_SDK_VERSIONS)
```
······

⑬ 包含 dumpvar.mk 文件,打印出本次编译产品的配置信息:
```
include $(BUILD_SYSTEM)/dumpvar.mk
```

7. 分析 product_config.mk 文件

product_config.mk 文件分段介绍如下。

① 编译 Android 时可以使用 lunch 命令来指定所需要编译的设备,但这不是编译系统唯一的方法。我们可以直接在 make 命令之后通过参数来指定需要编译的产品。因此,这里首先解析 make 命令的参数 $(MAKECMDGOALS),格式是 PRODUCT-< prodname >-< goal >,相当于设置变量 TARGET_PRODUCT 为< prodname >,设置变量 TARGET_BUILD_VARIANT 为< goal >:
```
ifneq($(words $(product_goals)),1)
    $(error only one PRODUCT-* goal may be specified;saw "(product_goals)")
endif
goal_name:=$(product_goals)
product_goals:=$(patsubst PRODUCT-%,%,$(product_goals))
```

```
product_goals：= $（subst -,,$（product_goals））
ifneq( $（words $（product_goals）),2)
    $（error Bad PRODUCT- * goal,$ "(goal_name)")
endif
＃The  product  they  want
TARGET_PRODUCT：= $（word 1,$（product_goals））
＃The  variant  they  want
TARGET_BUILD_VARIANT：= $（word 2,$（product_goals））
ifeq( $（TARGET_BUILD_VARIANT),tests)
    $（error "tests" has been deprecated as a build variant.Use it as\
a build goal instead.)
endif
ifneq( $（filter-out $（INTERNAL_VALID_VARIANTS), $（TARGET_BUILD_VARIANT）),)
    MAKECMDGOALS：= $（MAKECMDGOALS) $（TARGET_BUILD_VARIANT)
    TARGET_BUILD_VARIANT：= eng
    default_goal_substitution：=
else
    default_goal_substitution：= $（DEFAULT_GOAL)
endif
```

② 如果 make 命令的参数格式是 APP-< appname >,则相当于设置变量 TARGET_BUILD_APPS 为< appname >,这将导致系统编译某个 App 模块,而不是某个产品：

```
unbundled_goals：= $（strip $（filter APP- % ,$（MAKECMDGOALS)))
ifdef  unbundled_goals
  ifneq  ( $（words $（unbundled_goals)),1)
    $（error Only one APP- * goal may be specified,saw"(unbundled_goals)"))
endif
TARGET_BUILD_APPS：= $（strip(subst -,,$（patsubst APP- *,%,$（unbundled_
goals)))))
ifneq( $（filter $（DEFAULT_GOAL), $（MAKECMDGOALS）),)
  MAKECMDGOALS：= $（patsubst  $（unbundled_goals),,$（MAKECMDGOALS))
else
  MAKECMDGOALS：= $（patsubst $（unbundled _ goals), $（DEFAULT _ GOAL),
$（MAKECMDGOALS))
endif
• PHONY：$（unbundled_goals)
$（unbundled_goals)：$（MAKECMDGOALS)
endif  ＃unbundled_goals
```

③ 包含 3 个文件,即 node_fns.mk、product.mk 和 device.mk：

```
include $（BUILD_SYSTEM)/node_fns.mk
```

```
include $(BUILD_SYSTEM)/product.mk
include $(BUILD_SYSTEM)/device.mk
```

④ 执行 $(get-all-product-makefiles)函数：

```
$(call import-products,$(all_product_makefiles))
```

get-all-product-makefiles 函数的定义位于文件 product.mk 中。这个函数会查找 vendor 和 device 目录下所有的 AndroidProducts.mk 文件，打开并读取其中 PRODUCT_MAKEFILES 变量的值，后面会介绍这个变量的作用。

⑤ 下面这一段有点复杂，主要是对 all_product_makefiles 和 current_product_makefile 两个变量赋值。all_product_makefiles 变量的内容是系统中所有产品的配置。current_product_makefile 变量是当前产品的配置路径。对 all_product_makefiles 的赋值是将 all_product_configs 变量的内容几乎全都复制过来。而对 current_product_makefile 的赋值则根据 $(TARGET_PRODUCT)的值进行匹配后得到。假如编译时用 lunch 命令选择了 aosp_hammerhead，那么这里 current_product_makefile 的值就会是 device/lge/hammerhead/aosp_hammerhead.mk：

```
$(foreach f,$(all_product_configs),\
    $(eval _cpm_words:=$(subst :,$(space),$(f)))\
    $(eval _cpm_word1:=$(word 1,$(_cmp_words)))\
    $(eval _cpm_word2:=$(word 2,$(_cmp_words)))\
$(if $(_cpm_word2),\
    $(eval all_product_makefiles +=$(_cpm_word2))\
    $(if $(filter $(TARGET_PRODUCT),$(_cpm_word1)))\
      $(eval current_product_makefile +=$(_cpm_word2)),)\
    $(eval all_product_makefiles +=$(f)) \
    $(if $(filter $(TARGET_PRODUCT),$(basename $(notdir $(f)))),\
      $(eval current_product_makefile +=$(f)),)))
......
current_product_makefile:=$(strip $(current_product_makefile))
all_product_makefiles:=$(strip $(all_product_makefiles))
```

⑥ 如果 make 后跟有参数"product-graph"或者"dump-products"，就会调用"$(call import-products,$(all_product_makefiles))"，否则只会执行"$(call import-products,$(current_product_makefile))"：

```
ifneq(,$(filter product-graph dump-products,$(MAKECMDGOALS)))
    # Import all product makefiles.
    $(call import-products,$(all_product_makefiles))
else
# Import just the current product.
ifndef current_product_makefile
    $(error Can not locate config makefile for product "$(TARGET_PRODUCT)")
endif
```

```
ifneq (1, $(words $(current_product_makefile)))
    $(error Product" $(TARGET_PRODUCT)"ambiguous:matches\
                    $(current_product_makefile))
endif
$(call import-products, $(current_product_makefile))
endif  # Import all or just the current product makefile
```

⑦ 上一步 import 的结果是产生形如 PRODUCTS. $(TARGET_PRODUCT).xxx 的一系列内部变量,然后将它们的值赋予产品相关的变量,例如:

……

```
#A list of module names of BOOTCLASSPATH(jar  files)
PRODUCT_BOOT_JARS: = $(strip $(PRODUCTS. $(INTERNAL_PRODUCT).PRODUCT_BOOT_
JARS))
PRODUCT_SYSTEM_SERVER_JARS: = $(strip $(PRODUCTS. $(INTERNAL_PRODUCT).
PRODUCT_SYSTEM_SERVER_JARS))


#Find the device that this product maps to.
TARGET_DEVICE: = $(PRODUCTS. $(INTERNAL_PRODUCT).PRODUCT_DEVICE)


#Figure out which resource configuration options to use for this
# product.
PRODUCT_LOCALES: = $(strip $(PRODUCTS.(INTERNAL_PRODUCT).PRODUCT_LOCALES))
#TODO:also keep track of things like "port","land"in product files.
```

……

Android 的这些 Build 脚本看上去比较复杂,但是,如果明白了各种内部变量和函数的作用,还是很容易看懂的。理解一个内部变量的办法是搜索 Build 系统中所有对该变量赋值的地方,观察系统如何使用这个变量,就能比较精确地掌握这个变量的含义了。

8. Android 5.0 中的 64 位编译

Android 5.0 开始支持 64 位编译。Android 5.0 系统既能运行在 32 位 CPU 上,也能运行在 64 位 CPU 上。为了保持兼容性,运行在 64 位 CPU 上时,能同时支持运行 32 位和 64 位的应用。因此,理论上有以下 4 种运行模式。

- 纯 32 位模式:适用于 32 位的 CPU。
- 缺省 32 位模式,同时支持 64 位模式:需要 64 位的 CPU,能与现在已有的应用最大限度地兼容。
- 缺省 64 位模式,同时支持 32 位模式:需要 64 位的 CPU,能提供比较好的兼容性,同时最大限度地利用了 64 位的优势。
- 纯 64 位模式:需要 64 位的 CPU,这种模式下带有 32 位动态库的应用将无法使用。

这 4 种模式从 Zygote 进程的启动就可以看出。Android 5.0 一共定义了 4 种 Zygote 进程的启动方式,对应这里介绍的 4 种模式。

对于不包含动态库的应用,不用关心系统是 32 位还是 64 位。但是对于包含动态库的应用,还是需要考虑是将动态库编译成 32 位还是 64 位。只要执行 lunch 命令时选择的产品是 64 位的,如 aosp_arm64-eng 或者 aosp_x86-64-eng,那么编译一个动态库时就会同时生成 32 位版本和 64 位版本的文件。其中 32 位版本放在 out/⋯/system/lib 目录下,64 位版本放在 out/⋯/system/lib64 目录下。

如果希望编译模块的 32 位和 64 位文件有不同的名字,可以在 Android.mk 文件中使用 LOCAL_MODULE_STEM_32 和 LOCAL_MODULE_STEM_64 两个编译变量指定文件的主干名称,模块的后缀名则可以通过 LOCAL_MODULE_SUFFIX 变量来指定。

Android 5.0 中 APK 优化后的 ODEX 文件存放的位置也发生了变化,Android 5.0 以前 APK 优化后的 ODEX 文件存放在/data/dalvik-cache 目录下,Android 5.0 后这些文件存放在 APK 文件所在目录的 arm 和 arm64 目录下(如果是 X86 系统则存放在 x86 和 x86_64 目录下)。

3.5.2 Android 的产品配置文件

产品配置文件的作用是按照 Build 系统的要求,将生成产品的各种 image 文件所需要的配置信息(版本号、各种参数等)、资源(图片、字体、铃声等)、二进制文件(APK 文件、JAR 包、SO 库等)有机地组织起来,同时进行裁剪,加入或去掉一些模块。

Android 的产品配置文件位于源码的 device 目录下,但是产品配置文件也可以放在 vendor 目录下。这两个目录从 Build 系统的角度看没有太大的区别,Build 系统中搜寻产品配置的关联文件时会同时在这两个目录下进行,但是在实际使用中,往往会将这两个目录配合使用,通常产品配置文件放在 device 目录下,而 vendor 目录下则存放一些硬件的 HAL 库。编译某一款手机的“刷机包”之前,需要将手机上一些不开源的 HAL 库(主要是 SO 文件)、驱动等抽取出来,放在 vendor 目录下。

下面以源码中的 hammerhead 产品为例,详细介绍 Android 产品配置的内容。

1. 分析 hammerhead 的配置文件

通常 device 目录中有以下几个子目录。

① common:用来存放各个产品通用的配置脚本、文件等。

② sample:一个产品配置的例子,写一个新的产品配置时可以使用 sample 目录下的文件作为模板。

③ google:几个简单的模块。

④ generic:存放的是用于模拟器的产品,包括 X86、ARM、MIPS 架构。

⑤ asus、lge、samsung:分别代表华硕、LG、三星 3 家公司。各家公司的产品放在对应的目录下。

如果需要添加新的产品,可以在 device 目录下新建一个目录。

hammerhead 手机是由 LG 代工的,它的产品配置文件位于 lge 目录下,具体内容如下。

① hammerhead:存放的是 Google Nexus 5(hammerhead)的产品配置文件,也是下面分析的重点。

② hammerhead-kernel:存放的是 hammerheadkernel 的二进制文件。

③ mako:存放的是 Google Nexus 4 的产品配置文件。

④ mako-kernel：存放的是 Google Nexus 4 kernel 的 image。

hammerhead 目录中包含了该产品所有的配置文件，这些文件和目录比较多，很多和具体的产品相关，但是和理解 Build 系统的关系不大，这里就不一一分析了。

下面介绍 Build 系统包含的产品配置中的几个文件，这几个文件和 Build 系统关系最紧密，也是产品配置的关键文件，整个产品目录的组织就是围绕着这几个文件展开的。

（1）vendorsetup.sh

前面介绍了，vendorsetup.sh 文件会在初始化编译环境时被 envsetup.sh 文件包含进去。它的主要作用是调用 add_lunch_combo 命令来添加产品名称串。例如，hammerhead 目录下的 vendorsetup.sh 文件的内容是：

add_lunch_combo aosp_hammerhead – userdebug

产品名称串的格式是< product name >-< goal >，前半部分是产品的名称，后半部分是产品的编译类型。产品名称的前面通常会加一个前缀"aosp_"，这个前缀从编译角度看并无实际意义，它只是产品名称的一部分。除了"aosp_"前缀，还有另一种前缀"full_"。从这里可以看到：即使是在同一个产品配置中，也可以非常方便地编译出多个不同的版本。

产品的编译类型有 3 种：eng、user 和 userdebug，后面会详细介绍它们。

（2）AndroidProduct.mk

AndroidProduct.mk 会被 Build 系统的 ProductConfig.mk 文件包含进去，这个文件最重要的作用是定义了一个变量 PRODUCT_MAKEFILES，该变量定义了本配置目录中所有编译入口文件，但是，每种产品编译时只会使用其中之一。例如，hammerhead 目录下 AndroidProduct.mk 文件的内容为：

```
PRODUCT_MAKEFILES：=
        $(LOCAL_DIR)/aosp_hammerhead.mk\
        $(LOCAL_DIR)/full_hammerhead.mk\
        $(LOCAL_DIR)/car_hammerhead.mk\
```

vendorsetup.sh 文件中加入选择列表的是 aosp_hammerhead，因此，实际能选用的文件只有 aosp_hammerhead.mk。如果希望 full_hammerhead.mk 文件也能被选用，可以在 vendorsetup.sh 文件中再加入一行，如下所示：

add_lunch_combo full_hammerhead – userdebug

（3）BoardConfig.mk

BoardConfig.mk 文件会被 Build 系统的 envsetup.sh 文件包含进去。这个文件主要定义了和设备硬件（包括 CPU、WiFi、GPS 等）相关的一些参数。看懂这个文件的关键是理解文件中使用的编译变量。下面简单介绍文件中用到的部分编译变量的作用。

- TARGET_CPU_ABI：表示 CPU 的编程界面，ABI 是 application binary interface 的缩写。
- TARGET_CPU_ABI2：表示 CPU 的编程界面。
- TARGET_CPU_SMP：表示 CPU 是否为多核 CPU。
- TARGET_ARCH：定义 CPU 的架构。

- TARGET_ARCH_VARIANT：定义 CPU 架构的版本。
- TARGET_CPU_VARIANT：定义 CPU 的代号。
- TARGET_NO_BOOTLOADER：如果该变量为 true，则表示编译出的 image 文件中不包含 bootloader。
- BOARD_KERNEL_BASE：装载 kernel 镜像时的基地址。
- BOARD_KERNEL_PAGE：kernel 镜像的分页大小。
- BOARD_KERNEL_CMDLINE：装载 kernel 时传给 kernel 的命令行参数。
- BOARD_MKBOOTIMG_ARGS：使用 mkbootimg 工具生成 boot.img 时的参数。
- BOARD_USES_ALSA_AUDIO：值为 true，则表示主板的声音系统使用 ALSA 架构。
- BOARD_HAVE_BLUETOOTH：值为 true，则表示主板支持蓝牙功能。
- BOARD_HAVE_BLUETOOTH_BMC：值为 true，则表示主板使用的是 Broadcom 的蓝牙芯片。
- WPA_SUPPLICANT_VERSION：定义 WiFi WPA 的版本。
- BOARD_WLAN_DEVICE：定义 WiFi 设备名称。
- BOARD_WPA_SUPPLICANT_DRIVER：指定一种 WPA_SUPPLICANT 的驱动。
- BOARD_HOSTAPD_DRIVER：指定 WiFi 热点的驱动。
- WIFI_DRIVER_FW_PATH_PARAM：指定 WiFi 驱动的参数路径。
- WIFI_DRIVER_FW_PATH_AP：定义 WiFi 热点 firmware 文件的路径。
- TARGET_NO_RADIOIMAGE：值为 true，则表示编译的镜像中没有射频部分。
- TARGET_BOARD_PLATFORM：表示主板平台的型号。
- TARGET_USERIMAGES_USE_EXT4：值为 true，则表示目标文件系统采用 ext4 格式。

该文件中还有不少编译变量这里没有介绍，它们和具体的模块关系紧密，不太通用。能看懂以上变量就基本能读懂 BoardConfig.mk 文件了。

在 hammerhead 目录下还有以下几个文件和 Build 相关。

（1）aosp_hammerhead.mk

产品配置的编译入口文件，包含产品的其他配置文件。具体内容如下：

```
$(call inherit-product,device/lge/hammerhead/full_hammerhead.mk)
PRODUCT_NAME := aosp_hammerhead          #修改产品名称为 aosp_hammerhead
PRODUCT_PACKAGES += Launcher3            #增加了一个模块 Launcher 到目标系统中
```

（2）full_hammerhead.mk

产品配置的另一个编译入口文件，包含其他配置文件，也定义了一些和产品相关的编译变量。内容如下：

```
# 复制 APN 的配置文件到目标系统中的/system/etc 目录
PRODUCT_COPY_FILES := device/lge/hammerhead/apns-full-conf.xml:system/etc/
apns-conf.xml                            #手机使用的 APN 文件
```

```
$(call inherit-product,(SRC_TARGET_DIR)/product/aosp_base_telephony.mk)
PRODUCT_NAME: = full_hammerhead          #产品名称
PRODUCT_DEVICE: = hammerhead             #产品设备名称,非常关键
PRODUCT_BRAND: = Android                 #产品的品牌,一般是Android
PRODUCT_MODEL: = AOSP on HammerHead      #产品的型号
PRODUCT_MANUFACTURER: = LGE              #产品的制造商
PRODUCT_RESTRICT_VENDOR_FILES: = true
$(call inherit-product,device/lge/hammerhead/device.mk)
```

#这里开始包含vendor目录下的文件,vendor目录下存放的是从手机中提取的HAL库和驱动文件

```
$(call inherit-product-if-exists,vendor/lge/hammerhead/device-vendor.mk)
```

（3）device.mk

device.mk是产品配置中经常需要修改的一个文件。产品定义中需要包含的模块、文件以及各种环境变量的定义一般都放在这个文件里。device.mk文件比较庞大,重复的项比较多,下面只介绍主要的项：

```
#将kernel的镜像复制到目标系统里
ifeq( $(TARGET_PREBUILT_KERNEL),)
ifeq( $ (USE_SVELTE_KERNEL),true)
LOCAL_KERNEL: = device/lge/hammerhead_svelte-kernel/zImage-dtb
else
LOCAL_KERNEL: = device/lge/hammerhead-kernel/zImage-dtb
endif
else
LOCAL_KERNEL: = $ (TARGET_PREBUILT_KERNEL)
endif


PRODUCT_COPY_FILES: = \
        $ (LOCAL_KERNEL):kernel
#将Linux系统的初始化文件和分区表等复制到目标系统里
PRODUCT_COPY_FILES + = \
device/lge/hammerhead/init.hammerhead.rc:root/init.hammerhead.rc\
device/lge/hammerhead/init.hammerhead.usb.rc:root/init.hammerhead.usb.rc\
device/lge/hammerhead/fstab.hammerhead:root/fstab.hammerhead\
device/lge/hammerhead/ueventd.hammerhead.rc:root/ueventd.hammerhead.rc
#定义系统支持的分辨率
PRODUCT_AAPT_CONFIG: = normal hdpi xhdpi xxhdpi
PRODUCT_AAPT_PREF_CONFIG: = xxhdpi
#指定系统的overlay目录
```

```
DEVICE_PACKAGE_OVERLAYS: = \
device/lge/hammerhead/overlay
# 添加模块到系统
PRODUCT_PACKAGES + = \
    gralloc.msm8974 \
    libgenlock \
    hwcomposer.msm8974 \
    memtrack.msm8974 \
    libqdutils \
    libqdMetaData
# 设置系统属性值
PRODUCT_PROPERTY_OVERRIDES + = \
    ro.sf.lcd_density = 480
PRODUCT_PROPERTY_OVERRIDES + = \
    persist.hwc.mdpcomp.enable = true
# 包含更多的配置文件
$ (call inherit-product-if-exists,hardware/qcom/msm8x74/msm8x74.mk)
$ (call inherit-product-if-exists,vendor/qcom/gpu/msm8x74/msm8x74-gpu-vendor.mk)
```

device.mk 中一些重要的编译变量详细解释如下。

- PRODUCT_COPY_FILES：一个格式为"源文件路径：目标文件路径"字串的集合。使用 PRODUCT_COPY_FILES 变量能方便地将编译目录下的一个文件复制到目标文件系统中。需要注意的是，PRODUCT_COPY_FILES 仅仅复制文件。如果复制的是 APK 文件或 Java 库，则这些文件的签名会保留。

- PRODUCT_PACKAGES：用来定义产品的模块列表，所有在模块列表中的模块的定义都会被执行。

- PRODUCT_AAPT_CONFIG：指定了系统中能够支持的屏幕密度类型(dip)。所谓支持，是指系统编译时会将相应的资源文件添加到 framework_res.apk 文件中。

- PRODUCT_AAPT_PREF_CONFIG：指定了系统实际的屏幕密度类型。

- DEVICE_PACKAGE_OVERLAYS：这是一个很重要的变量，它指定了系统的 overlay 目录。系统编译时会使用 overlay 目录下存放的资源文件替换系统或者模块原有的资源文件。这样在不覆盖原生资源文件的情况下，就能实现产品的个性化。而且 overlay 目录可以有多个，它们会按照在变量中的先后顺序来替换资源文件，利用这个特性可以定义公共的 overlay 目录，以及各个产品专属的 overlay 目录，最大限度地重用资源文件。

- PRODUCT_PROPERTY_OVERRIDES：定义系统的属性值。如果属性名称以"ro."开头，这个属性就是只读属性，一旦设置，属性值将不能改变。如果属性名称以"persist."开头，当设置这个属性时，它的值将写入文件/data/property 中。

2. 编译类型 eng、user 和 userdebug

3 种编译类型的区别如表 3.10 所示。

表 3.10　3 种编译类型的区别

编译类型	描述
eng	默认的编译类型。执行"make"相当于执行"make eng" 编译时会将下列模块安装进系统： • 在 Android.mk 中用 LOCAL_MODULE_TAGS 变量定义了标签 eng、debug、shell_$(TARGET_SHELL)、user 和 development 的模块 • 非 APK 模块并且不带任何标签的模块 • 所有产品配置文件中指定的 APK 模块 编译时系统带有下列属性： • ro.secure＝0 • ro.debuggable＝1 • ro.kernel.android.checkjni＝1 编译的系统中默认情况下 adb 是可用的
user	编译时会将下列模块安装进系统： • 在 Android.mk 中用 LOCAL_MODULE_TAGS 变量定义了标签 shell_$(TARGET_SHELL)和 user 的模块 • 非 APK 模块并且不带任何标签的模块 • 所有产品配置文件中指定的 APK 模块，同时忽略其标签属性 系统属性包括： • ro.secure＝1 • ro.debuggable＝0 编译的系统中默认情况下 adb 是不可用的，需要在系统设置中手动打开
userdebug	编译时会将下列模块安装进系统： • 在 Android.mk 中用 LOCAL_MODULE_TAGS 变量定义了标签 shell_$(TARGET_SHELL)、debug 和 user 的模块 • 非 APK 模块并且不带任何标签的模块 • 所有产品配置文件中指定的 APK 模块，同时忽略其标签属性 系统属性包括： • ro.secure＝1 • ro.debuggable＝1 编译的系统中默认情况下 adb 是不可用的，需要在系统设置中手动打开

3. 产品的 image 文件

Android 编译完成后会生成几个 image 文件，包括 boot.img、recovery.img、system.img 和 userdata.img。

（1）boot.img

boot.img 是一种 Android 自定义的文件格式。该格式包括一个 $2\times1\,024$ Byte 的文件头，文件头后面是用 gzip 压缩过的 kernel 镜像，再后面是一个 ramdisk 镜像，最后是一个载入器程序，这个载入器是可选的，某些镜像文件中没有这部分。各部分如下所示。

```
+ ——————————————————————————— +
    |boot  header  | 1 page
+ ——————————————————————————— +
```

```
|kernel          | n pages
+ ———————————————————————————————————— +
|ramdisk         | m pages
+ ———————————————————————————————————— +
|second stage    | o pages
+ ———————————————————————————————————— +
```

注意 以上各部分大小是 page 的整数倍,page 值在 BoardConfig.mk 中通过编译变量 BOARD_KERNEL_PAGESIZE 定义,通常是 2 048。ramdisk 镜像是一个小型文件系统,它包括了初始化 Linux 系统所需要的全部核心文件。

图 3.74 所示是产品 hammerhead 的 ramdisk.img 的文件列表。

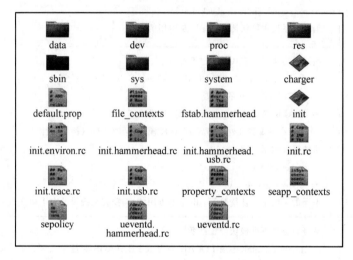

图 3.74 ramdisk.img 的文件列表

（2）recovery.img

recovery.img 相当于一个小型文本界面的 Linux 系统,它有自己的内核和文件系统。recovery.img 的作用是恢复或升级系统,因此,在 sbin 目录下会有一个 recovery 程序。recovery.img 中也包括 adbd 和系统配置文件 init.rc,但是,这些文件和 boot.img 中的不相同。图 3.75 所示是 hammerhead 的 recovery.img 的文件列表。

（3）system.img

system.img 就是设备中 system 目录的镜像,里面包含了 Android 系统主要的目录和文件,介绍如下。

- app 目录:存放一般的 APK 文件。
- bin 目录:存放一些 Linux 的工具,但是大部分都是 toolbox 的链接。
- etc 目录:存放系统的配置文件。
- fonts 目录:存放系统的字体文件。
- framework 目录:存放系统平台所有 JAR 包和资源文件包。
- 1ib 目录:存放系统的共享库。
- media 目录:存放系统的多媒体资源,主要是铃声。

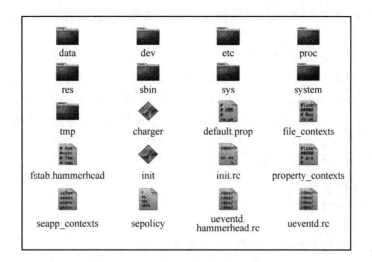

图 3.75 recovery.img 的文件列表

- priv-app 目录：Android 4.4 开始新增加的目录，存放系统核心的 APK 文件。
- tts 目录：存放系统的语音合成文件。
- usr 目录：存放各种键盘布局、时间区域文件。
- vendor 目录：存放一些第三方厂商的配置文件、firmware 以及动态库。
- xbin 目录：存放系统管理工具，这个文件夹相当于标准 Linux 文件系统中的 sbin。
- build.prop 文件：系统属性的定义文件。

（4）userdata.img

userdata.img 是设备中 data 目录的镜像，初始时一般不包含任何文件。Android 系统初始化时会在 data 目录下创建一些子目录和文件。

4. 如何提高编译速度

自从升级到 Android 4.0 以后，编译 Android 就是一个令人头疼的问题，主要是因为全编译一次所需要的时间比以前增加了许多。以编译 Android 4.2.2 为例，一台 Intel i5、8 GB 内存的 PC，指定 8 线程编译，需要近 50 分钟才能完成。而一台 Intel i7、16 GB 内存的 PC，指定 16 线程编译，需要 30 分钟左右才能完成。到了 Android 5.0，源码的大小又增加了大约 50%，需要的时间就更多了。

影响 Android 编译最大的因素是 CPU 和内存。同一型号的 CPU 在编译时指定的线程数量越多，对内存的需求也越大。如果内存不够，系统会使用磁盘来虚拟内存，当这种情况发生，编译时间就会大大加长。如果编译时间远远超过一小时，可以用 Linux 的资源管理器查看编译时的内存使用情况，看看是否因为内存不足导致编译时间过长。

CPU 和内存毕竟不能无限提高，如果还想提高编译速度，Google 推荐使用 CCache。CCache 的使用方法如下：

```
# export USE_CCACHE = 1
# export CCACHE_DIR = /< path_of_your_choice >/.ccache
# prebuilts/misc/1inux - x86/ccache/ccache-M 50G
```

需要注意的是，CCache 并不能提高第一次编译的速度。它的原理是将一些系统库的编译结果保存起来,下次编译时如果检测到这些库没有变化,就直接使用 cache 中保存的文件。

5．如何编译 Android 的模拟器

利用模拟器来调试 Android 非常方便,模拟器能模拟出各种分辨率的屏幕,方便进行适配开发工作。但是在 Android 5.0 之前,模拟器的启动和程序的运行速度都非常慢,很难在正常开发中使用。Android 升级到 5.0 后,模拟器中程序的运行速度大大提高了,完全可以代替手机来开发调试。

下面介绍模拟器的编译方式:

♯ .build/envsetup.sh

♯ lunch sdk-eng

♯ make

编译成功后,使用下面的命令可以启动模拟器:

♯ emulator

在 Android 的 SDK 中,提供了一个专门用于 X86 环境的加速器:Intel x86 Emulator Accelerator,位于 SDK 的 extras\intel\Hardware_Accelerated_Execution_Manager 目录下。启动模拟器前,先运行这个目录下的可执行文件 intelhaxm,这样 X86 模拟器的速度会明显提高很多。

3.5.3　编译 Android 的模块

Android 中的各种模块,无论是应用、可执行程序还是 JAR 包,都可以通过 Build 系统编译生成。在每个模块的源码目录下,都有一个 Android 文件,里面包含了模块代码的位置、模块的名称、需要链接的动态库等一系列定义。

首先,我们分析一个典型的文件:package/apps/Settings 目录下的 Android.mk。其内容如下所示。

♯设置 LOCAL_PATH 为当前目录

LOCAL_PATH：= $（call my-dir）

♯清空除 LOCAL_PATH 外所有的"LOCAL_"变量

include $（CLEAR_VARS）

♯指定依赖的共享 Java 类库

LOCAL_JAVA_LIBRARIES：= bouncycastle conscript telephony-common

♯指定依赖的静态 Java 类库

LOCAL_STATIC_JAVA_LIBRARIES：= android-support-v4 android-support-v13 jsr305

♯定义模块的标签为 optional

LOCAL_MODULE_TAGS：= optional

♯定义源文件列表

LOCAL_SRC_FILES：= \

    $（call all-java-files-under,src）\

    src/com/android/settings/EventLogTags.logtags

♯指定模块名称

```
LOCAL_PACKAGE_NAME:= Settings
#指定模块签名使用 platform 签名
LOCAL_CERTIFICATE:= platform


#Android 4.4 新标志,为 true 表示此 APK 将安装到 priv-app 目录下
LOCAL_PRIVILEGED_MODULE:= true
#指定混淆的标志
LOCAL_PROGUARD_FLAG_FILES:= proguard.flags
#指定 AAPT 的属性
LOCAL_AAPT_FLAGS += -c zz_ZZ
#指定编译模块的类型为 APK
include $(BUILD_PACKAGE)
#将源码目录下其余的 Android.mk 都包含进来
include $(call all-makefiles-under,$(LOCAL_PATH))
```

对于一个模块定义文件 Android.mk,有几行是必需的,其中最开始的两行几乎是固定的写法:

```
LOCAL_PATH:= $(call my-dir)
include $(CLEAR_VARS)
```

第二行的作用是包含进 clear_vars.mk 文件,这个文件会将除了 LOCAL_PATH 变量以外的所有以"LOCAL"开头的变量都清除掉。

在 Android.mk 文件的结尾一般都会有类似于"include $(BUILD_PACKAGE)"的语句,这将包含 Build 系统的模块编译文件,不同的模块需要包含不同的模块编译文件。

1. 模块编译变量简介

Android.mk 文件能编译出不同的模块,是因为包含相应的模块编译文件。Android 的 Build 系统定义了很多模块编译变量,对它们的简要说明如表 3.11 所示。

表 3.11 模块编译变量

模块编译变量	说明
BUILD_HOST_STATIC_LIBRARY	对应的文件是 host_static_library.mk。用来产生编译平台使用的本地静态库
BUILD_HOST_SHARED_LIBRARY	对应的文件是 host_shared_library.mk。用来产生编译平台使用的本地共享库
BUILD_STATIC_LIBRARY	对应的文件是 static_library.mk。用来产生目标系统使用的本地静态库
BUILD_RAW_STATIC_LIBRARY	对应的文件是 raw_static_library.mk。用途不明,未见系统中有使用的实例
BUILD_SHARED_LIBRARY	对应的文件是 shared_library.mk。用来产生目标系统使用的本地共享库

模块编译变量	说明
BUILD_EXECUTABLE	对应的文件是 executable.mk。用来产生目标系统使用的 Linux 可执行程序
BUILD_RAW_EXECUTABLE	对应的文件是 raw_executable.mk。用途不明,仅见 external/grub 使用
BUILD_HOST_EXECUTABLE	对应的文件是 host_executable.mk。用来产生编译平台下使用的可执行程序
BUILD_PACKAGE	对应的文件是 package.mk。用来产生 APK 文件
BUILD_PHONY_PACKAGE	对应的文件是 phony_package.mk
BUILD_HOST_PREBUILT	对应的文件是 host_prebuilt.mk。用来定义编译平台下的预编译模块目标
BUILD_PREBUILT	对应的文件是 prebuilt.mk。用来定义预编译的模块目标。作用是将这些预编译的模块引入系统
BUILD_MULTI_PREBUILT	对应的文件是 multi_prebuilt.mk。用来定义多个预编译模块目标
BUILD_JAVA_LIBRARY	对应的文件是 java_library.mk。用来产生 Java 共享库
BUILD_STATIC_JAVA_LIBRARY	对应的文件是 static_java_library.mk。用来产生 Java 静态库
BUILD_HOST_JAVA_LIBRARY	对应的文件是 host_java_library.mk。用来产生编译平台下的 Java 共享库
BUILD_DROIDDOC	对应的文件是 droiddoc.mk
BUILD_COPY_HEADERS	对应的文件是 copy_headers.mk。用来将 LOCAL_COPY_HEADERS 变量定义的文件复制到 LOCAL_COPY_HEADERS_TO 变量定义的路径中
BUILD_NATIVE_TEST	对应的文件是 native_test.mk。用来产生一个目标系统的可执行程序,相比于 BUILD_EXECUTABLE 只是多定义了测试相关的库路径和头文件路径
BUILD_HOST_NATIVE_TEST	对应的文件是 host_native_test.mk。用来产生一个编译平台下的可执行程序,相比于 BUILD_HOST_EXECUTABLE 只是多定义了测试相关的库路径和头文件路径

2. 常用模块定义实例

在不同的模块定义文件中,会使用不同的编译变量,下面我们对每种模块都给出一个例子,并加以注释。

(1)编译一个 APK 文件

```
LOCAL_PATH: = $(call my-dir)
include $(CLEAR_VARS)
LOCAL_JAVA_LIBRARIES: =          ♯指定依赖的共享 Java 类库
LOCAL_STATIC_JAVA_LIBRARIES: =   ♯指定依赖的静态 Java 类库
```

＃指定源码列表。这里使用系统定义的函数搜寻 src 目录下的文件形成列表

LOCAL_SRC_FILES：= $(call all-java-files-under,src)

LOCAL_MODULE_TAGS：= optional ＃指定模块的标签

LOCAL_CERTIFICATE：= shared ＃指定模块的签名方式

LOCAL_PACKAGE_NAME：= testapk ＃指定模块的名称

include $(BUILD_PACKAGE)

（2）编译一个 Java 共享库

LOCAL_PATH：= $(call my-dir)

include $(CLEAR_VARS)

LOCAL_SRC_FILES：= $(call all-java-files-under,src)

LOCAL_MODULE_TAGS：= optional ＃指定模块的标签

LOCAL_MODULE：= javadynamiclib ＃指定模块的名称

include $(BUILD_JAVA_LIBRARY)

（3）编译一个 Java 静态库

LOCAL_PATH：= $(call my-dir)

include $(CLEAR_VARS)

LOCAL_SRC_FILES：= $(call all-java-files-under,src)

LOCAL_MODULE：= javastaticlib ＃指定模块的名称

include $(BUILD_STATIC_JAVA_LIBRARY)

（4）编译一个 Java 资源包文件

资源包也是一个 APK 文件,但是没有代码,类似于 framework_res.apk。

LOCAL_PATH：= $(call my-dir)

include $(CLEAR_VARS)

LOCAL_NO_STANDARD_LIBRARIES：= true ＃指定依赖的静态 Java 类库

LOCAL_PACKAGE_NAME：= javareslib ＃定义模块名

LOCAL_CERTIFICATE：= platform ＃指定签名类型

LOCAL_AAPT_FLAGS：= － x ＃定义 AAPT 工具参数

LOCAL_MODULE_TAGS：= user ＃定义模块标签为 user

LOCAL_MODULE_PATH：= $(TARGET_OUT_JAVA_LIBERAIES)＃指定模块的安装路径

LOCAL_EXPORT_PACKAGE_RESOURCES：= true ＃值为 true 时,其他的 APK 模块能引用
本模块的资源

include $(BUILD_PACKAGE)

（5）编译一个可执行文件

LOCAL_PATH：= $(call my-dir)

include $(CLEAR_VARS)

```
LOCAL_SRC_FILES：= service.cpp
LOCAL_SHARED_LIBRARIES：= libutils  libbinder  #指定模块需要链接的动态库
ifeq($(TARGET_OS),linux)
        LOCAL_CFLAGS += - DXP_UNIX            #定义编译标志
endif
LOCAL_MODULE：= service                       #指定模块的名称
include $(BUILD_EXECUTABLE)
```

（6）编译一个 native 共享库

```
LOCAL_PATH：= $(call my-dir)
include $(CLEAR_VARS)
LOCAL_MODULE_TAGS：= optional
LOCAL_MODULE：= libnativedynamic             #指定模块的名称
LOCAL_SRC_FILES：= \                          #指定模块的源文件
    Nativedynamic.cpp
LOCAL_SHARED_LIBRARIES：= \                   #指定模块需要链接的动态库
    libcutils\
    libutils
LOCAL_STATIC_LIBRARIES：= libnativestatic    #指定模块依赖的静态库
LOCAL_CINCLUDES += \                          #指定头文件的查找路径
    $(JNI_H_INCLUDE)\
    $(LOCAL_PATH)/../include
LOCAL_CFLAGS += - C                           #定义编译标志
include $(BUILD_SHARED_LIBRARY)
```

（7）编译一个 native 静态库

```
LOCAL_PATH：= $(call my-dir)
include $(CLEAR_VARS)
LOCAL_MODULE_TAGS：= optional                 #指定模块的标签
LOCAL_MODULE：= libnativestatic              #指定模块的名称
LOCAL_SRC_FILES：= \                          #指定模块的源文件
        Nativestatic.cpp
LOCAL_C_INCLUDES +=                           #定义编译标志
        LOCAL_C_FLAGS += - O
include $(BUILD_STATIC_LIBRARY)
```

3. 预编译模块的目标定义

在实际的系统开发中，并不会像 Android 一样将所有源码集中在一起编译，有很多
APK 文件、JAR 包等都是预先编译好的，编译系统时需要将这些二进制文件复制到生成的
image 文件中。常用的方法是通过 PRODUCT_COPY_FILES 变量将这些文件直接复制到

生成的 image 文件中。但是有些 APK 文件或 JAR 包需要使用系统的签名文件才能正常运行,这样用复制的方法就行不通了。另外,一些动态库文件可能是源码中某些模块所依赖的,用复制的方法无法建立依赖关系,这将导致这些模块编译失败。Android 可以通过定义预编译模块的方法来解决以上问题。

定义一个预编译模块和定义一个普通的编译模块格式相似。不同的是 LOCAL_SRC_FILES 变量指定的不是源文件,而是二进制文件的路径,同时还要通过 LOCAL_MODULE_CLASS 变量来指定模块的类型,最后 include 的是 BUILD_PREBUILT 变量定义的编译文件。

下面是常见模块的写法,看上去大同小异,但是要注意变量的赋值。

（1）定义 APK 文件目标

```
include $(CLEAR_VARS)
LOCAL_MODULE: = ThemeManager.apk            #这里可以是任何字符串,但必须是系
                                             统唯一的目标
LOCAL_SRC_FILES: = app/ $(LOCAL_MODULE)
LOCAL_MODULE_TAGS: = optional
LOCAL_MODULE_CLASS: = APPS                   #这里的值是 APPS
LOCAL_CERTIFICATE: = platform                #这里可以指定签名方式
include $(BUILD_PREBUILT)
```

（2）定义静态 JAR 包目标

```
include $(CLEAR_VARS)
LOCAL_MODULE: = libfirewall.jar
LOCAL_SRC_FILES: = app/ $(LOCAL_MODULE)
LOCAL_MODULE_TAGS: = optional
LOCAL_MODULE_CLASS: = JAVA_LIBRARIES         #这里的值是 JAVA_LIBRARIES
LOCAL_CERTIFICATE: = platform
include $(BUILD_PREBUILT)
```

（3）定义动态库文件目标

```
include $(CLEAR_VARS)
LOCAL_MODULE: = libglobaltheme_jni.s0
LOCAL_MODULE_OWNER: =
LOCAL_SRC_FILES: = lib/ $(LOCAL_MODULE)
LOCAL_MODULE_TAGS: = optional
LOCAL_MODULE_CLASS: = SHARED_LIBRARIES       #这里的值是 SHARED_LIBRARIES
include $(BUILD_PREBUILT)
```

（4）定义可执行文件目标

```
include $(CLEAR_VARS)
LOCAL_MODULE: = bootanimation
```

```
LOCAL_MODULE_OWNER：=
LOCAL_SRC_FILES：= bin/bootanimation
LOCAL_MODULE_TAGS：= optional
LOCAL_MODULE_CLASS：= EXECUTABLES          #这里的值是 EXECUTABLES
LOCAL_MODULE_PATH：= $(TARGET_OUT)/bin      #还可以指定复制到的目标目录
include $(BUILD_PREBUILT)
```

（5）定义 XML 文件目标

```
include $(CLEAR_VARS)
LOCAL_MODULE：= apns-conf-cu.xml
LOCAL_MODULE_OWNER：=
LOCAL_SRC_FILES：= etc/$(LOCAL_MODULE)
LOCAL_MODULE_TAGS：= optional
LOCAL_MODULE_CLASS：= ETC              #ETC 表示文件将复制到/system/etc 目录下
include $(BUILD_PREBUILT)
```

（6）定义 host 平台下的 JAR 包

将系统编译时用到的 sigapk.jar 进行预编译，然后复制到 out 目录中，这样 Build 系统将能够使用这个文件来给其他文件签名：

```
include $(CLEAR_VARS)
LOCAL_MODULE：= signapk
LOCAL_PREBUILT_JAVA_LABRARIES：= lib/$(LOCAL_MODULE).jar
include $(BUILD_HOST_PREBUILT)
```

4. 常用"LOCAL_"变量

编写模块的编译文件，实际上就是定义一系列以"LOCAL_"开头的编译变量。表 3.12 所示是一些经常使用的编译变量的说明。

表 3.12　编译变量说明

变量名	说明
LOCAL_ASSET_FILES	编译 APK 文件时用于指定资源列表，通常写成 LOCAL_ASSET_FILES+= $(call find-subdir-assets)
LOCAL_CC	自定义 C 编译器来代替默认的编译器
LOCAL_CXX	自定义 C++编译器来代替默认的编译器
LOCAL_CFLAGS	定义额外的 C/C++编译器的参数
LOCAL_CPPFLAGS	仅定义额外的 C++编译器的参数，不用在 C 编译器中
LOCAL_CPP_EXTENSION	自定义 C++源文件的后缀。例如：LOCAL_CPP_EXTENSION：=.cc 注意：一旦定义，模块中所有源文件都必须使用该后缀，目前不支持混合后缀
LOCAL_C_INCLUDES	指定头文件的搜索路径

续 表

变量名	说明
LOCAL_FORCE_STATIC _EXECUTABLE	如果编译时需要链接的库有共享和静态两者共存的情况,设定此变量值为 true 将会优先链接静态库。通常这种情况在编译 root/sbin 目录下的应用时才会遇到,因为它们执行的时间比较早,文件系统的其他部分还没有加载
LOCAL_GENERATED_SOURCES	指定由系统自动生成的源文件列表
LOCAL_MODULE_TAGS	定义模块标签,Build 系统根据标签决定哪些模块将被安装
LOCAL_REQUIRED_MODULES	指定依赖的模块。一旦本模块被安装,通过此变量指定的模块也将被安装
LOCAL_JAVACFLAGS	定义额外的 Javac 编译器的参数
LOCAL_JAVA_LIBRARIES	指定模块依赖的 Java 共享库
LOCAL_LDFLAGS	定义链接器 ld 的参数
LOCAL_LDLIBS	指定模块链接时依赖的库。如果这些库文件不存在,则不会引发对它们的编译,这是此变量和 LOCAL_SHARED_LIBRARIES 的主要区别
LOCAL_NO_MANIFEST	在一个资源 APK 中可以指定此变量为 true,表示此 APK 文件没有 AndroidManifest. xml 文件
LOCAL_PACKAGE_NAME	指定应用名称
LOCAL_PATH	指定 Android. mk 文件所在的路径
LOCAL_POST_PROCESS_COMMAND	在编译 host 相关的模块时,可以用此变量定义一条在 link 完成后执行的命令
LOCAL_PREBUILT_LIBS	指定预编译 C/C++动态和静态库列表。用于预编译模块定义中
LOCAL_PREBUILT_JAVA _LIBRARIES	指定预编译 Java 库列表。用于预编译模块定义中
LOCAL_SHARED_LIBRARIES	指定模块依赖的 C/C++共享库列表
LOCAL_SRC_FILES	指定源文件列表
LOCAL_STATIC_LIBRARIES	指定模块依赖的 C/C++静态库列表
LOCAL_MODULE	除应用(APK)以 LOCAL_PACKAGE_NAME 指定模块名以外,其余的模块都以 LOCAL_MODULE 指定模块名
LOCAL_MODULE_PATH	指定模块在目标系统中的安装路径
LOCAL_UNSTRIPPED_PATH	指定模块的 unstripped 版本在 out 目录下的保存路径
LOCAL_WHOLE_STATIC_LIBRARIES	这个变量也定义了模块依赖的静态库列表,和 LOCAL_STATIC_ LIBRARIES 类似。但是通过这个变量定义,链接时链接器不会将静态库中无人调用的代码去掉
LOCAL_YACCFLAGS	指定 yacc 的参数
LOCAL_ADDITIONAL_DEPENDENCIES	指定本模块的依赖。用在不方便使用别的方法来指定依赖关系时
LOCAL_BUILT_MODULE	指定编译时存放中间文件的目录
LOCAL_INSTALLED_MODULE	指定模块的安装路径

续 表

变量名	说明
LOCAL_MODULE_CLASS	定义模块的分类。根据分类，生成的模块文件会安装到目标系统相应的目录下。例如：APPS 安装到/system/app 下；SHARED_LIBRARIES 安装到/system/lib 下；EXECUTABLES 安装到/system/bin 下；ETC 安装到/system/etc 下。但是如果同时用 LOCAL_MODULE_PATH 定义了路径，则安装到该路径下
LOCAL_MODULE_NAME	指定模块的名称
LOCAL_MODULE_SUFFIX	指定当前模块的后缀。一旦指定，系统在产生目标文件时，会以模块名加后缀的形式来创建目标文件
LOCAL_STRIP_MODULE	指定模块是否需要 strip，该模块是可执行文件或动态库时才能使用此变量
LOCAL_STRIPPABLE_MODULE	此变量的值通常由 Build 系统设置，一般编译可执行文件和动态库时设为 true
LOCAL_SYSTEM_SHARED_LIBRARIES	此变量在编译系统的基本库，如 libc、libm、libdl 时，用来定义这些库的依赖库。通常在应用模块定义中不应该使用此变量
LOCAL_PRELINK_MODULE	编译.so 模块时，定义是否需要 prelink。prelink 通过预链接的方式来加快程序启动速度。如果要设置此变量值为 true，要先在 build/core/prelink-linux-arm.map 文件中定义该库的地址和大小，否则报错。但是在 Android 4.2 以后的代码中找不到文件 prelink-linux-arm.map 了，在 build 目录下也搜寻不到这个变量，可能 Android 已经取消了 prelink 功能

【本节自测】

填空题

1. Android 的 _____ 是基于 GNU Make 和 Shell 构建的一套编译环境。

2. 从大的方面讲，Android 的 Build 系统可以分成三大块：第一块是 _____，这是 Android Build 系统的框架和核心；第二块是 _____，存放的是具体产品的配置文件；第三块是 _____，位于模块的源文件目录下。

3. Android 5.0 理论上有 4 种运行模式：_____、_____、_____、_____、_____。

4. Android 有 3 种编译类型：_____、_____、_____、_____。

3.6 SDK 中的常用命令

【本节综述】

Android SDK(Software Development Kit,软件开发工具包)被软件开发工程师用于为特定的软件包、软件框架、硬件平台、操作系统等建立应用软件开发工具的集合。它提供了 Android API 库和开发工具构建，测试和调试应用程序。简单来讲，Android SDK 可以看作用于开发和运行 Android 应用的一个软件。本节介绍 Android SDK 中提供的常用命令。

【问题导入】

Android SDK 常用的命令有哪些？它们完成什么功能？如何使用？

为了方便使用,先将 SDK 中 platform-tools 和 tools 两个文件夹的位置添加到环境变量中。下面以 Windows 8 系统为例介绍如何修改环境变量,步骤如下。

① 在 Windows 8 系统中,打开控制面板,选择"系统和安全"下的系统基本信息窗口,如图 3.76 所示。选择"高级系统设置"选项,打开图 3.77 所示的对话框。

图 3.76 系统基本信息窗口

图 3.77 "系统属性"对话框

② 在图 3.77 中,单击"环境变量"按钮,打开图 3.78 所示的对话框。

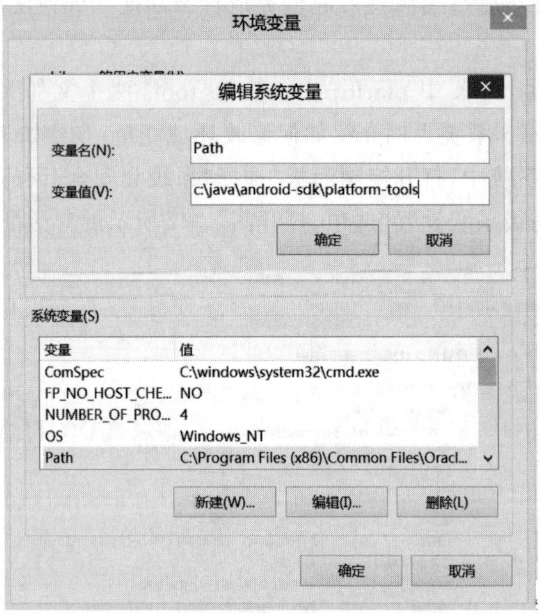

图 3.78 "环境变量"对话框

③ 在图 3.78 中,选择系统变量中的 Path 变量,单击"编辑"按钮,打开图 3.79 所示的对话框。

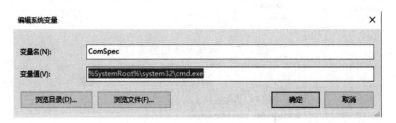

图 3.79 "编辑系统变量"对话框

④ 在变量值文本框中输入 platform-tools 文件夹的位置,如 C:\Java\android-sdk\platform-tools,单击"确定"按钮,完成环境变量的修改。

3.6.1 adb 命令

Android 调试桥(adb)是一个多用途命令行工具,允许开发人员与模拟器实例或者连接的 Android 设备进行通信。它是一个由三部分组成的客户端-服务器程序。

- 运行于计算机的客户端:开发人员通过 adb 命令来调用客户端,ADT 插件和 DDMS 等 Android 工具也创建 adb 客户端。
- 运行于计算机后台进程的服务器:服务器管理客户端和运行 adb 守护进程的模拟器/设备的通信。
- 守护进程:作为后台进程运行于每个模拟器/设备实例。

说明 adb 命令位于 platform-tools 文件夹中。

启动 adb 客户端时,它会检查 adb 服务器进程是否运行,如果没有,则启动该进程。服务器启动后,绑定到本地 TCP 的 5037 端口并监听 adb 客户端发送的命令。所有 adb 客户端都使用 5037 端口号与 adb 服务器进行通信。

接下来,服务器与所有运行的模拟器/设备实例建立连接。它通过扫描 5555～5585 之间的奇数端口来定位模拟器/设备实例。当服务器发现 adb 守护进程时,就建立一个该端口的连接。每个模拟器/设备实例需要一对连续的端口:偶数端口用于控制台连接,奇数端口用于 adb 连接。例如:

模拟器 1,控制台:5554

模拟器 1,adb:5555

模拟器 2,控制台:5556

模拟器 2,adb:5557

如上所示,通过端口 5554 连接的控制台与通过端口 5555 连接的 adb 是同一个模拟器。

一旦服务器与所有模拟器/设备实例建立连接,开发人员就可以使用 adb 命令控制和访问这些实例。由于服务器管理模拟器/设备实例的连接并且处理多个 adb 客户端命令,开发人员可以从任何客户端(或者脚本)控制任何模拟器/设备实例。

说明 如果使用安装了 ADT 插件的 Eclipse 进行开发,则可以不使用 adb 命令。

1. 查询模拟器/设备实例

在使用 adb 命令前,需要先知道有哪些模拟器/设备被连接到 adb 服务器。使用如下命令可以输出模拟器/设备列表:

adb devices

图 3.80 所示窗口中显示了当前连接的模拟器/设备列表。输出的结果由两部分组成:序列号和状态。序列号由设备类型和端口号两部分组成;状态包括 offline(未连接)和 device(已连接)两种。

图 3.80 连接设备列表

说明 device 只表示模拟器/设备处于连接状态,并不表示启动完成。

2. 指定模拟器/设备实例

如果当前系统中运行多个模拟器/设备实例,在运行命令时需要指定目标实例,命令格式如下:

adb -s ＜ serialNumber ＞＜ command ＞

其中:＜ serialNumber ＞参数表示序列号;＜ command ＞参数表示执行的命令。

例如,需要在 emulator-5554 上安装 HelloWorld. apk 应用时,可以执行如下命令:

adb -s emulator-5554 install HelloWorld.apk

如果运行多个模拟器/设备,则不进行指定会报错。

3. 安装应用程序

使用 adb 命令可以在模拟器/设备上安装新的应用程序,命令格式如下:

adb install ＜ path_to_apk ＞

其中,＜ path_to_apk ＞参数表示 APK 文件的路径。

说明 如果使用 ADT 插件,每次运行应用时它会自动在模拟器上安装该应用。

例如,在模拟器上安装 ImageViewer. apk 程序,命令如下:

adb install d:\ImageViewer.apk

4. 模拟器/设备实例的文件复制

使用 adb 命令可以完成文件的复制功能。与文件安装不同,它可以用于任意类型的文件。

将文件从本地计算机复制到模拟器/设备实例中的命令如下:

adb push ＜ local ＞＜ remote ＞

其中:＜ local ＞参数表示计算机上的文件(文件夹)位置;＜ remote ＞参数表示模拟器/设备实例上的文件(文件夹)位置。

将文件从模拟器/设备实例复制到本地计算机中的命令如下:

adb pull ＜ local ＞＜ remote ＞

各个参数的含义同上。

说明 使用 adb 命令也可以完成向 SD 卡复制文件。

5. 进入 Shell

Android 平台底层使用 Linux 内核,因此可以使用 Shell 来进行操作。使用如下命令可以进入 Shell:

adb shell

3.6.2 android 命令

android 命令是一个非常重要的开发工具,其功能如下:

- 创建、删除和查看 Android 虚拟设备(AVD)。
- 创建和更新 Android 项目。
- 更新 Android SDK,内容包括新平台、插件和文档等。

说明 如果使用安装了 ADT 插件的 Eclipse 进行开发,则可以不使用 android 命令。

1. 获得可用的 Android 平台

在安装 Android SDK 时,下载了很多 Android 平台,使用 android 命令可以获得所有可用的 Android 平台列表,命令如下:

android list targets

在 DOS 控制台上输出的部分如图 3.81 所示。

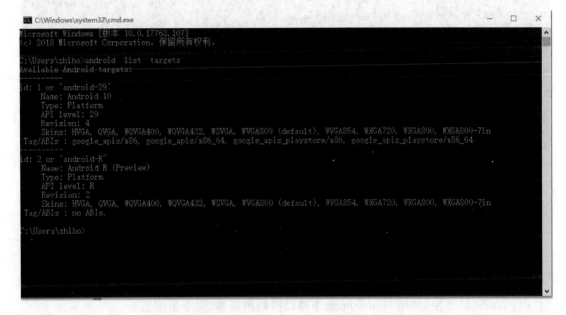

图 3.81 Android 平台列表

说明 android 命令通过扫描 SDK 安装文件夹中的 add-ons 和 platforms 子文件夹来生成这些信息。

2. 创建 AVD

除了前面介绍的使用 AVD 管理工具来管理 AVD 外,还可以使用 android 命令。下面介绍如何使用 android 命令创建 AVD,命令格式如下:

android create avd -n < name > -t < targetID >[- < option >< value >]…

其中:< name >参数表示 AVD 名称,如 AVD10,通常在名称中添加版本号以示区别;< targetID >参数是由 android 工具分配的一个整数,它与系统镜像名称、API 等级等属性无关,需要使用 android list targets 命令来查看。

除了以上两个必需的参数外,还可以同时提供模拟器 SD 卡大小、模拟器皮肤、用户数据文件位置等信息。

例如,下面的命令创建了一个名为 AVD10 的 AVD,targetID 使用 1:

android create avd -n AVD10 -t 1 -b google_apis/x86_64

在控制台上的输出效果如图 3.82 所示。

如果使用的是标准 Android 系统镜像(android list targets 命令的输出中 Type 是 Platform),则创建时会询问是否自定义硬件配置。

3. 删除 AVD

如果需要删除 AVD,则可以使用如下命令:

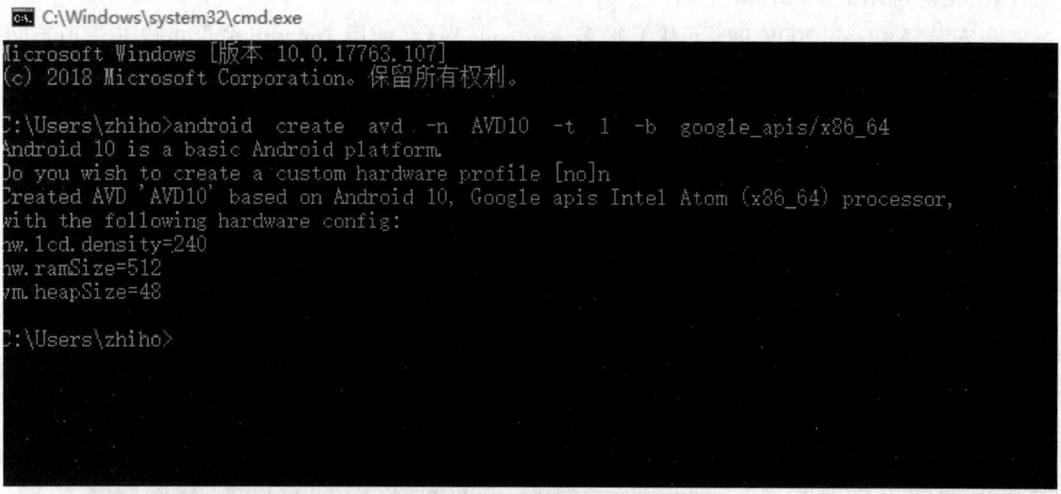

图 3.82　创建 AVD

android delete avd -n < name >

其中:< name >参数表示 AVD 名称。

3.6.3　emulator 命令

Android SDK 中提供了一个移动设备模拟器,开发人员不必准备真实的移动设备就可以进行 Android 开发,使用 emulator 命令可以控制模拟器,命令格式如下:

emulator -avd < avd_name >[- < option >[< value >]]…[- < qemu args >]

表 3.13 总结了可用的选项及其含义。

表 3.13　emulator 命令中的可用选项及其含义

分类	选项	描述
帮助	-help	打印所有模拟器选项列表
	-help-all	打印所有启动选项帮助
	-help-< option >	打印特定启动选项帮助
	-help-debug-tags	打印用于-debug < tags >的标签列表
	-help-disk-images	打印模拟器磁盘镜像使用帮助
	-help-environment	打印模拟器环境变量帮助
	-help-keys	打印当前模拟器与键盘按键映射关系
	-help-keyset-file	打印自定义键盘映射文件帮助
	-help-virtual-device	打印 Android 虚拟设备使用帮助
AVD	-avd < avd _ name >或 @ < avd _ name >	指定当前模拟器加载的 AVD 实例(必须)
磁盘镜像	-cache < filepath >	使用< filepath >作为工作缓存分区镜像
	-data < filepath >	使用< filepath >作为工作用户数据磁盘镜像
	-initdata < filepath >	重启用户数据镜像时,复制该文件注释到新文件中

续 表

分类	选项	描述
磁盘镜像	-nocache	启动没有缓冲分区的模拟器
	-ramdisk < filepath >	使用< filepath >作为 RAM 磁盘镜像
	-sdcard < filepath >	使用< filepath >作为 SD 卡磁盘镜像
	-wipe-data	重置当前用户数据磁盘镜像
调试	-debug < tags >	启用/禁用特定调试标签(多个,使用逗号分隔)的调试信息
	-debug-< tag >	启用/禁用特定调试标签(单个)的调试信息
	-debug-no-< tag >	禁用特定调试标签(单个)的调试信息
	-logcat < logtags >	启用给定的标签 logcat 输出
	-shell	在当前终端创建 root shell 控制台
	-shell-serial < device >	启动 root shell 并指定与之通信的 QEMU 字符设备
	-show-kernel < name >	显示内核信息
	-trace < name >	启动代码分析(按 F9 键开始)并写入指定文件
	-verbose	启动详细输出
媒体	-audio < backend >	使用特定音频后端
	-audio-in < backend >	使用特定音频输入后端
	-audio-out < backend >	使用特定音频输出后端
	-noaudio	禁用当前模拟器实例音频支持
	-radio < device >	重定向无线调制解调器接口到主机字符设备
	-useaudio	启动当前模拟器实例音频输出
网络	-dns-server < servers >	使用指定 DNS 服务器
	-http-proxy < proxy >	使用指定 HTTP/HTTPS 代理所有 TCP 连接
	-netdelay < delay >	设置模拟器网络延迟< delay >
	-netfast	-netspeed full -netdelay none 的缩写
	-netspeed < speed >	设置模拟器网络速度< speed >
	-port < port >	设置当前模拟器实例使用的控制台端口号
	-report-console < socket >	启动模拟器前,报告为其分配的控制台端口号到远程使用
系统	-cpu-delay < delay >	设置模拟器 CPU 延迟< delay >
	-gps < device >	重定向 NMEA GPS 到字符设备
	-nojni	在 Dalvik 运行时禁用 JNI 检查
	-qemu	传递参数到 QEMU
	-qemu -h	显示 QEMU 帮助
	-radio < device >	重定向无线模式到特定字符设备
	-timezone < timezone >	设置模拟器时区为< timezone >
	-version	显示模拟器版本

分类	选项	描述
UI	-dpi-device＜dpi＞	调制模拟器分辨率以便匹配物理设备屏幕大小
	-no-boot-anim	禁用模拟器启动动画
	-no-window	禁用模拟器图形窗口显示
	-scale＜scale＞	调整模拟器窗口
	-raw-keys	禁用 Unicode 键盘反向映射
	-noskin	不使用模拟器皮肤
	-keyset＜file＞	使用指定键映射文件代替默认文件
	-onion＜image＞	支持屏幕上使用叠加图像
	-onion-alpha＜percent＞	设置透明度
	-onion-rotation＜position＞	设置旋转

3.6.4　mksdcard 命令

mksdcard 命令可以快速创建 FAT32 磁盘镜像,启动模拟器时加载该磁盘镜像,可以模拟真实设备的 SD 卡。在创建 AVD 时,可以同时创建 SD 卡。使用该命令的好处是可以在多个模拟器间共享 SD 卡。该命令的格式如下:

mksdcard -l＜label＞＜size＞＜file＞

其中:＜label＞参数表示磁盘镜像的卷标签;＜size＞参数表示 SD 卡的大小,可以使用千字节、兆字节等单位;＜file＞参数表示 SD 卡的路径/名称。

说明　SD 卡文件类型为 FAT32,其最小为 9 MB,最大为 1 023 GB。

【本节自测】

填空题

1. _____是一个多用途命令行工具,允许开发人员与模拟器实例或者连接的 Android 设备进行通信。它是一个由三部分组成的客户端-服务器程序。

2. Android SDK 中提供了一个移动设备模拟器,开发人员不必准备真实的移动设备就可以进行 Android 开发,使用_____可以控制模拟器。

选择题

android 命令是一个非常重要的开发工具,其功能如下:_____。

A. 创建、删除和查看 Android 虚拟设备

B. 创建和更新 Android 项目

C. 更新 Android SDK,内容包括新平台、插件和文档等

D. 以上都包括

3.7　重 要 概 念

【本节综述】

对 Android 是什么有大致了解后,来看看其工作原理。对于 Android 的某些组成部分,

如 Linux 内核和 SQL 数据库,读者可能很熟悉,而对于其他组成部分,如 Android 的应用生命周期概念,读者可能是完全陌生的。要编写行为良好的 Android 应用,必须深入了解这些重要概念。

【问题导入】

本节主要掌握和理解 Android 操作系统和程序开发的相关概念,这是理解和学习 Android 操作系统的前提和基础。

3.7.1　总览

先来看看总体系统架构——Android 开源软件栈的重要分层和组件。图 3.83 展示了 Android 系统架构。

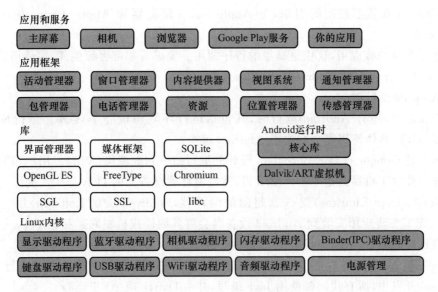

图 3.83　Android 系统架构

每层都使用其下面各层提供的服务。接下来从最底层开始,着重介绍 Android 的各层。

1. Linux 内核

Android 以经过实践检验的可靠 Linux 内核为基础。Linux 是 Linus Torvalds 于 1991 年开发的,目前被广泛用于从腕表到超级计算机的各种设备中。Linux 为 Android 提供了硬件抽象层,让 Android 能够移植到各种平台之上。

在内部,Android 使用 Linux 来提供内存管理、进程管理、联网和其他操作系统服务。Android 用户看不到 Linux,而用户编写的程序通常也不会直接使用 Linux 调用。然而,开发人员必须知道 Linux 内核的存在。

在开发期间所使用的某些工具会与 Linux 进行交互。例如,命令 adb shell 用于打开一个 Linux Shell,让用户能够在其中输入要在设备上运行的其他命令。用户可以通过它审视 Linux 文件系统、查看活动进程等,但要受到安全限制的约束。

2. 原生库

内核的上一层包含 Android 原生库。这些共享库都是使用 C 或 C++ 编写的,针对 Android 设备使用的硬件架构进行编译,并由厂商预装。下面是一些最重要的原生库。

- 界面管理器:绘图命令并不直接在屏幕上绘画,而是被保存到列表中。这些命令列表与来自其他窗口的命令列表合并,一起生成用户看到的综合效果。这让系统能够创建各种有趣的效果,如透明窗口和渐变。

- 2D 和 3D 图形:在 Android 中,可在用户界面中同时使用二维和三维元素。所有元素都由硬件转换为 3D 绘图列表并进行渲染,以最大限度地提高显示速度。

- 多媒体编码解码器:Android 可播放各种格式的视频和音频,包括 AAC、AVC (H.264)、H.263、MP3 和 MPEG-4。

- SQLite 数据库:Android 包括一个轻量级的 SQLite 数据库引擎——Firefox 和 Apple iPhone 使用的数据库。可以在应用中使用它来实现持久化存储。

- Chromium:为快速显示 HTML 内容,Android 使用了 Chromium 库。这是 Google Chrome 浏览器使用的引擎,与 Apple Safari 浏览器和 Apple iPhone 使用的引擎很像。

这些库本身并非应用,仅供更高层的程序调用。要编写和部署原生库,可使用原生开发工具包(NDK,Native Development Toolkit)。

3. Android 运行时

在内核之上,还有 Android 运行时,其包括运行环境和核心 Java 库。运行环境使用 Dalvik 或 ART,具体使用哪个取决于 Android 版本。

Dalvik 是 Google 的 Dan Bornstein 设计并编写的一款虚拟机(VM)。用户编写的代码会被编译为独立于机器的指令——字节码,然后由移动设备上的 Dalvik VM 执行。

ART(Android Runtime)是一款超前的编译器,Android 5.0(Lollipop)用它取代了 Dalvik。ART 在将应用安装到 Android 设备时会将其编译成机器码。相比于 Dalvik,ART 可以提高程序的运行速度,但代价是安装时间更长。

Dalvik 和 ART 都是 Google 推出的准兼容性 Java 实现,都针对移动设备进行了优化。在 Android 开发中,所有代码都使用 Java 编写,并由 Dalvik 或 ART 运行。

请注意,Android 自带的核心 Java 库不同于 Java Standard Edition(Java SE)库和 Java Mobile Edition(Java ME)库,但它们有很多相同的地方。

4. 应用框架

在原生库和 Android 运行时之上,是应用框架层,它提供了用于创建应用的高级构件。这个框架是随 Android 预安装的,用户可以根据需要对其进行扩展,在其中添加自己的组件。

Android 的一个独特而强大之处是,所有应用都处于一个公平竞争的环境中。也就是说,系统应用与第三方应用一样,都使用相同的公有 API。如果用户愿意,甚至可以让 Android 用用户自己的应用替换标准应用。下面是应用框架最重要的组成部分。

- 活动管理器:控制着应用的生命周期,并维护一个用于用户导航功能的通用后退栈。

- 内容提供器:封装了要在应用之间共享的数据,如通讯录。

- 资源:资源指的是程序中除代码之外的其他所有东西。

- 位置管理器:Android 设备始终知道其身处何方。

- 通知管理器:以不唐突的方式将短信、约会、接近提示等事件告知用户。

5. 应用和服务

在 Android 系统架构中,最顶层是应用和服务层。最终用户只能看到应用,但开发人员必须对此有更深入的了解。

应用是可以占据整个屏幕并与用户进行交互的程序,而服务则隐匿在用户的视线之外,默默地扩展应用框架。Android 手机和平板计算机在出厂时自带了很多标准系统应用,其中包括:

- 电话拨号程序;
- 电子邮件;
- 相机;
- Web 浏览器;
- 应用商店。

使用应用商店,用户可将新程序下载到自己的手机上运行。

Android 应用框架提供了大量可用于创建应用的构件,下面对其进行介绍。

3.7.2 构件

在 Android SDK 中定义了一些每个开发人员都必须熟悉的对象,其中最重要的是活动、片段、视图、意图、服务和内容提供器。下面简要地对其进行介绍。

1. 活动

活动是一个用户界面。应用可以定义一个或多个活动,用于处理程序的不同阶段。每个活动都负责保存自己的状态,以便能够在应用生命周期的后续阶段恢复这个状态。

2. 片段

片段是活动的一个组成部分,通常显示在屏幕上,但并非必须如此。片段是 Android 3.0 (Honeycomb)引入的,如需针对较旧的 Android 版本,可使用兼容库。

在电子邮件程序中,一部分用于显示收到的所有邮件,还有一部分用于显示特定邮件的内容,这两部分都可实现为片段。通过使用片段,应用能更轻松地适应不同尺寸的屏幕,如图 3.84 所示。

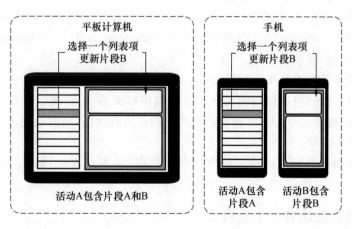

图 3.84 片段

3. 视图

视图是最小的用户界面单元,可以直接包含在活动中,也可以包含在活动的片段中。视图可使用 Java 代码来创建,但更佳的方式是使用 XML 布局来定义。每个视图都有一系列属性,它们决定了视图的功能、行为和外观。

4. 意图

意图是一种行为(如选择照片、打电话、打开舱门)描述机制。在 Android 中,几乎一切都是通过意图来实现的,这给我们提供了大量替换或重用组件的机会。

例如,有一个用于发送电子邮件的意图,如果用户的应用需要发送邮件,则可调用这个意图。另外,在编写电子邮件应用时,可以注册一个活动,让它来处理上述意图,从而替换标准邮件程序。这样,当用户再次发送邮件时,就可以使用自己编写的程序,而不是标准邮件程序。

5. 服务

服务是在后台运行的任务,无须用户与之直接进行交互,类似于 Linux 守护程序。例如,音乐可能是由活动播放的,但用户可能希望它不断播放,即便用户已经切换到了其他程序。因此,实际执行播放的代码应该放在服务中。然后,可以将另一个活动绑定到该服务,让它负责切换音轨或停止播放。

Android 自带了很多内置服务,还有能够方便访问这些服务的 API。Google 还提供了支持额外功能的可选服务。

6. 内容提供器

内容提供器是一组数据和用于读取它们的自定义 API,这是在应用之间共享全局数据的最佳方式。例如,Google 提供了一个包含通讯录的内容提供器,其中所有信息(包括姓名、地址、电话号码等)都可供任何应用使用。

7. 使用资源

资源是本地化的文本字符串、位图或程序需要的其他非代码信息。在编译阶段,所有资源都将被编译到应用中,这有助于国际化和对多种设备的支持。

用户将在项目的 res 目录中创建和存储资源。Android 资源编译器(AAPT)根据资源文件所属的文件夹和格式对其进行处理。例如,PNG 和 JPG 格式的位图应放在目录 res/drawable 下,而描述布局的 XML 文件应放在目录 res/layout 下。可以添加相应的后缀,以指定语言、屏幕朝向、像素密度等。

资源编译器对资源进行压缩和打包,再生成一个名为 R 的类,其中包含可用于在程序中引用这些资源的标识符。这与使用字符串键引用标准 Java 资源稍有不同。通过使用标识符来引用资源,能够让 Android 确保所有的引用都是有效的,同时避免了存储所有的资源键,从而节省了空间。

下面将更详细地介绍 Android 应用的生命周期,它与桌面应用程序的生命周期稍有不同。

3.7.3 前台只能有一个应用

在标准 Linux 或 Windows 台式机中,可以有很多应用程序同时运行,它们可以同时出现在不同的窗口中。其中一个应用程序拥有键盘焦点,除此之外,所有的应用程序都一样。

用户可以轻松地在应用程序之间进行切换并移动窗口（以便能够看到当前执行的操作），以及将不需要的程序关闭。

Android的工作原理则不同。在Android中只有一个前台应用，它通常占据除状态栏以外的整个屏幕。用户开启手机或平板计算机时，看到的第一个应用为主屏幕，如图3.85所示。

图3.85　Android 主屏幕

用户运行应用时，Android会启动该应用并让它进入前台。在运行该应用时，用户可能还会调用其他应用或当前应用中的其他界面。系统的活动管理器会将所有的应用和界面都记录到应用栈中。每当用户按"返回"按钮时，都将返回到栈中的前一个界面。从用户的角度来看，这很像Web浏览器，按"后退"按钮将返回到前一个页面。

1. 进程不等于应用

在内部，每个用户界面都由一个活动表示。每个活动都有其生命周期。应用由一个或多个活动以及包含所有活动的Linux进程组成。在Android中，应用在其进程终止后也能存活。换句话说，活动的生命周期并不受制于进程的生命周期。进程并不是一次性的活动容器。

2. 活动的生命周期

在生命周期内，Android程序的活动可处于多种状态，如图3.86所示。开发人员并不能控制程序所处的状态，这完全由系统管理。然而，在状态发生变化前，系统会调用方法on××()来通知用户。

在创建Activity子类时，需要重写如下方法，Android会在合适的时候调用它们。

• onCreate(Bundle)：活动首次启动时被调用。可以使用该方法来执行一次性初始化

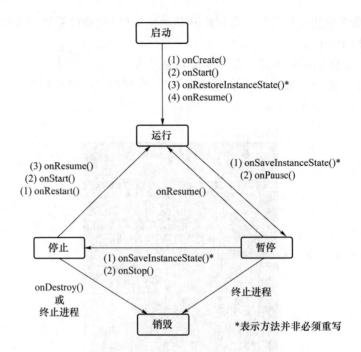

图 3.86　Android 程序所处状态

工作,如创建用户界面。onCreate()接受一个参数,这个参数要么为 NULL,要么为方法。

- onStart():表明活动即将显示给用户。
- onResume():活动能够开始与用户交互时被调用。这是启动动画和音乐的理想场所。
- onPause():在活动即将进入后台(通常是由于启动了另一个活动)时被调用。应该在这个方法中保存程序的持久化状态,如正在编辑的数据库记录。
- onStop():在活动对用户不再可见且暂时不需要该活动时被调用。如果内存紧张,onStop()可能不会被调用(系统可能会直接终止进程)。
- onRestart():如果该方法被调用,则表明原本处于停止状态的活动重新显示到了屏幕上。
- onDestroy():在活动销毁前被调用。如果内存紧张,onDestroy()可能不会被调用(系统可能会直接终止进程)。
- onSaveInstanceState(Bundle):Android 调用这个方法让活动保存其特有的状态,如光标在文本框中的位置。通常不需要重写这个方法,因为默认实现会自动保存所有用户界面控件的状态。
- onRestoreInstanceState(Bundle):根据 onSaveInstanceState()方法保存的状态重新初始化活动时被调用,其默认实现会恢复用户界面的状态。

不在前台运行的活动可能会被停止。另外,包含此类活动的 Linux 进程也可能随时被终止,以便为新活动腾出空间。因此在设计应用时,一开始就必须考虑这一点。在某些情况下,onPause()可能是最后一个被调用的方法,因此对于要保留到下次使用的任何数据,都必须在这里进行保存。

3. 使用片段简化工作

片段是应用的组成部分,它们包含在活动中,其生命周期与活动很像。事实上,片段的很多生命周期方法都是由活动的方法调用的,例如,Fragment. onResume()间接地由Activity. onResume()调用。

不存在包含片段的活动时,片段依然可以存在,如图3.87所示。例如,如果用户在应用运行时旋转屏幕,活动通常会被销毁并重新创建,以适应新的屏幕朝向,但片段通常会被保留。这样能够在朝向切换期间保留网络连接等重量级对象。

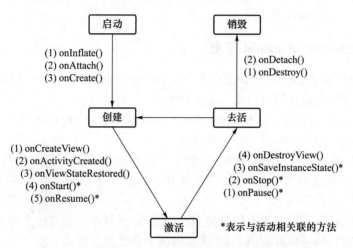

图 3.87　不存在包含片段的活动时,片段依然可以存在

【本节自测】

填空题

1._____是一个用户界面。应用可以定义一个或多个_____,用于处理程序的不同阶段。每个_____都负责保存自己的状态,以便能够在应用生命周期的后续阶段恢复这个状态。

2._____是最小的用户界面单元,可以直接包含在活动中,也可以包含在活动的片段中。

3._____是一种行为(如选择照片、打电话、打开舱门)描述机制。在Android中,几乎一切都是通过_____来实现的,这给我们提供了大量替换或重用组件的机会。

3.8　Android 应用结构分析

【本节综述】

使用 Android Studio 开发 Android 应用简单、方便,除了创建 Android 项目,开发者只需做两件事情:使用 activity_main. xml 文件定义用户界面;打开 Java 源代码编写业务实现。但对于一个喜欢"追根究底"的学习者来说,这种开发方式不免让其迷惑:

• "findViewById(R. id. show);"代码中的 R. id. show 是什么?从哪里来?

- 为何"setContentView(R. layout. activity_main);"代码设置使用 activity_main. xml 文件定义的界面布局?

......

下面将带领大家"徒手"开发一个 Android 项目,这样所有的事情都是由开发者自己完成的,自然对 ID 开发的每个细节更加熟知,以后用 IDE 工具开发时才能做到不仅知其然,也知其所以然。

【问题导入】

如何创建一个 Android 应用?

3.8.1 创建一个 Android 应用

读者可以查阅 android 命令,该命令有一个 create 子命令,该子命令可用于"手动"创建一个 Android 应用,在命令行窗口输入如下命令:

android create project -n HelloWorld -t android-21 -P HelloWorld

-k org. crazyit. helloworld -a HelloWorld

提示 在上面的命令中:-n 选项指定创建项目的名称;-t 选项指定该项目针对的 Android 平台;-P 选项指定该项目的保存路径;-k 选项指定该项目的包名;-a 选项指定 Activity 的名称。

运行上面的命令,可以在当前目录的 HelloWorld 子目录下创建一个 Android 项目。进入该项目所在的目录,可以看到图 3.88 所示的两个必要的文件夹。

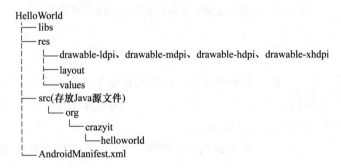

图 3.88 必要的文件夹

在图 3.88 所示的文件结构中,res 目录、src 目录、AndroidManifest. xml 文件是 Android 项目必需的,其他目录、文件都是可选的。

- res 目录存放 Android 项目的各种资源文件,例如,layout 目录下存放界面布局文件,values 目录下则存放各种 XML 格式的资源文件,如字符串资源文件 strings. xml,颜色资源文件 colors. xml,尺寸资源文件 dimens. xml。drawable-ldpi、drawable-mdpi、drawable-hdpi、drawable-xhdpi 这 4 个子目录则分别用于存放低分辨率、中分辨率、高分辨率、超高分辨率的图片文件。
- src 目录只是一个普通的、保存 Java 源文件的目录。
- AndroidManifest. xml 文件是 Android 项目的系统清单文件,用于控制 Android 应用的名称、图标、访问权限等整体属性。Android 应用的 Activity、Service、ContentProvider、BroadcastReceiver 这四大组件都需要在该文件中配置。

除此之外,还可以在 HelloWorld 目录下看到一个 build. xml 文件,这是 Android 为该项目提供的一个 Ant 生成文件。利用该生成文件,开发者可以通过 Ant 来生成、安装 Android 项目。

使用 Android Studio 开发的 Android 项目结构与此类似,在 Android Studio 项目下包含一个 app 目录,该目录下包含如下 3 个子目录。

- build:Android Studio 自动生成的各种源文件(R. java 文件也放在该目录的子目录下)。
- libs:存储 Android 项目所需的第三方 JAR 包。
- src:存储 Android 项目开发的各种源文件,包括各种 Java 源文件(放在子目录下)、各种资源文件(放在子目录下)和 AndroidManifest. xml 文件。除此之外,src 目录下还包含一个 androidTest 子目录,该目录下存放的是 Android 测试项目。

提示　Ant 生成的 Android 项目(包括早期 ADT 创建的 Android 项目)主要对应于 Android Studio 创建的 Android 项目中 app/src/目录下的 main 子目录。app/src/目录下的 androidTest 子目录则用于存放单元测试的测试用例。app 目录下的 libs 目录则与 Ant 生成的 Android 项目(包括早期 ADT 创建的 Android 项目)下的 libs 目录完全相同。Android Studio 创建的 Android 项目根目录下的其他文件和文件夹只是该项目相关的配置文件,相当于 Eclipse 工作空间下的配置文件,与具体项目无关(Android Studio 的项目对应于 Eclipse 的工作空间,Android Studio 的模块才对应于 Eclipse 的模块)。

对于 Android 开发者而言,重点关注的是两部分:

- src 目录(对应 Android Studio 项目的 app\src\main\java 子目录)下的各种 Java 文件。
- res 目录(对应 Android Studio 项目的 app\src\main\res 子目录)下的各种资源文件。

与前面介绍的 Android 开发相似的是,此处的开发同样是先编辑 XML 格式的界面布局文件,再编辑相应的 Java 文件。

编辑完成后启动命令行窗口,并转入 HelloWorld 目录下,执行 ant help 命令将看到图 3.89 所示的输出。

从图 3.89 中可以看出,Android 项目提供的 build. xml 文件包含了如下常用的生成 target。

- clean:清除项目生成的内容,也就是恢复到原来的样子。
- debug:打包一个调试用的 Android 应用的 APK,使用 debug key 进行签名。
- release:打包一个发布用的 Android 应用的 APK。
- test:运行测试。要求该项目必须是一个测试项目。
- install:将生成的调试用的 APK 安装到模拟器上。
- uninstall:从模拟器上卸载该应用程序。

Ant 是一个非常简洁、易用的项目生成工具。对于绝大部分 Java 开发者来说,使用 Ant 应该是一项最基本的技能。考虑有些读者对 Ant 用法不熟,此处简略介绍 Ant 的安装和使用方法。

① 登录 http://ant. apache. org/bindownload. cgi 网址下载 Ant,建议下载 1. 9. 4 版

```
C:\Windows\system32\cmd.exe

Microsoft Windows [版本 10.0.17763.107]
(c) 2018 Microsoft Corporation。保留所有权利。

C:\Users\zhiho>cd apache-ant\bin

C:\Users\zhiho\apache-ant\bin>ant  help
Buildfile: C:\Users\zhiho\apache-ant\bin\build.xml
 [taskdef] Could not load definitions from resource anttasks.properties. It could not be found.
 [taskdef] Could not load definitions from resource emma_ant.properties. It could not be found.

help:
     [echo] Android Ant Build. Available targets:
     [echo]    help:       Displays this help.
     [echo]    clean:      Removes output files created by other targets.
     [echo]                This calls the same target on all dependent projects.
     [echo]                Use 'ant nodeps clean' to only clean the local project
     [echo]    debug:      Builds the application and signs it with a debug key.
     [echo]                The 'nodeps' target can be used to only build the
     [echo]                current project and ignore the libraries using:
     [echo]                'ant nodeps debug'
     [echo]    release:    Builds the application. The generated apk file must be
     [echo]                signed before it is published.
     [echo]                The 'nodeps' target can be used to only build the
     [echo]                current project and ignore the libraries using:
     [echo]                'ant nodeps release'
     [echo]    instrument:Builds an instrumented package and signs it with a
     [echo]                debug key.
     [echo]    test:       Runs the tests. Project must be a test project and
     [echo]                must have been built. Typical usage would be:
     [echo]                    ant [emma] debug install test
     [echo]    emma:       Transiently enables code coverage for subsequent
     [echo]                targets.
     [echo]    install:    Installs the newly build package. Must either be used
     [echo]                in conjunction with a build target (debug/release/
     [echo]                instrument) or with the proper suffix indicating
     [echo]                which package to install (see below).
     [echo]                If the application was previously installed, the
     [echo]                application is reinstalled if the signature matches.
     [echo]    installd:   Installs (only) the debug package.
     [echo]    installr:   Installs (only) the release package.
     [echo]    installi:   Installs (only) the instrumented package.
     [echo]    installt:   Installs (only) the test and tested packages (unless
     [echo]                nodeps is used as well.
     [echo]    uninstall: Uninstalls the application from a running emulator or
     [echo]                device. Also uninstall tested package if applicable
     [echo]                unless 'nodeps' is used as well.

BUILD SUCCESSFUL
Total time: 0 seconds

C:\Users\zhiho\apache-ant\bin>
```

图 3.89 Android 项目的生成文件

本。Windows 平台下载.zip 压缩包,Linux 平台则下载.gz 压缩包。

② 将下载得到的压缩文件解压缩到任意路径,例如,解压缩到 D:\根路径下。

③ Ant 的运行需要两个环境变量。JAVA_HOME:该环境变量应指向 JDK 的安装路径。如果已经成功安装了 Android Studio,则该环境变量应该已经是正确的。ANT_HOME:该环境变量应指向 Ant 的安装路径。Ant 的安装路径就是前面释放 Ant 压缩文件的路径。Ant 的安装路径下应该包含 bin、docs、etc 和 lib 4 个文件夹。

④ Ant 工具的关键命令就是％ANT_HOME％/bin 路径下的 ant.bat 命令,如果用户希望操作系统可以识别该命令,还应该将％ANT_HOME％/bin 路径添加到操作系统的 PATH 环境变量中。

经过上面4个步骤,即可在命令行窗口使用 ant. bat 命令,它就是 Ant 工具。

先执行 ant release 命令来发布该项目,发布完成后看到 HelloWorld 目录下出现了以下两个子目录。

- bin:该目录用于存放生成的目标文件,如 Java 的二进制文件、资源打包文件(. ap 后缀)、Dalvik 虚拟机的可执行文件(. dex 后缀)等。

提示 早期的 Android 系统需要用 Dalvik 虚拟机来运行 Android 应用。

- gen:该目录用于保存自动生成的、位于 Android 项目包下的 R. java 文件。

前面我们编写 Android 程序代码时多次使用了 R. layout. main、R. id. show、R. id. ok……现在读者应该明白这里 R 是什么了,它就是 Android 项目自动生成的一个 Java 类。接下来将详细介绍 R. java 文件。

3.8.2 自动生成的 R. java

打开 gen\org\crazyit\helloworld 目录下的 R. java 文件,可看到如下代码。

```
/* AUTO-GENERATED FILE.   DO NOT MODIFY.
 *
 * This class was automatically generated by the
 * aapt tool from the resource data it found.
 * It should not be modified by hand.
 */

package org. crazyit. helloworld;

public final class R {
    public static final class attr {
    }
    public static final class drawable {
        public static final int ic_launcher = 0x7f020000;
    }
    public static final class id {
        public static final int show = 0x7f050000;
    }
    public static final class layout {
        public static final int main = 0x7f030000;
    }
    public static final class string {
        public static final int app_name = 0x7f040000;
    }
}
```

由 R. java 类中的注释可以看出,R. java 文件是由 AAPT 工具根据应用中的资源文件自动生成的,因此可以把它理解成 Android 应用的资源字典。AAPT 生成 R.java 文件的规则主要有如下两条。

- 每类资源都对应于 R 类的一个内部类。例如:所有界面布局资源对应于 layout 内部类;所有字符串资源对应于 string 内部类;所有标识符资源对应于 id 内部类。
- 每个具体的资源项都对应于内部类的一个 public static final int 类型的 Field。例如,前面在界面布局文件中用到了 show 标识符,因此 R.id 类里就包含了这个 Field;由于 drawable-xxxx 文件夹里包含了 ic_launcher.png 图片,因此 R.drawable 类里就包含了 ic launcher Field。

随着我们不断地向 Android 项目中添加资源,R.java 文件的内容也会越来越多。

3.8.3　res 目录说明

Android 应用的 res 目录是一个特殊的项目,该项目里存放了 Android 应用所用的全部资源,包括图片资源、字符串资源、颜色资源、尺寸资源等。此处对 res 目录下的资源进行简单的归纳。

Android 按照约定,将不同的资源放在不同的文件夹内,这样可以方便 AAPT 工具扫描这些资源,并为它们生成对应的资源清单类:R.java。

以/res/value/strings.xml 文件为例,该文件的内容十分简单,只是定义了一个个的字符串常量,如以下代码所示。

```
<? xml version = "1.0" encoding = "utf - 8"? >
< resources >
    < string name = "app_name">HelloWorld</string >
</resources >
```

上面的资源文件中定义了一个字符串常量,常量的值为 HelloWorld,该字符串常量的名称为 app_name。一旦定义了这份资源文件之后,Android 项目就允许分别在 Java 代码、XML 文件中使用这份资源文件中的字符串资源。

1. 在 Java 代码中使用资源

为了在 Java 代码中使用资源,AAPT 会为 Android 项目自动生成一份 R.java 文件,R 类里为每份资源分别定义了一个内部类,其中每个资源项对应于内部类里一个 int 类型的 Field。例如,上面的字符串资源文件对应于 R.java 中的如下内容:

```
//对应于一份资源
public static final class string{
    //对应于一个资源项
    public static final int app_name = 0x7f040000;
}
```

借助于 AAPT 自动生成 R 类,在 Java 代码中可通过"R.string.app_name"引用"HelloWorld"字符串常量。

2. 在 XML 文件中使用资源

在 XML 文件中使用资源更加简单,只要按如下格式来访问即可:

@<资源对应的内部类的类名>/<资源项的名称>

例如,我们要访问上面的字符串资源中定义的"HelloWorld"字符串常量,则使用如下形式来引用即可:

@string/app_name

但有一种情况例外,当我们在 XML 文件中使用标识符时,这些标识符无须使用专门的资源进行定义,直接在 XML 文件中按如下格式分配标识符即可:

@ + id/<标识符代号>

例如,使用如下代码为一个组件分配标识符:

android:id = "@ + id/ok"

上面的代码为该组件分配了一个标识符,接下来就可以在程序中引用该组件了。如果希望在 Java 代码中获取该组件,通过调用 Activity 的 findViewById()方法即可实现。如果希望在 XML 文件中获取该组件,则可通过资源引用的方式来引用它,语法如下:

@id/<标识符代号>

3.8.4 Android 应用的清单文件:AndroidManifest.xml

AndroidManifest.xml 清单文件是每个 Android 项目所必需的,它是整个 Android 应用的全局描述文件。AndroidManifest.xml 清单文件说明了该应用的名称、所使用的图标以及包含的组件等。AndroidManifest.xml 清单文件通常包含如下信息。

- 应用程序的包名,该包名将作为该应用的唯一标识。
- 应用程序所包含的组件,如 Activity、Service、BroadcastReceiver 和 ContentProvider 等。
- 应用程序兼容的最低版本。
- 应用程序使用系统所需的权限声明。
- 其他程序访问该程序所需的权限声明。

不管是 Android Studio 工具还是 android.bat 命令,它们所创建的 Android 项目都有一个 AndroidManifest.xml 文件。但随着不断地进行开发,可能需要对 AndroidManifest.xml 清单文件进行适当的修改。下面是一份简单的 AndroidManifest.xml 清单文件。

```xml
<? xml version = "1.0" encoding = "GBK"? >
< manifest xmlns:android = "http://schemas.android.com/apk/res/android"
        package = "org.crazyit.helloworld"
        android:versionCode = "1"
        android:versionName = "1.0">
    < application android:label = "@string/app_name"
                android:icon = "@drawable/ic_launcher">
        < activity android:name = "HelloWorld"
                android:label = "@string/app_name">
            < intent-filter >
                < action android:name = "android.intent.action.MAIN" />
                < category android:name = "android.intent.category.LAUNCHER" />
            </intent-filter >
        </activity>
```

```
        </application>
    </manifest>
```

上面的清单文件中有两处用到了资源,如下所示。

- android:label＝"@string/app_name",这说明该应用的标签(label)为/res/value 目录下 strings. xml 文件中名为 app_name 的字符串值。
- android:icon＝"@drawable/ic_launcher",这说明该应用的图标为/res/drawable-l/m/hdpi 目录下主文件名为 ic_launcher 的图片。

3.8.5 应用程序权限说明

一个 Android 应用可能需要权限才能调用 Android 系统的功能,一个 Android 应用也可能被其他应用调用,因此它也需要声明调用自身所需的权限。

1. 声明运行该应用本身所需的权限

通过为< manifest ··· />元素添加< uses-permission ··· />子元素即可为程序本身声明权限。例如,在< manifest ··· />元素里添加如下代码:

```
<! ——声明该应用本身需要打电话的权限——>
< uses-permission android:name = "android.permission.CALL_PHONE"/>
```

2. 声明调用该应用所需的权限

通过为该应用的各组件元素(如< activity ··· />元素)添加< uses-permission ··· />子元素即可声明调用该应用所需的权限。例如,在< activity ··· />元素里添加如下代码:

```
<! ——声明该应用本身需要发送短信的权限——>
< uses-permission android:name = "android.permission.SEND_SMS"/>
```

通过上面的介绍可以看出,< uses-permission ··· />元素的用法不难,但到底有多少权限呢? 实际上 Android 提供了大量的权限,这些权限都位于 Manifest. permission 类中。一般来说,Android 系统的常用权限如表 3.14 所示。

表 3.14 Android 系统的常用权限

权限	说明
ACCESS_NETWORK_STATE	允许应用程序获取网络状态信息的权限
ACCESS_WIFI_STATE	允许应用程序获取 WiFi 网络状态信息的权限
BATTERY_STATE	允许应用程序获取电池状态信息的权限
BLUETOOTH	允许应用程序连接匹配的蓝牙设备的权限
BLUETOOTH_ADMIN	允许应用程序发现匹配的蓝牙设备的权限
BROADCAST_SMS	允许应用程序广播收到短信提醒的权限
CALL_PHONE	允许应用程序拨打电话的权限
CAMERA	允许应用程序使用照相机的权限
CHANGE_NETWORK_STATE	允许应用程序改变网络连接状态的权限
CHANGE_WIFI_STATE	允许应用程序改变 WiFi 网络连接状态的权限
DELETE_CACHE_FILES	允许应用程序删除缓存文件的权限
DELETE_PACKAGES	允许应用程序删除安装包的权限

续 表

权限	说明
FLASHLIGHT	允许应用程序访问闪光灯的权限
INTERNET	允许应用程序打开网络 Socket 的权限
MODIFY_AUDIO_SETTINGS	允许应用程序修改全局声音设置的权限
PROCESS_OUTGOING_CALLS	允许应用程序监听、控制、取消呼出电话的权限
READ_CONTACTS	允许应用程序读取用户联系人数据的权限
READ_HISTORY_BOOKMARKES	允许应用程序读取历史书签的权限
READ_OWNER_DATA	允许应用程序读取用户数据的权限
READ_PHONE_STATE	允许应用程序读取电话状态的权限
READ_PHONE_SMS	允许应用程序读取短信的权限
REBOOT	允许应用程序重启系统的权限
RECEIVE_MMS	允许应用程序接收、监控、处理彩信的权限
RECEIVE_SMS	允许应用程序接收、监控、处理短信的权限
RECORD_AUDIO	允许应用程序录音的权限
SEND_SMS	允许应用程序发送短信的权限
SET_ORIENTATION	允许应用程序旋转屏幕的权限
SET_TIME	允许应用程序设置时间的权限
SET_TIME_ZONE	允许应用程序设置时区的权限
SET_WALLPAPER	允许应用程序设置桌面壁纸的权限
VIBRATE	允许应用程序控制振动器的权限
WRITE_CONTACTS	允许应用程序写入用户联系人的权限
WRITE_HISTORY_BOOKMARKES	允许应用程序写历史书签的权限
WRITE_OWNER_DATA	允许应用程序写用户数据的权限
WRITE_SMS	允许应用程序写短信的权限

【本节自测】

填空题

1. 使用 Android Studio 开发 Android 应用简单、方便,除了创建 Android 项目,开发者只需做两件事情:＿＿＿＿＿＿＿＿＿＿＿＿＿＿＿＿＿＿＿;＿＿＿＿＿＿＿＿＿＿＿＿＿＿＿＿

＿＿＿＿＿＿＿＿。

2. ＿＿＿＿＿＿＿＿＿是一个非常简洁、易用的项目生成工具。

3.9　Android 应用的基本组件介绍

【本节综述】

Android 应用通常由一个或多个基本组件组成,前面我们看到 Android 应用中最常用的组件就是 Activity。Android 应用还可能包括 Service、BroadcastReceiver、ContentProvider 等组件。本节先让读者对这些组件建立一个大致的认识。

【问题导入】

Android 应用的基本组件有哪些？它们在开发的应用中完成什么功能，起到什么作用？

3.9.1　Activity 和 View

Activity 是 Android 应用中负责与用户交互的组件，大致上可以把它想象成 Swing 编程中的 JFrame 控件。不过它与 JFrame 的区别在于：JFrame 本身可以设置布局管理器，不断地向 JFrame 中添加组件，但 Activity 只能通过 setContentView(View) 来显示指定组件。

View 组件是所有 UI 控件、容器控件的基类，View 组件就是 Android 应用中用户实实在在看到的部分。但 View 组件需要放到容器组件中，或者使用 Activity 将它显示出来。如果需要通过某个 Activity 把指定 View 显示出来，调用 Activity 的 setContentView() 方法即可。

setContentView() 方法可接受一个 View 对象作为参数，如下所示：

//创建一个线性布局管理器

LinearLayout layout = new LinearLayout(this);

//设置某 Activity 显示 layout

setContentView(layout);

上面的程序创建了一个 LinearLayout 对象(它是 ViewGroup 的子类，ViewGroup 又是 View 的子类)，接着调用了 Activity 的 setContentView(layout) 方法把这个布局管理器显示出来。

setContentView() 方法也可接受一个布局管理资源的 ID 作为参数，如下所示：

//设置某 Activity 显示 main.xml 文件定义的 View

setContentView(R.layout.main);

从这个角度来看，大致上可以把 Activity 理解成 Swing 中的 JFrame 组件。当然，Activity 可以完成的功能比 JFrame 更多，此处只是简单地类比一下。

实际上 Activity 是 Window 的容器，Activity 包含一个 getWindow() 方法，该方法返回该 Activity 所包含的窗口。对 Activity 而言，开发者一般不需要关心 Window 对象。如果应用程序不调用 Activity 的 setContentView() 来设置该窗口显示的内容，那么该程序将显示一个空窗口。

Activity 为 Android 应用提供了可视化用户界面，如果某 Android 应用需要多个用户界面，那么这个 Android 应用将包含多个 Activity，多个 Activity 组成 Activity 栈，当前活动的 Activity 位于栈顶。

Activity 包含了一个 setTheme(int resid) 方法来设置其窗口的风格。例如，我们希望窗口不显示 ActionBar、以对话框形式显示窗口，都可通过该方法来实现。

3.9.2　Service

Service 与 Activity 的地位是并列的，它也代表一个单独的 Android 组件。Service 与 Activity 的区别在于：Service 通常位于后台运行，它一般不需要与用户交互，因此 Service 组件没有图形用户界面。

与 Activity 组件需要继承 Activity 基类相似，Service 组件需要继承 Service 基类。一个 Service 组件被运行起来之后，它将拥有独立的生命周期，Service 组件通常用于为其他组件提供后台服务或监控其他组件的运行状态。

3.9.3 BroadcastReceiver

BroadcastReceiver 是 Android 应用中另一个重要的组件，顾名思义，BroadcastReceiver 代表广播消息接收器。从代码实现角度来看，BroadcastReceiver 非常类似于事件编程中的监听器。与普通事件监听器不同的是，普通事件监听器监听的事件源是程序中的对象；而 BroadcastReceiver 监听的事件源是 Android 应用中的其他组件。

使用 BroadcastReceiver 组件接收广播消息比较简单，开发者只要实现自己的 BroadcastReceiver 子类，并重写 onReceive(Context context，Intent intent)方法即可。当其他组件通过 sendBroadcast()、sendStickyBroadcast()或 sendOrderedBroadcast()方法发送广播消息时，如果该 BroadcastReceiver 也对该消息"感兴趣"（通过 IntentFilter 配置），BroadcastReceiver 的 onReceive(Context context，Intent intent)方法将会被触发。

开发者实现了自己的 BroadcastReceiver 之后，通常有以下两种方式来注册这个系统级的"事件监听器"。

- 在 Java 代码中通过 Context.registReceiver()方法注册 BroadcastReceiver。
- 在 AndroidManifest.xml 文件中使用< receiver… />元素完成注册。

读者此处只要对 BroadcastReceiver 有一个大致的印象即可。

3.9.4 ContentProvider

Android 应用必须相互独立，各自运行在自己的进程中，这些 Android 应用之间有时需要实现实时的数据交换。例如，我们开发了一个发送短信的程序，当发送短信时需要从联系人管理应用中读取指定联系人的数据，这就需要多个应用程序之间进行数据交换。

Android 系统为这种跨应用的数据交换提供了一个标准：ContentProvider。当用户实现自己的 ContentProvider 时，需要实现如下抽象方法。

- insert(Uri，ContentValues)：向 ContentProvider 中插入数据。
- delete(Uri，ContentValues)：删除 ContentProvider 中的指定数据。
- update(Uri，ContentValues，String，String[])：更新 ContentProvider 中的指定数据。
- query(Uri，String[]，String，String[]，String)：从 ContentProvider 中查询数据。

通常与 ContentProvider 结合使用的是 ContentResolver，一个应用程序使用 ContentProvider 暴露自己的数据，而另一个应用程序则通过 ContentResolver 来访问数据。

3.9.5 Intent 和 IntentFilter

Intent 并不是 Android 应用的组件，但它对于 Android 应用的作用非常大，它是 Android 应用内不同组件之间通信的载体。当 Android 运行时需要连接不同的组件时，通常需要借助于 Intent 来实现。Intent 可以启动应用中的另一个 Activity，也可以启动一个 Service 组件，还可以发送一条广播消息来触发系统中的 BroadcastReceiver。也就是说，Activity、Service、BroadcastReceiver 三种组件之间的通信都以 Intent 为载体，只是不同组件使用 Intent 的机制略有区别。

- 当需要启动一个 Activity 时,可调用 Context 的 startActivity(Intent intent)或 startActivityForResult(Intent intent,int requestCode)方法,这两个方法中的 Intent 参数封装了需要启动的目标 Activity 的信息。
- 当需要启动一个 Service 时,可调用 Context 的 startService(Intent intent)或 bindService(Intent service,ServiceConnection conn,int flags)方法,这两个方法中的 Intent 参数封装了需要启动的目标 Service 的信息。
- 当需要触发一个 BroadcastReceiver 时,可调用 Context 的 sendBroadcast(Intent intent)、sendStickyBroadcast(Intent intent)或 sendOrderedBroadcast(Intent intent,String receiverPermission)方法来发送广播消息,这三个方法中的 Intent 参数封装了需要触发的目标 BroadcastReceiver 的信息。

通过上面的介绍不难看出,Intent 封装了当前组件需要启动或触发的目标组件的信息,因此有些资料也将 Intent 翻译为"意图"。实际上 Intent 对象里封装了大量关于目标组件的信息,此处不再深入讲解。

当一个组件通过 Intent 表示了启动或触发另一个组件的意图时,这个意图可分为以下两类。

- 显式 Intent:显式 Intent 明确指定需要启动或者触发的组件的类名。
- 隐式 Intent:隐式 Intent 只是指定需要启动或者触发的组件应满足什么条件。

对显式 Intent 而言,Android 系统无须对该 Intent 做任何解析,系统直接找到指定的目标组件,启动或触发它即可。

对隐式 Intent 而言,Android 系统需要对该 Intent 进行解析,解析出它的条件,然后去系统中查找与之匹配的目标组件。如果找到符合条件的组件,就启动或触发它们。

Android 系统如何判断被调用组件是否符合隐式 Intent 呢?这就需要靠 IntentFilter 实现了,被调用组件可通过 IntentFilter 来声明自己所满足的条件,也就是声明自己到底能处理哪些隐式 Intent。

【本节自测】

选择题

1. 针对 ListView 组件描述错误的是(　　)。

A. ListView 自带滚动面板功能,如果数据超出屏幕范围,可以自动滚动

B. ListView 在使用时,必须通过 Adapter 来加入数据

C. ListView 如果想改变显示内容,只需要调整对应的 List 集合中的数据即可

D. ListView 中可以通过 OnItemClickListener 来完成针对某一项目的点击监听

2. Android 在退出程序时,想保存一些信息,可以在哪个方法中完成?(　　)

A. onCreate　　　　　B. onStart　　　　　C. onStop　　　　　D. onDestroy

3. Android 开发中常用的数据库是(　　)。

A. SQL Server　　　　B. MySQL　　　　　C. SQLite　　　　　D. Oracle

4. 以下调整宽度和高度的属性,哪个不是 Android 系统提供的?(　　)

A. match_parent　　　B. wrap_content　　　C. fill_content　　　D. fill_parent

5. 从其他应用中读取共享的数据库数据,需要用到的是 query 方法,返回 Cursor 数据,那么这个方法是哪个对象的方法?( )

A. ContentProvider   B. ContentResolver

C. SQLiteOpenHelper   D. SQLiteDataBase

6. 下列不属于 Android 布局的是( )。

A. LinearLayout   B. RelativeLayout

C. AnnotationLayout   D. FrameLayout

7. Android 项目中 assets 目录的作用是什么?( )

A. 放置字符串、颜色等信息   B. 放置图片资源

C. 放置较大的文件资源   D. 放置界面布局配置

3.10 Android 应用程序签名

【本节综述】

前面已经介绍过,Android 项目以它的包名作为唯一标识。如果在同一台手机上安装两个包名相同的应用,后面安装的应用会覆盖前面安装的应用。为了避免这种情况发生,Android 要求对作为产品发布的应用进行签名。签名主要有如下两个作用:

① 确定发布者的身份。应用开发者可以通过使用相同包名来替换已经安装的程序,使用签名可以避免发生这种情况。

② 确保应用的完整性。签名会对应用包中的每个文件进行处理,从而确保应用包中的文件不会被替换。

通过以上介绍不难看出,Android 应用签名的作用类似于现实生活中的签名。当开发者对 Android 应用签名时,相当于告诉外界:该应用程序是由"我"开发的,"我"会对该应用负责——因为有签名(签名有密钥),别人无法冒名顶替"我",与此同时,"我"也无法冒名顶替别人。

提示 在应用的开发、调试阶段,Android Studio 或 Ant 工具会自动生成调试证书对 Android 应用签名。需要指出的是,如果要正式发布一个 Android 应用,必须使用合适的数字证书来给应用程序签名,不能使用 Android Studio 或 Ant 工具生成的调试证书来发布。

【问题导入】

如何对 Android 应用签名?

3.10.1 使用 Android Studio 对 Android 应用签名

大部分时候,开发者会直接使用 Android Studio 对 Android 应用签名。使用 Android Studio 对 Android 应用签名的步骤如下。

① 单击 Android Studio 主菜单中的"Build"→"Generate Signed APK"菜单项,Android Studio 会弹出图 3.90 所示的对话框。

② 如果系统中还没有数字证书,则可以在图 3.90 所示窗口中单击"Create new"按钮,并按图 3.91 所示格式填写数字证书的存储路径和密码。

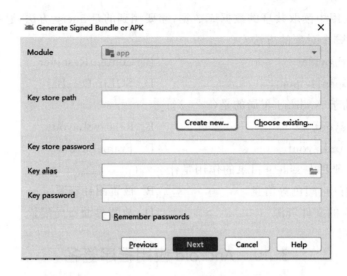

图 3.90 选择已有的 Key store 或创建新的 Key store

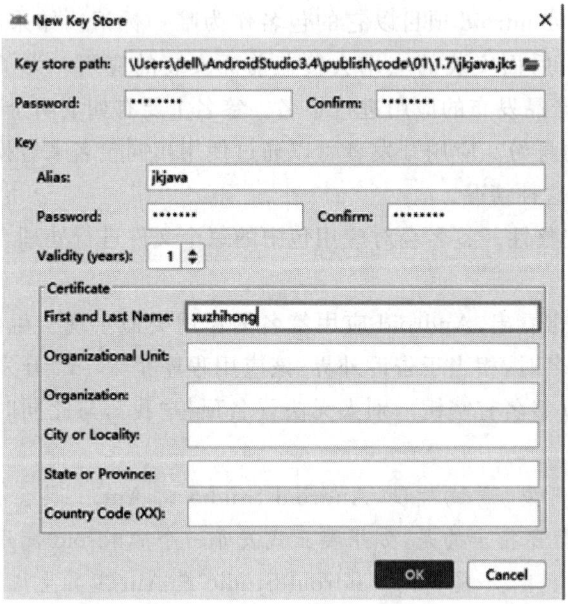

图 3.91 创建数字证书

③ 填写完成后单击"OK"按钮，Android Studio 返回上一个对话框，并在该对话框中使用刚刚创建的数字证书，如图 3.92 所示。

④ 单击"Next"按钮，Android Studio 将显示图 3.93 所示的对话框，该对话框用于指定签名后的 APK 安装包的存储路径。单击"Finish"按钮，签名完成。Android Studio 将会在指定路径下生成一个签名后的 APK 安装包。

上面的第 2 步用于制作新的数字证书，一旦数字证书制作完成，以后就可以直接使用该数字证书签名了。

利用已有的数字证书进行签名，请按如下步骤进行。

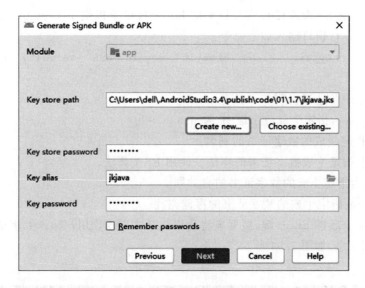

图3.92 使用刚刚创建的数字证书

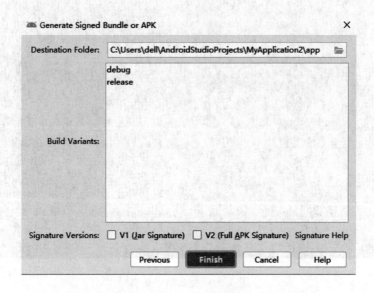

图3.93 指定签名后的 APK 安装包的存储路径

① 在图3.90所示窗口中单击"Choose existing"按钮浏览已有的数字证书。

② 浏览到已有的数字证书之后,在该对话框的 Key store password、Key alias、Key password 文本框中输入已有的数字证书对应的信息,这样将会看到图3.92所示的效果。接下来单击"Next"按钮,并选择签名后的 APK 的存储路径即可。

3.10.2 使用命令对 Android 应用签名

如果不想借助于 Android Studio 对 Android 应用签名,或者在某些场合下,需要对一个"未签名"的 Android 应用签名,则可通过命令对 Android 应用进行手动签名。

使用命令对 Android 应用签名的步骤如下。

① 创建 Key store 库。JDK 安装目录的 bin 子目录下提供了 keytool.exe 工具来生成数字证书。在命令行窗口输入如下命令：

```
keytool -genkeypair -alias crazyit -keyalg RSA -validity 400 -keystore crazyit.jks
```

上面的命令中各选项说明如下。

- -genkeypair：指定生成数字证书。
- -alias：指定生成的数字证书的别名。
- -keyalg：指定生成数字证书的算法。使用 RSA 算法。
- -validity：指定生成的数字证书的有效期。
- -keystore：指定生成的数字证书的存储路径。

输入以上命令后按 Enter 键，接下来将会以交互式方式让用户输入数字证书的密码、作者、公司等详细信息，如图 3.94 所示。

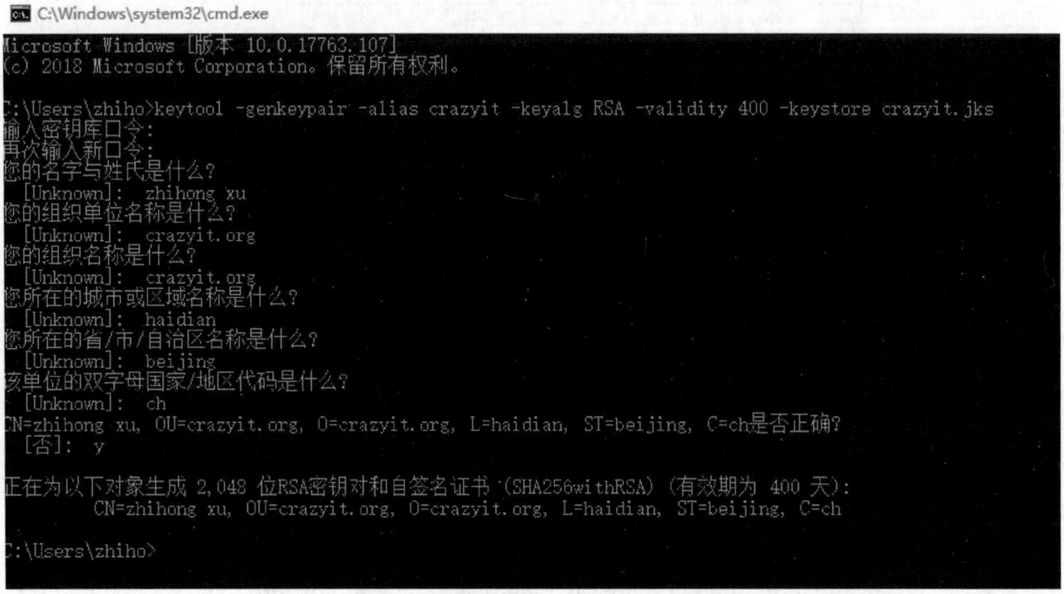

图 3.94　生成数字证书

提示　第 1 步的作用是生成属于你们公司、你的数字证书，这个步骤做一次即可。一旦数字证书创建成功，只要在该证书有效期内，就可以一直重复使用该证书。

② 如果 Android 项目没有错误，单击 Android Studio 主菜单中的"Build"→"Make Project"菜单项即可生成未签名的 APK 安装包。在 Android Studio 项目的 AndroidStudioProjects \ helloworld \ myapplication \ release 路径下可找到一个 myapplication-release.apk 文件，该文件就是未签名的 APK 安装包。

提示　第 2 步的作用是生成一个未签名的 APK 安装包，如果本来已有未签名的安装包，或者该安装包是委托第三方公司开发的，第三方公司负责提供该未签名的安装包，那么这个步骤可以省略。

③ 使用 jarsigner 命令对未签名的 APK 安装包进行签名。JDK 安装目录的 bin 子目录

下提供了 jarsigner.exe 工具进行签名。在命令行窗口输入如下命令：

jarsigner -verbose -keystore crazyit. jks -signedjar HelloWorld_crazyit. apk myapplication-release.apk crazyit

上面的命令中各选项说明如下。

- -verbose：指定生成详细输出。
- -keystore：指定数字证书的存储路径。
- -signedjar：该选项的 3 个参数分别为签名后的 APK、未签名的 APK、数字证书的别名。

输入以上命令后按 Enter 键，接下来将会以交互式方式让用户输入数字证书 keystore 的密码，如图 3.95 所示。

图 3.95　执行数字签名

【本节自测】

填空题

1. Android 项目以它的包名作为唯一标识。如果在同一台手机上安装两个包名相同的应用，后面安装的应用会覆盖前面安装的应用。为了避免这种情况发生，Android 要求对作为产品发布的应用进行＿＿＿＿＿＿＿＿＿＿。

2. 签名主要有如下两个作用：＿＿＿＿＿＿＿＿＿＿＿＿、＿＿＿＿＿＿＿＿＿＿＿＿。

3.11　第一个 Android 程序

【本节综述】

作为程序开发人员，学习新语言的第一步就是练习输出 HelloWorld。下面将详细讲解如何使用 Eclipse 工具开发这个程序。

【问题导入】

读者可以尝试在自己搭建的 Android 开发环境下开发一些小的应用。

3.11.1 创建 Android 应用程序

创建 Android 应用程序的具体步骤如下。

① 启动 Eclipse,选择"文件"→"新建"→"项目"命令,打开"新建项目"窗口,如图 3.96 所示。

图 3.96 "新建项目"窗口

② 选择 Android 文件夹中的 Android Project 文件,单击"下一步"按钮进入新建 Android 项目界面,如图 3.96 所示。

③ 在 Project Name 文本框中输入项目名称 1.1,其余使用默认设置,单击"下一步"按钮,进入选择 Target 版本界面,如图 3.97 所示。

图 3.97 选择 Target 版本界面

④ 选择 Target 版本为 Android 4.0.3，单击"下一步"按钮，进入配置应用信息界面，如图 3.98 所示。

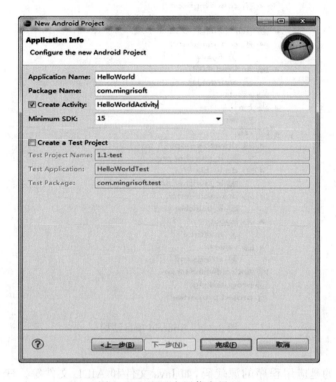

图 3.98　配置应用信息界面

⑤ 在 Application Name 文本框中输入 HelloWorld，在 Package Name 文本框中输入 com.mingrisoft，在 Create Activity 文本框中输入 HelloWorldActivity，单击"完成"按钮，完成项目的创建。

下面简单介绍填写的各项内容的作用。

- Project Name：Eclipse 项目名称，即在 Eclipse 工作空间创建的文件夹名称。
- Build Target：用于选择运行该 Android 应用的平台，该平台版本不能大于运行该应用的 AVD 版本。
- Application Name：Android 应用程序名称，该名称会在 Android 设备（如手机、平板计算机等）上显示。
- Package Name：用于指定包名，其命名规则与 Java 完全相同。
- Create Activity：创建的 Activity 名称，这里使用"HelloWorldActivity"是为了便于区分。
- Minimum SDK：当前应用使用的 API 版本，当在 Build Target 中选择运行该 Android 应用的平台后，该栏会自动填写。

3.11.2　Android 项目结构说明

默认情况下，使用 ADT 插件创建 Android 项目后，其结构如图 3.99 所示。

下面对图 3.99 中常用的包和文件进行说明。

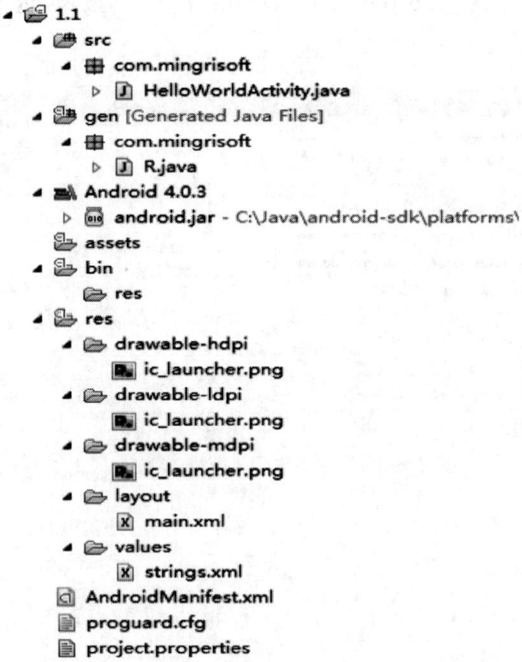

图 3.99　Android 项目结构

1. src 包

src 包中保存的是应用程序的源代码，如 Java 文件和 AIDL 文件等。HelloWorldActivity. java 文件的代码如下：

```
public class HelloWorldActivity extends Activity {
    /** Called when the activity is first created. */
    @Override
    public void onCreate(Bundle savedInstanceState) {
        super.onCreate(savedInstanceState);
        setContentView(R.layout.main);
    }
}
```

2. gen 包

gen 包中包含由 ADT 生成的 Java 文件，如 R.java 和 AIDL 文件创建的接口等。R 文件的代码如下：

```
public final class R {
    public static final class attr {
    }
    public static final class drawable {
        public static final int ic_launcher = 0x7f020000;
    }
    public static final class layout {
```

```
            public static final int main = 0x7f030000;
        }
        public static final class string {
            public static final int app_name = 0x7f040001;
            public static final int hello = 0x7f040000;
        }
    }
```

从上面的代码中可以看到，R 文件内部由很多静态内部类组成，内部类中又包含很多常量，这些常量分别表示 res 包（将在下面介绍）中的不同资源。

注意 不能手动修改 R 文件，当 res 包中资源发生变化时，该文件会自动修改。

3. android. jar 文件

android. jar 文件包含了 Android 项目需要使用的工具类、接口等。如果开发不同版本的 Android 应用，该文件会自动替换。

4. assets 包

assets 包用于保存原始资源文件，其中的文件会编译到 APK 中，并且原文件名会被保留。可以使用 URI 来定位该文件夹中的文件，然后使用 AssetManager 类以流的方式来读取文件内容。通常用于保存文本、游戏数据等内容。

5. res 包

res 包用于保存资源文件，当该包中文件发生变化时，R 文件会自动修改。

- drawable 子包通常用于保存图片资源。由于 Android 设备多种多样，其屏幕的大小也不尽相同，为了保证良好的用户体验，会为不同的分辨率提供不同的图片。图片的质量通常分为高、中、低 3 种。
- layout 子包通常用于保存应用布局文件，ADT 插件提供了可视化工具来辅助用户开发布局文件，如图 3.100 所示。

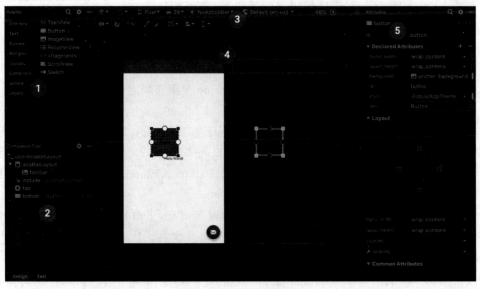

图 3.100　布局编辑器

layout 子包中 main. xml 文件的代码如下：

```
<? xml version = "1.0" encoding = "utf - 8"? >
< LinearLayout xmlns:android = "http://schemas.android.com/apk/res/android"
    android:layout_width = "fill_parent"
    android:layout_height = "fill_parent"
    android:orientation = "vertical" >

    < TextView
        android:layout_width = "fill_parent"
        android:layout_height = "wrap_content"
        android:text = "@string/hello" />

</LinearLayout>
```

- values 子包通常用于保存应用中使用的字符串，开发国际化程序时，这种方式尤为方便。strings. xml 文件的代码如下：

```
<? xml version = "1.0" encoding = "utf - 8"? >
< resources >
    < string name = "hello">Hello World. HelloWorldActivity! </string >
    < string name = "app_name">FirstApp</string >
</resources >
```

用户可以使用布局编辑器构建界面。在布局编辑器中，可以通过将界面元素拖动到可视设计编辑器来快速构建布局，无须手动编写布局 XML。该设计编辑器可在各种 Android 设备和版本上预览布局，并且用户可以动态地调整布局大小以确保其能很好地适应不同界面尺寸。

与图 3.100 中数字相对应的编辑器区域如下。

① 工具箱：可以拖动到布局内的视图和视图组列表。

② 组件树：查看布局的层次结构。

③ 工具栏：用于在编辑器中配置布局外观和更改某些布局属性的按钮。

④ Design 编辑器：Design 视图布局和 Blueprint 视图布局之一或两者。

⑤ 属性：针对选定视图属性的控件。

当用户打开 XML 布局文件时，系统默认情况下打开 Design 编辑器，如图 3.100 所示。若要在 Text 编辑器中编辑布局 XML，请单击窗口底部的"Text"标签。在 Text 编辑器中，通过单击窗口右侧的"Preview"，用户还可以查看 Palette、Component Tree 和 Design 编辑器。Text 编辑器不提供 Attributes 窗口。

说明 读者可以将 R 文件与 res 包中的内容进行对比，了解两者之间的关系。例如，R 文件中内部类 string 对应 values 子包中的 strings. xml 文件。

6. AndroidManifest. xml 文件

每个 Android 应用程序必须包含一个 AndroidManifest. xml 文件，该文件位于根目录中。在该文件内，需要标明 Activity、Service 等信息，否则程序不能正常启动。

```
<? xml version = "1.0" encoding = "utf - 8"? >
< manifest xmlns:android = "http://schemas.android.com/apk/res/android"
    package = "com.mingrisoft"
    android:versionCode = "1"
    android:versionName = "1.0" >
    < uses - sdk android:minSdkVersion = "15" />
    < application
        android:icon = "@drawable/ic_launcher"
        android:label = "@string/app_name" >
        < activity
            android:name = ".HelloWorldActivity"
            android:label = "@string/app_name" >
            < intent-filter >
                < action android:name = "android.intent.action.MAIN" />
                < category android:name = "android.intent.category.LAUNCHER" />
            </ intent-filter >
        </ activity >
    </ application >
</ manifest >
```

7. project.properties 文件

该文件中包含项目属性,如 Build Target 等。如果需要修改项目属性,在 Eclipse 中右击项目,再选择"属性"命令即可。

3.11.3 运行 Android 应用程序

运行 Android 应用程序的具体步骤如下。

① 单击 Eclipse 工具栏中的运行按钮,弹出图 3.101 所示的项目运行方式选择窗口。选择"Android Application",单击"确定"按钮运行程序。

图 3.101 项目运行方式选择

157

② 开始运行后,会显示模拟器的启动画面,启动完毕后,会显示屏幕锁定的模拟器,如图 3.102 所示。

图 3.102　屏幕锁定的模拟器

③ 在图 3.102 中,将屏幕右侧的锁拖拽到圆圈外就可以解锁。解锁后的屏幕将显示应用程序的运行效果,如图 3.103 所示。由于模拟器屏幕较大,运行效果不是很清晰,将左上角放大后的效果如图 3.104 所示。

图 3.103　应用程序的运行效果

图 3.104　将左上角放大后的效果

3.11.4 调试 Android 应用程序

在开发过程中,肯定会遇到各种各样的问题,这就需要开发人员耐心地进行调试。下面简单介绍如何调试 Android 程序。

在 com.mingrisoft 包中,有一个名为 HelloWorldActivity 的类,将该类的代码替换为如下内容:

```
public class HelloWorldActivity extends Activity {
    /** Called when the activity is first created. */
    @Override
    public void onCreate(Bundle savedInstanceState) {
        super.onCreate(savedInstanceState);
        Object object = null;
        object.toString();
        setContentView(R.layout.main);
    }
}
```

学习过 Java 语言的读者都知道,运行以上代码会发生 NullPointerException 错误。启动模拟器后,运行效果如图 3.105 所示。

图 3.105　Android 程序出现错误

但是此时 Eclipse 控制台上并没有给出任何错误提示,如图 3.106 所示。

那么该如何查看程序哪里出现了问题呢? 可以使用 LogCat 视图,如图 3.107 所示。其中有一行信息说明 com.mingrisoft 包中 HelloWorldActivity 的 onCreate()方法出现了异常,代码位于 HelloWorldActivity.java 文件的第 12 行。

在此,读者只需要了解如果程序出现问题,则在 LogCat 视图中查找即可。

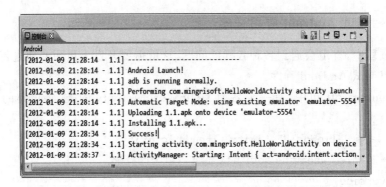

图 3.106　Eclipse 控制台信息

E com.mingrisoft at com.mingrisoft.HelloWorldActivity.onCreate(HelloWorldActivity.java：12)

图 3.107　应用程序的异常信息

3.11.5　Android 应用开发流程

前文介绍了如何创建第一个 Android 应用,为了加强读者对于 Android 应用开发流程的了解,下面简单总结开发的基本步骤。

① 创建 Android 虚拟设备或者连接硬件设备。开发人员需要创建 Android 虚拟设备或者连接硬件设备来安装应用程序。

② 创建 Android 项目。Android 项目中包含应用程序使用的全部代码和资源文件,它被构建成可以在 Android 设备上安装的 APK 文件。

③ 构建并运行应用程序。如果使用 Eclipse 开发工具,每次保存修改时都会自动构建,而且可以单击"运行"按钮来安装应用程序到模拟器。如果使用其他 IDE,开发人员可以使用 Ant 工具进行构建,使用 adb 命令进行安装。

④ 使用 SDK 调试和日志工具调试应用。

⑤ 使用测试框架测试应用程序。

【本节自测】

填空题

开发 Android 应用时可以使用 _____ 构建界面。

简答题

如何创建第一个 Android 应用?请总结开发的基本步骤。

本 章 小 结

本章从 Android 平台特性开始,重点讲述了如何搭建 Android 开发环境以及如何使用 Android 进行开发。

本章需要掌握的重点是搭建、使用 Android 开发平台,包括下载与安装 Android Studio 和 Android SDK,下载与安装 JDK 和 Eclipse。除此之外,Android SDK 提供的各种常用命令,如 adb、emulator 等也是需要掌握的,这些内容是开发 Android 应用的基础。Android 的 Build 系统是基于 GNU Make 和 Shell 构建的一套编译环境,为了管理整套源码的编译,

Android 专门开发了自己的 Build 系统。这套系统定义了大量的变量和函数,无论是编写一个产品的配置文件还是编写一个模块的 Android.mk 文件,用户都不用直接和 GNU Make 打交道,只需要理解 Android 提供的编译变量和函数,就能够方便地将开发的模块加入 Android 的 Build 系统中。

本章还介绍了 Android 的 HelloWorld 应用,可以让读者对 Android 应用的程序结构更加熟悉。

本章详细介绍了 Android 应用的 AndroidManifest.xml 文件,以及如何在该文件中管理程序权限。

本章的主要目的是让读者对 Android 开发有大致的了解,为 Android 程序开发打下坚实的基础。

【课后练习题】

选择题

1. Android 移动操作系统是由哪个公司主导研发的?（　　　）

A. 微软　　　　　　B. 诺基亚　　　　　　C. 谷歌　　　　　　D. 苹果

2. Android 4.0 之前的安卓操作系统第一次安装第三方应用程序时应注意的是（　　　）。

A. 设置—应用程序—未知来源,要勾选　　　B. 直接下载

C. 设置—应用程序,勾选

3. Android 4.0 之前的安卓操作系统要将手机连接计算机时应注意的是（　　　）。

A. 设置—应用程序—开发—USB 调试,要勾选

B. 设置—应用程序—USB 调试,要勾选

4. Android 系统的缺点有（　　　）。

A. 版本多不统一　　　B. 用户体验不一致　　　C. 耗电大　　　　　　D. 应用把关不严

5. 哪个智能操作系统是开源的系统?（　　　）

A. Symbian　　　　　B. Android　　　　　　C. Windows Phone　　D. iOS

6. Android 从哪个版本开始支持应用程序安装到 SD 卡上?（　　　）

A. Android 2.1　　　B. Android 2.2　　　　C. Android 2.3　　　　D. Android 2.0

7. Android 系统安装的软件是什么格式的?（　　　）

A. .sisx　　　　　　B. .java　　　　　　　C. .apk　　　　　　　D. .jar

8. Android 基于什么平台?（　　　）

A. WinCE　　　　　　B. Linux　　　　　　　C. SHP

9. Android 系统可以同时运行多个程序吗?（　　　）

A. 可以　　　　　　　B. 不可以

10. Android 系统的手机可以无限量扩大内存吗?（　　　）

A. 可以　　　　　　　B. 不可以

【课后讨论题】

1. Android 操作系统的程序开发环境有哪两种模式?

2. 上网搜索 Android 操作系统的最新版本,尝试用所学的 Android 操作系统知识下载安装最新版本。

3. 上网搜索 Android Studio 的最新版本,尝试下载安装最新版本。

第4章 移动操作系统 iOS

【本章导读】

iOS 是由苹果公司开发的移动操作系统。苹果公司最早于 2007 年 1 月 9 日在 MacWorld 大会上公布这个系统,iOS 最初是设计给 iPhone 使用的,后来陆续套用到 iPod touch、iPad 上。iOS 与苹果的 Mac OS X 操作系统一样,属于类 UNIX 的商业操作系统。原本这个系统名为 iPhone OS,后来因为 iPad、iPhone、iPod touch 都使用 iPhone OS,所以在 2010 年 WWDC 大会上宣布改名为 iOS。

本章主要掌握 Xcode 开发环境的使用,掌握 iOS 的常用开发框架。

【思维导图】

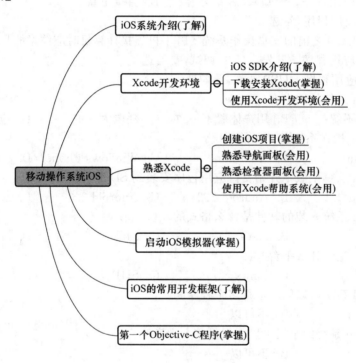

4.1　iOS 系统介绍

【本节综述】

iOS 是一个强大的系统,被广泛地应用于苹果公司的系列产品 iPhone、iPad 和 iPod touch 设备中。iOS 通过这些移动设备展示了多点触摸界面,可始终在线,具有众多内置传感器。本节将带领大家认识 iOS 系统。

【问题导入】

本节读者需要了解 iOS 的发展史。iOS 8 系统有哪些突出的新特性?

4.1.1 iOS 系统发展

1. iOS 发展史

iOS 最早于 2007 年 1 月 9 日在苹果 MacWorld 大会上公布,随后于同年的 6 月发布第一版 iOS 操作系统,当初的名称为"iPhone runs OS X"。

2007 年 10 月 17 日,苹果公司发布了第一个本地化 iPhone 应用程序开发包(SDK)。

2008 年 3 月 6 日,苹果公司发布了第一个测试版开发包,并且将"iPhone runs OS X"改名为"iPhone OS"。

2008 年 9 月,苹果公司将 iPod touch 的系统也换成了"iPhone OS"。

2010 年 2 月 27 日,苹果公司发布 iPad,iPad 同样搭载了"iPhone OS"。

2010 年 6 月,苹果公司将"iPhone OS"改名为"iOS",同时还获得了思科 iOS 的名称授权。

2010 年第四季度,苹果公司的 iOS 占据了全球智能手机操作系统 26% 的市场份额。

2011 年 10 月 4 日,苹果公司宣布 iOS 平台的应用程序已经突破 50 万个。

2012 年 2 月,应用总量达到 552 247 个,其中游戏应用最多,达到 95 324 个,比重为 17.26%。

2012 年 6 月,苹果公司在 WWDC 2012 上推出了全新的 iOS 6,提供了超过 200 项新功能。

2013 年 6 月 10 日,苹果公司在 WWDC 2013 上发布了 iOS 7,几乎重绘了所有的系统 App,去掉了所有的仿实物化,整体设计风格转为扁平化设计。

2013 年 9 月 10 日,苹果公司在 2013 年秋季新品发布会上正式提供 iOS 7 下载更新。

2014 年 6 月 3 日,苹果公司在 WWDC 2014 上正式发布了全新的 iOS 8 操作系统。

2. iOS 8

北京时间 2014 年 6 月 3 日凌晨,苹果 WWDC 2014 在美国加利福尼亚州旧金山莫斯考尼西中心(Moscone center)拉开帷幕。本次大会上苹果正式公布了 iOS 8。iOS 8 延续了 iOS 7 的风格,只是在原有风格的基础上做了一些局部和细节上的优化,iOS 8 系统最突出的新特性如下所示。

(1)短信界面可以发送语音

iOS 8 很特别的一个新功能是,短信界面除了可以发送文字和图片之外,还可以录制语音或者视频并直接发送给对方,这一功能和微信十分类似。

(2)输入法新功能:支持联想/可记忆学习

iOS 8 内建的输入法增加了和 SwiftKey 类似的功能,这是一款在安卓手机中非常流行的输入方式。

iOS 8 的全新输入功能名为 QuickType,最突出的特点就是为用户提供"预测性建议",它会对用户的习惯进行学习,进而在用户录入文字的时候为其提供建议,从而大幅提升文字输入速度。

（3）更加实用的通知系统

在 iOS 8 系统下，用户可以直接在通知中回复包括短信、微博等在内的所有消息，即便是在锁屏界面也可以进行操作。另外，当双击 Home 按键开启任务栏界面后，会在上方显示一行最常用的联系人，用户可以直接给其中某一个人发短信或打电话。

（4）正式挺进方兴未艾的健康和健身市场

iOS 8 系统中内置了 Healthbook 应用，苹果意在利用它挺进方兴未艾的健康和健身市场，这是可穿戴设备公司追逐多年的重要领域。苹果公司的 Healthbook 应用程序将对用户的身体信息进行跟踪统计，其中包括步数、体重、卡路里燃烧量、心率、血压，甚至人体的水分充足状况。

（5）其他新特性

① 邮件：用户可直接在邮件界面快速调出日历，快速创建日程事项，此外，还可以在侧边栏通过手势快速处理邮件。

② 全局搜索更强大：用户可以在设备中实现搜索电影、新闻、音乐等。

③ iMessage 功能更强大：加入群聊功能，可以添加/删除联系人，并且新增了语音发送功能。

④ iPad 新增接听来电功能：用 iPad 也可以接听电话。

⑤ 新增 iCloud Driven 盘服务：实现在所有的 Mac 计算机和 iOS 设备，甚至 Windows 计算机之间共享文件。

⑥ 企业服务方面：进一步增强易用性和安全性。

⑦ 家庭共享（Family Sharing）：家庭成员间可共享日程、位置、图片和提醒事项等。另外，还可以通过该功能追踪家庭成员的具体位置。

⑧ 照片新功能：加入了更多的编辑功能，以及更智能的分类建议。此外，还加入了 iCloud（5 GB 免费空间），实现多设备之间共享。

⑨ Siri 进一步更新：可直接用"hey Siri"唤醒。

⑩ 支持中国农历显示，增强输入法和天气数据。

（6）针对开发者的新特性

① 支持第三方键盘。

② 自带网页翻译功能，如在线即时翻译功能。

③ 指纹识别功能开放，使用第三方软件时可以调用。

④ Safari 浏览器可直接添加新的插件。

⑤ 可以把一个网页上的所有图片打包分享到 Pinterest。

⑥ 支持第三方输入法：将是否授权输入法的选择留给用户。

⑦ HomeKit 智能家居：可以利用 iPhone 对家居（如灯光等）进行控制。

⑧ 3D 图像应用 Metal：可以更充分地利用 CPU 和 GPU 的性能。

⑨ 引入全新的、基于 C 语言的编程语言 Swift。

⑩ 全新的 Xcode。

⑪ 相机和照片 API 实现开放。

4.1.2　iOS 开发之旅

要想成为一名 iOS 开发人员，首先需要拥有一台 Intel Macintosh 台式机或笔记本计算机,并运行苹果的操作系统。硬盘至少要有 6 GB 的可用空间,开发系统的屏幕空间越大,就越容易营造高效的工作空间。Lion 用户甚至可将 Xcode 切换到全屏模式,将分散注意力的元素都隐藏起来。对广大开发者来说,还是建议购买一台 Mac 机器,这样开发效率更高,可避免一些由不兼容所带来的调试错误。除此之外,还需要加入 Apple 开发人员计划。其实无须任何花费即可加入 Apple 开发人员计划,然后下载 iOS SDK,编写 iOS 应用程序并且在 Apple iOS 模拟器中运行它们。但是收费与免费之间还是存在一定的区别:免费会受到较多的限制。例如,要想获得 iOS 和 SDK 的 beta 版,必须是付费成员。要将编写的应用程序加载到 iPhone 中或通过 App Store 发布它们,也需支付会员费。

注意 如果不确定成为付费成员是否合适,建议读者先不要急于成为付费成员,而是先成为免费成员,在编写一些示例应用程序并在模拟器中运行它们后再升级为付费成员,显然,模拟器不能精确模拟移动传感器输入和 GPS 数据等。

付费的开发人员计划提供了两种等级:标准计划(99 美元)和企业计划(299 美元)。前者适用于要通过 App Store 发布其应用程序的开发人员,而后者适用于开发的应用程序要在内部(而不是通过 App Store)发布的大型公司(雇员超过 500)。

注意 其实,无论是公司用户还是个人用户,都可选择标准计划。在将应用程序发布到 App Store 时,如果需要指出公司名,则在注册期间会给出标准的"个人"或"公司"。

无论是大型企业还是小型公司,无论是要成为免费成员还是要成为付费成员,iOS 开发之旅都将从 Apple 网站开始。首先,访问 Apple 开发中心(http://developer.apple.com/cn),如图 4.1 所示。

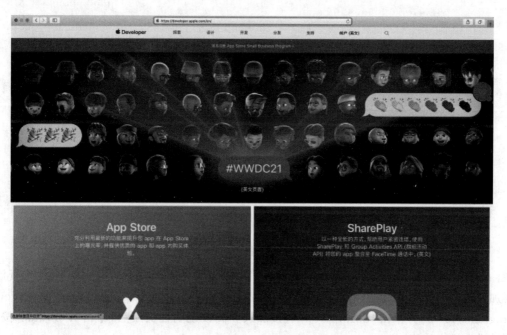

图 4.1　Apple iOS 的开发中心页面

如果通过使用 iTunes、iCloud 或其他 Apple 服务获得了 Apple ID,可将该 ID 用作开发账户。如果目前还没有 Apple ID,或者需要注册一个专门用于开发的新 ID,可创建一个新 Apple ID,注册界面如图 4.2 所示。

图 4.2　注册 Apple ID 的界面

　　单击图 4.2 所示界面中的"创建您的 Apple ID"按钮后可以创建一个新的 Apple ID,注册成功后输入登录信息,如图 4.3 所示。登录成功后的界面如图 4.4 所示。

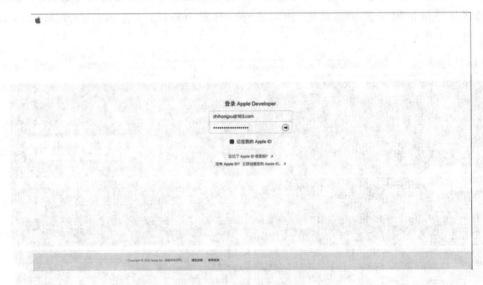

图 4.3　输入登录信息的界面

　　在登录 Apple 账号后,可以决定是加入付费的开发人员计划还是继续使用免费资源。要加入付费的开发人员计划,请打开 iOS 开发人员计划网页(http://developer.apple.com/programs/ios/),并单击"Enroll New"链接加入。阅读说明性文字后,单击"Continue"按钮开始进入加入流程。

　　在系统提示时选择"I'm Registered as a Developer with Apple and Would Like to Enroll in a Paid Apple Developer Program",再单击"Continue"按钮。注册工具会引导我们申请加入付费的开发人员计划,包括在个人和公司选项之间做出选择。

图 4.4　登录成功后的界面

【本节自测】

选择题

1. ＿＿＿＿＿＿是一个强大的系统,被广泛地应用于苹果公司的系列产品 iPhone、iPad 和 iPod touch 设备中。

A. Android
B. iOS
C. Windows Phone
D. 鸿蒙

2. 2014 年 6 月 3 日,苹果公司在 WWDC 2014 上正式发布了全新的＿＿＿＿＿＿操作系统。

A. iOS 6
B. iOS 7
C. iOS 8
D. Windows 10

3. iOS 8 延续了 iOS 7 的风格,只是在原有风格的基础上做了一些局部和细节上的优化,iOS 8 系统最突出的新特性包括＿＿＿＿＿＿。

A. 短信界面可以发送语音
B. 输入法新功能:支持联想/可记忆学习
C. 更加实用的通知系统
D. 正式挺进方兴未艾的健康和健身市场
E. 以上都包括

4.2　Xcode 开发环境

【本节综述】

学习 iOS 开发离不开好的开发工具的帮助,如果使用的是 Lion 或更高版本,下载 iOS 开发工具将很容易。为此,在 Dock 中打开 Apple Store,搜索 Xcode 并免费下载它。如果使用的不是 Lion,可以从 iOS 开发中心(http://developer.apple.com/ios)下载最新版本的 iOS 开发工具。

注意　如果是免费成员,登录 iOS 开发中心后,很可能只能看到一个安装程序,可利用它安装 Xcode 和 iOS SDK(最新版本的开发工具);如果是付费成员,可看到指向其他 SDK 版本的链接。

总体来说,iOS 程序有两类框架:一类是游戏框架,另一类是非游戏框架。本节主要介绍非游戏框架,即基于 iPhone 用户界面标准控件的程序框架。

【问题导入】

- 什么是 iOS SDK?它包含哪些内容?
- 读者本节需要掌握非游戏框架,即基于 iPhone 用户界面标准控件的程序框架。
- 如何下载并安装 Xcode 13?

4.2.1　Xcode 介绍

要开发 iOS 的应用程序,需要一台安装有 Xcode 工具的 Mac OS X 计算机。Xcode 是苹果公司提供的开发工具集,提供了项目管理、代码编辑、执行程序创建、代码调试、代码库管理和性能调节等功能。这个工具集的核心就是 Xcode 程序,其提供了基本的源代码开发环境。

Xcode 是一款强大的专业开发工具,可以简单快速并以我们熟悉的方式执行绝大多数常见的软件开发任务。相对于创建单一类型的应用程序所需要的能力而言,Xcode 要强大得多,其设计目的是使用户可以创建任何想得到的软件产品类型,从 Cocoa 到 Carbon 应用程序,再到内核扩展及 Spotlight 导入器等各种开发任务,Xcode 都能完成。Xcode 独具特色的用户界面可以帮助用户以各种不同的方式漫游工具中的代码,并且用户可以访问工具箱下面的大量功能,包括 GCC、JavaC、Jikes 和 GDB,这些功能都是制作软件产品所需要的。Xcode 是一个由专业人员设计,又由专业人员使用的工具。

由于能力出众,Xcode 被 Mac 开发者社区广为采纳。而且随着苹果计算机向基于 Intel 的 Macintosh 迁移,转向 Xcode 变得比以往任何时候都重要。这是因为使用 Xcode 可以创建通用的二进制代码,这里所说的通用二进制代码是一种可以把 PowerPC 和 Intel 架构下的本地代码同时放到一个程序包执行的文件格式。事实上,对于还没有采用 Xcode 的开发人员,转向 Xcode 是将应用程序连编为通用二进制代码的第一个必要的步骤。

Xcode 的官方地址是 https://developer.apple.com/xcode/downloads/,如图 4.5 所示。

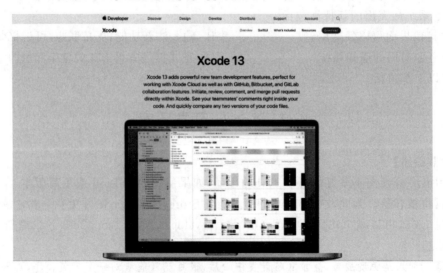

图 4.5　Xcode 的官方地址

4.2.2　iOS SDK 介绍

iOS SDK 是苹果公司提供的 iPhone 开发工具包,包括界面开发工具、集成开发工具、框架工具、编译器、分析工具、开发样本和一个模拟器。iOS SDK 将底层 API 进行了包装,用户的程序只能和 iOS SDK 中定义的类进行对话,而这些类再和底层 API 进行对话。最明显的例子就是 OpenGL ES,苹果官方发布的 iOS SDK 中的 OpenGL ES 实际是和底层 API 中的 Coresurface 框架进行对话,来实现渲染功能。

1. iOS SDK 的优点和缺点

iOS SDK 的缺点如下所示。

- Coresurface(硬件显示设备)、Celestial(硬件音频设备)以及其他几乎所有和硬件相关的处理无法实现。
- 无法开发后台运行的程序。
- 需要代码签名才能够在真机上调试。
- 只能在 Leopard 10.5.2 以上版本、Intel Mac 机器上进行开发。

iOS SDK 的优点如下所示。

- 开发环境几乎和开发 Mac 软件一样,一样的 Xcode、Interface Builder、Instruments 工具。
- 可以使用 Interface Builder 制作界面。
- 环境搭建非常容易。
- 用代码签名可以避免恶意软件。

使用官方 iOS SDK 开发的软件需要经过苹果的认可才能发布到苹果的 App Store 上。用户可以通过 App Store 直接下载或通过 iTunes 下载软件并安装到 iPhone 中。

2. iOS 程序框架

总体来说,iOS 程序有两类框架:一类是游戏框架,另一类是非游戏框架。接下来将要介绍的是非游戏框架,即基于 iPhone 用户界面标准控件的程序框架。

典型的 iOS 程序包含一个窗口(Window)和几个视图控制器(UIViewController),每个 UIViewController 可以管理多个 UIView(在 iPhone 里用户看到的、感觉到的都是 UIView,也可能是 UITableView、UIWebView、UIImageView 等)。这些 UIView 之间如何进行层次迭放、显示、隐藏、旋转、移动等都由 UIViewController 进行管理,而 UIViewController 之间通常是通过 UINavigationController、UITabBarController 或 UISplitViewController 进行切换。

(1) UINavigationController

UINavigationController 是用于构建分层应用程序的主要工具,它维护了一个视图控制器栈,任何类型的视图控制器都可以放入。它在管理以及换入和换出多个内容视图方面,与标签控制器(UITabBarController)类似。两者之间的主要不同在于 UINavigationController 是作为栈来实现,它更适用于处理分层数据。另外,UINavigationController 还有一个作用是用作顶部菜单。当程序具有层次化的工作流时,就比较适合使用 UINavigationController 来管理 UIViewController,即用户可以从上一层界面进入下一层界面,在下一层界面处理完以后又可以简单地返回到上一层界面,UINavigationController 使用堆栈的方式来管理 UIViewController。

（2）UITabBarController

当应用程序需要分为几个相对独立的部分时,就比较适合使用 UITabBarController 来组织用户界面。如图 4.6 所示,屏幕下面被划分成了两个部分。

（3）UISplitViewController

UISplitViewController 属于 iPad 特有的界面控件,适用于主从界面的情况（Master View-Detail View）,Detail View 跟随 Master View 进行更新。

4.2.3 下载并安装 Xcode 13

其实对初学者来说,只需安装 Xcode 即可。通过使用 Xcode,用户既能开发 iPhone 程序,也能开发 iPad 程序。并且 Xcode 是完全免费的,通过它提供的模拟器可以在计算机上测试 iOS 程序。如果要发布 iOS 程序或在真实机器上测试 iOS 程序,就需要花 99 美元了。

1. 下载 Xcode

① 下载的前提是先注册成为一名开发人员,打开苹果开发主页面 https://developer.apple.com/develop,如图 4.6 所示。

图 4.6　苹果开发主页面

② 登录 Xcode 的下载页面 https://developer.apple.com/xcode/downloads/,找到"Xcode 13 beta"选项,如图 4.7 和图 4.8 所示。

注意　可以使用 App Store 来获取 Xcode,这种方式的优点是完全自动,操作方便。

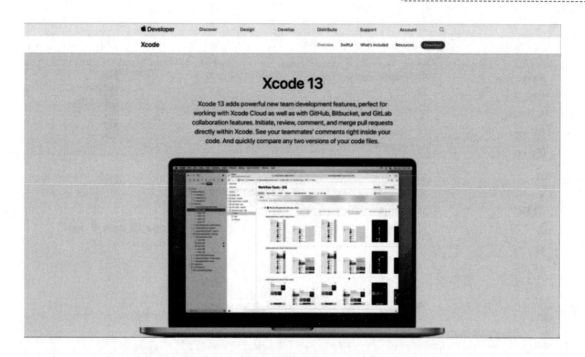

图 4.7　Xcode 主页面

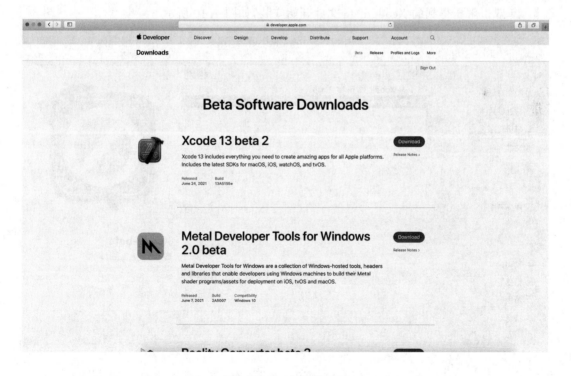

图 4.8　Xcode 下载页面

2. 安装 Xcode

① 下载完成后单击打开下载的 Xcode_13_beta_2. xip 文件，开始解压，如图 4.9 所示。

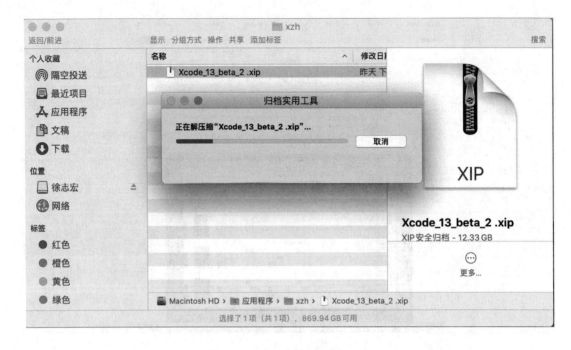

图 4.9　打开下载的 Xcode 文件

② 双击解压得到的 Xcode-beta 文件开始安装，如图 4.10 所示。

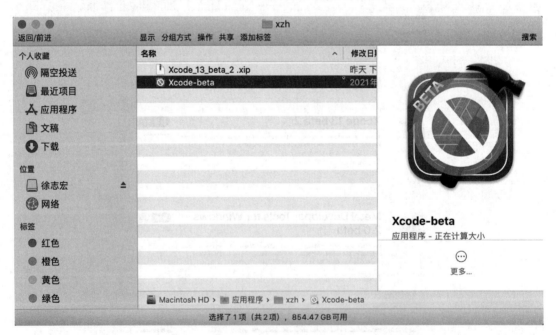

图 4.10　双击解压得到的文件

接着按照安装程序的提示选择即可。启动 Xcode 后的初始界面如图 4.11 所示。

注意　Xcode 13 需要运行在 macOS 11.3 以上的版本。

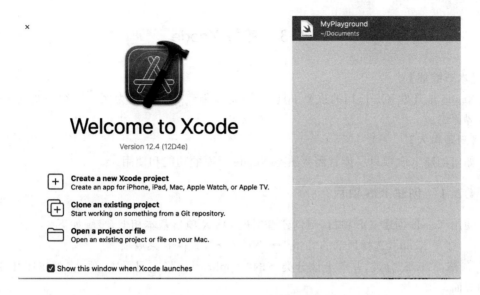

图 4.11　启动 Xcode 后的初始界面

注意：

① 考虑许多初学者没有购买苹果机的预算，也可以在 Windows 系统上采用虚拟机的方式安装 OS X 系统。

② 无论同学们是已经有一定 Xcode 经验的开发者，还是刚开始迁移的新用户，都需要对 Xcode 的用户界面及如何用 Xcode 组织软件工具有一些理解，这样才能真正高效地使用这个工具。这种理解可以加深同学们对隐藏在 Xcode 背后的开发思想的认识，并帮助同学们更好地使用 Xcode。

③ 建议同学们将 Xcode 安装在装有 OS X 的 Mac 机器上，也就是装有苹果系统的苹果机上。通常来说，在 Mac 机器的 OS X 系统中已经内置了 Xcode，默认目录是"/Developer/Applications"。

④ 本课程使用的 Xcode 13 版本是 Xcode 的正式版本，苹果公司会为开发者陆续推出新版本，同学们可以用新版本调试本课程中的程序。

【本节自测】

选择题

1. _____是苹果公司提供的开发工具集，提供了项目管理、代码编辑、执行程序创建、代码调试、代码库管理和性能调节等功能。

A. Xcode

B. Android Studio

C. Visual Studio 2012 Express for Windows Phone

D. 以上都不是

2. _____是苹果公司提供的 iPhone 开发工具包，包括界面开发工具、集成开发工具、框架工具、编译器、分析工具、开发样本和一个模拟器。

A. Android SDK　　　　　　　　　　B. iOS SDK

C. Windows SDK　　　　　　　　　　D. 以上都不是

4.3　熟悉 Xcode

【本节综述】

Xcode 是开发 iOS 应用的重要工具，下面将以创建 iOS 项目为例来详细介绍 Xcode 工具的界面组成。

【问题导入】

如何创建 iOS 项目？读者需要熟悉 Xcode 界面的功能和使用。

4.3.1　创建 iOS 项目

使用 Xcode 创建 iOS 项目，与创建普通的 OS X 项目基本相似，步骤如下。

① 打开 Xcode，选择顶部的"File"→"New"→"Project"菜单项。

② 选择"iOS"分类，并单击该分类下的"Application"（应用程序）项，将弹出图 4.12 所示的界面。

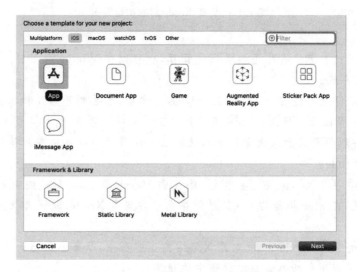

图 4.12　选择 iOS 应用模板

③ 此处选择最简单的"App"模板，再单击"Next"按钮，系统将打开图 4.13 所示的对话框。开发者需要填写"Product Name"（项目名）和"Organization Identifier"（组织标识），Xcode 将会把这两项结合起来作为项目的唯一标识。"Language"列表选择框用于选择该项目的开发语言，iOS 应用可使用 Objective-C 或 Swift 进行开发，此处选择 Objective-C 作为开发语言。

在早期版本的 Xcode 中，在图 4.13 所示对话框的底部可能有 3 个复选框，分别代表启用项目的 3 种功能。

- Use Storyboards：指定使用最新的 Storyboard 来设计用户界面。如果不使用 Storyboard 设计用户界面，项目将会使用传统的 XIB 文件来设计界面。
- Use Automatic Reference Counting：启用自动引用计数（ARC）机制。通过启用 ARC 机制，可以降低开发者回收内存的复杂度。

图 4.13　填写项目信息

- Include Unit Tests：让项目包括单元测试代码。虽然单元测试代码并不属于应用程序的一部分，但负责任的开发人员在每次构建应用之前，都应该先进行单元测试。不过，由于本章主要是介绍 iOS 开发，为了突出本章主题，先不理会这些单元测试。

提示 在 Xcode 13 中，这 3 个复选框都已经去掉了，实际上相当于这 3 个复选框都处于勾选状态，既使用 Storyboard 界面设计文件，也使用 ARC，并包含单元测试代码。

④ 在图 4.13 所示对话框中输入项目名、选择开发语言后，单击"Next"按钮，系统打开选择项目保存位置对话框，可让用户自行决定该项目的保存位置。选择保存位置后单击"Create"按钮创建项目。下面将会以这个 iOS 项目为例介绍 Xcode 的界面。

4.3.2　熟悉导航面板

Xcode 左面板就是导航面板，导航面板一共包含 9 个面板，如图 4.14 所示。从图 4.14 中可以看出，项目导航面板将会以组的形式来管理项目的源代码、属性文件、图片、生成项目等各种资源。

单击图 4.14 所示面板顶部的第 2 个按钮，导航面板将切换到资源控制导航面板，如图 4.15 所示。

单击图 4.15 所示面板顶部的第 3 个按钮，导航面板将切换到符号导航面板，如图 4.16 所示。

从图 4.16 中可以看出，符号导航面板主要以类、方法、属性的形式来显示项目中所有的类、方法、属性。通过符号导航面板可以非常方便地查看项目包含的所有类，以及每个类所包含的属性、方法，从而允许开发者快速定位指定类、指定方法、指定属性。

图 4.14　项目导航面板

图 4.15　资源控制导航面板

图 4.16　符号导航面板

单击图 4.16 所示面板顶部的第 4 个按钮,导航面板将切换到搜索导航面板,开发者可以在搜索导航面板的搜索框中输入想要搜索的目标字符串,按 Enter 键后,搜索导航面板将会显示图 4.17 所示的搜索结果。

单击图 4.17 所示面板顶部的第 5 个按钮,导航面板将切换到问题导航面板。如果项目中存在任何警告或错误,都会在该面板中列出来,如图 4.18 所示。

单击图 4.18 所示面板顶部的第 6 个按钮,导航面板将切换到测试导航面板。测试导航面板将会显示该项目包含的测试用例、测试方法等,如图 4.19 所示。

图 4.17 搜索导航面板

图 4.18 问题导航面板

从图 4.19 中可以看出，helloworldTests 是一个测试用例，测试用例通常会继承 XCTestCase 基类，测试用例通常会包含如下两个通用方法。

- setUp()：该方法用于初始化基础的测试资源，测试框架会在执行任何测试方法之前自动执行该方法。
- tearDown()：该方法用于销毁 setUp()方法初始化的测试资源，测试框架会在执行任何测试方法之后自动执行该方法。

除此之外，测试用例内部还可以包含任意多个以 test 开头的测试方法，图 4.19 所示的

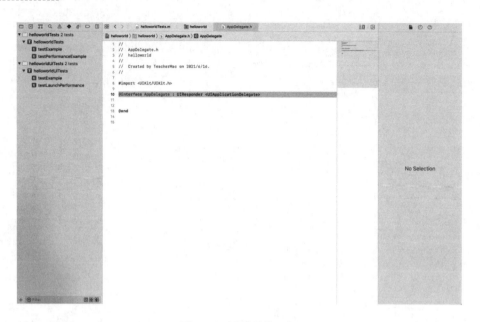

图 4.19 测试导航面板

测试用例已经包含了 testExample()和 testPerformanceExample()两个测试方法。如果开发者需要,完全可以自行添加测试用例和测试方法。

把光标移到测试用例或测试方法的右边时,即可看到一个运行按钮,这表明用户既可运行单个测试方法,也可运行整个测试用例(即运行测试用例中的所有测试方法)。

提示 如果读者对 JUnit 测试框架有一定的了解,就会发现这里的测试用例与 JUnit测试用例基本上是一样的。

单击图 4.19 所示面板顶部的第 7 个按钮,导航面板将切换到调试导航面板。在默认情况下,调试导航面板上没有任何内容,显示一片空白。只有当调试项目时,调试导航面板上才会显示内容。在 Xcode 中使用断点调试的方法如下。

① 在详细编辑区中,打开想要调试的代码,在需要添加断点的代码行号处单击,将会看到 Xcode 为程序添加断点,如图 4.20 所示。

提示 在调试程序时,通常无法确定程序是否可以成功完成,可以先设定一个期望点,看程序是否可以执行到该期望点,并且检查当程序执行到该期望点时所有变量的值是否与期望相符,如果满足这两个条件,则表明该期望点之前的程序代码是正确的,这个期望点就是所谓的断点。通过在 Xcode 中(实际上所有的 IDE 工具都提供了断点调试功能)添加断点,就可以让程序执行到指定的期望点,并在该点停止,让开发者检查所有变量的值。如果开发者想删除断点,只要用鼠标按住断点,将断点拖向旁边,即可看到断点变成一团泡沫,然后消失。

② 添加断点后,单击 Xcode 左上角的"运行"按钮,此时项目将会进入调试状态,程序将会执行到断点处。Xcode 底部的调试、输出面板将会显示执行到该断点时的所有变量以及变量的值,如图 4.21 所示。

在图 4.21 中还可以看到断点调试最常见的 3 种调试支持:单步调试、步入调试和步出调试。

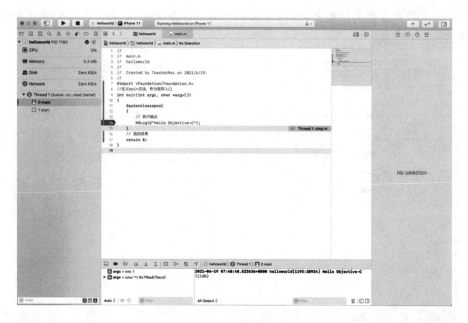

图 4.20　添加断点

图 4.21　变量检查

- 单步调试：当程序执行到指定断点之后，单步调试可控制程序每次只执行一行代码，即用户每单击该按钮一次，程序向下执行一行代码。如果调用了方法，程序不会跟踪方法的执行代码。
- 步入调试（step into）：当进行单步调试时，如果某行代码调用了一个方法，并且开发者希望跟踪该方法的执行细节，则可使用步入调试来跟踪该方法的执行。
- 步出调试（step out）：当使用步入调试跟踪某个方法之后，如果开发者希望快速结束该方法，并返回该方法的调用环境，即可单击步出调试按钮。

通过上述方式进入调试模式之后,可以看到调试导航面板内显示了各运行线程的详细信息,如图 4.22 所示。

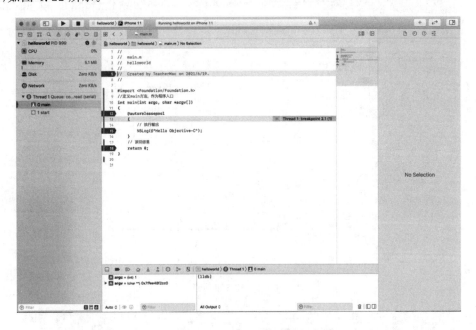

图 4.22　调试导航面板

单击图 4.22 所示面板顶部的第 8 个按钮,导航面板将切换到断点导航面板,断点导航面板将会列出项目中的所有断点。如果项目较大并且存在多个断点,通过断点导航面板来管理断点将非常方便。如果右击断点导航面板上的某个列表项,将弹出图 4.23 所示的菜单。

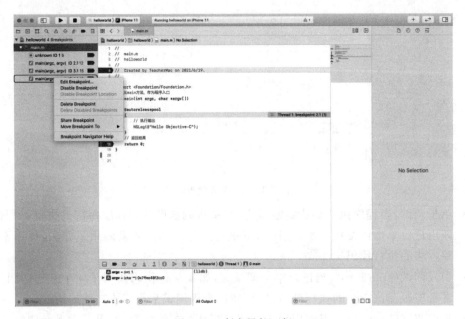

图 4.23　断点导航面板

单击图 4.23 所示面板顶部的第 9 个按钮,导航面板将切换到日志导航面板,日志导航面板将会列出项目开发过程中所经历的构建、生成、运行过程,每次构建、生成、运行的信息都可通过日志导航面板进行查看。图 4.24 显示了日志导航面板的详情。

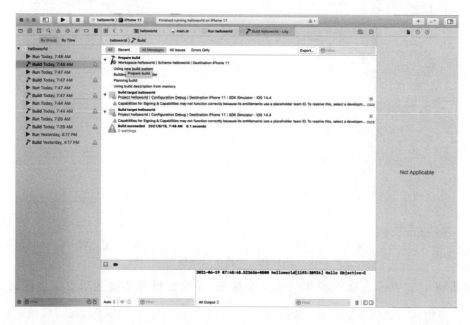

图 4.24　日志导航面板

4.3.3　熟悉检查器面板

Xcode 的检查器面板位于右面板的上半部分,对于普通源代码文件,检查器面板只显示文件检查器、历史检查器和快速帮助检查器。

文件检查器用于显示该文件存储的相关信息,包括文件名、文件类型、文件存储路径、文件编码等基本信息。在左边的项目导航面板中选中某个源代码文件之后,单击 Xcode 右面板顶部的第 1 个按钮,Xcode 将打开文件检查器界面,如图 4.25 所示。

从图 4.25 中可以看出,文件检查器主要用于显示、更改文件存储和文件编码的详细信息。单击文件检查器上方的第 3 个按钮,检查器面板将会显示快速帮助检查器面板(简称快速帮助面板),当开发者把光标停留在任何系统类上时,该面板就会显示有关该类的快速帮助信息,快速帮助信息包括该类的基本说明,以及有关该类的参考手册、使用指南和示例代码。

切换到快速帮助面板,并将光标停在 AppDelegate.h 文件中的 UIApplicationDelegate 上时,快速帮助面板将会显示图 4.26 所示的帮助信息。

图 4.25　文件检查器

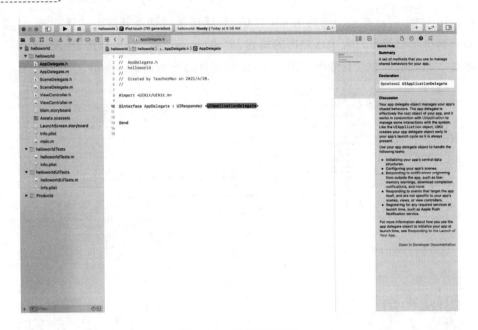

图 4.26　快速帮助面板

　　单击图 4.26 所示右面板顶部的第 2 个按钮,导航面板将切换到历史检查器面板,如图 4.27 所示。

图 4.27　历史检查器

　　单击图 4.27 所示右面板顶部的第 3 个按钮,导航面板将切换到快速帮助检查器面板,如图 4.28 所示。

　　除此之外,如果在左边的项目导航面板中选中 ∗.storyboard 文件,右边的检查器面板上方会显示更多的检查器图标。图 4.29 显示了当用户选中 Main.storyboard 后右边的检查器面板。

图 4.28　快速帮助检查器

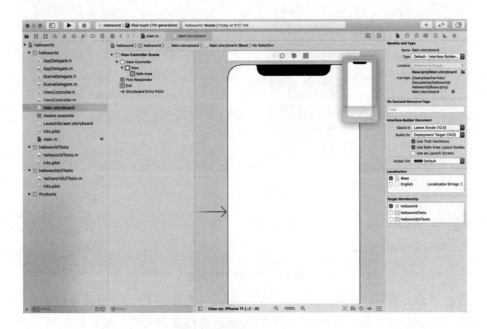

图 4.29　新增的检查器面板

　　从图 4.29 中可以看出,当用户选中 ＊.storyboard 或 ＊.xib 文件(它们都是界面设计文件)后,Xcode 将会添加如下 4 个与界面设计相关的检查器。

- 身份检查器:用于管理界面组件的实现类、恢复 ID 等标识性属性。
- 属性检查器:用于管理界面组件的拉伸方式、背景色等外观属性。
- 大小检查器:用于管理界面组件的宽、高、X 坐标、Y 坐标等大小和位置相关属性。
- 连接检查器:用于管理界面组件与程序代码之间的关联性。

到目前为止,相信读者对 Xcode 的开发界面已经比较熟悉了,对 iOS 开发者来说,Xcode 是一个非常强大且非常好用的工具,因此希望开发者务必好好掌握它。

4.3.4 使用 Xcode 的帮助系统

在使用 Objective-C 开发 iOS 应用的过程中,需要不断地使用 Foundation、Cocoa 等库的大量类,对初学者而言,不可能也没必要去记住每个类的功能和用法,而且也很难记住每个类各自包含的方法。建议的做法是,当用到某个类或对该类用法不太确定时,多查查 Xcode 的帮助系统。帮助系统查多了,代码写多了,那些常用的类和常用的方法自然就记住了。关于 Xcode 的帮助系统,有如下 3 种常用的使用方式。

1. 利用快速帮助面板

只要在编辑区将光标停留在不知道如何使用的类或函数上,或者选择不知道如何使用的类或函数并右击,如图 4.30 所示,快速帮助面板就会立即显示出有关该类或该函数的简要帮助信息,如图 4.31 所示。

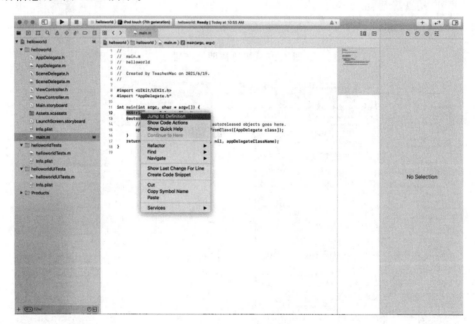

图 4.30 选择类或函数

在快速帮助面板中,"NSString Class Reference"(类参考文档)是最常用的文档,用户可以通过单击"Search Documentation"打开 NSString 类的参考文档,如图 4.32 所示。

NSString 类的参考文档如图 4.33 所示。从该页面中可以看出,详情页面详细列出了 NSString 类继承的父类、遵守的协议以及该类所在的框架。Xcode 的帮助文档非常出色,大部分类都提供了相应示例程序,开发者可以通过这些示例来学习 iOS 开发。

2. 直接利用搜索

当打开图 4.33 所示的帮助系统之后,可在页面上方的搜索框中进行搜索,在搜索框中输入任何关键字(任何类、任何方法、任何函数的部分或全部字符),即可看到图 4.34 所示的页面。

图 4.31 使用快速帮助面板

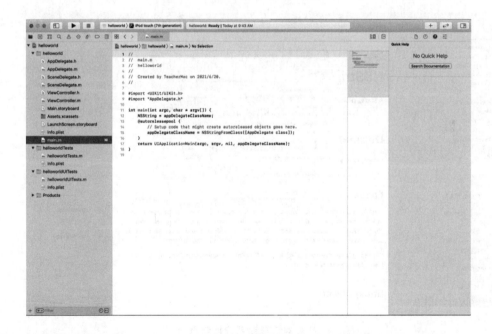

图 4.32 查看类信息

从图 4.34 中可以看出,在搜索框中输入"performs"关键字,搜索框下方就会列出该关键字相关的所有文档。文档前面的图标为 C 的是类,图标为 M 的是方法,图标为 Pr 的是协议,图标为 f 的是函数……不同类型的文档以不同的图标区分。单击图 4.34 所示搜索框下的文档列表项,即可打开相关的文档,这样就可以看到关于该类、该方法或该函数的详细信息了。

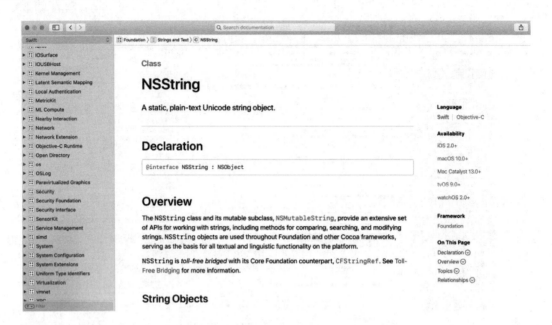

图 4.33　NSString 类的参考文档

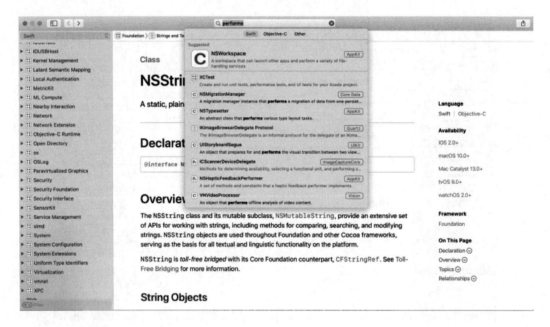

图 4.34　帮助系统搜索页面

3. 利用编辑区的快速帮助

在编辑区编写代码时，只要按下 option 键，再将光标移动到某个类上，光标就会显示一个问号，此时单击，编辑区就会弹出图 4.35 所示的快速帮助。

在图 4.35 所示的快速帮助中，系统将会打开 NSString 类的参考文档，如图 4.33 所示。

如果在图 4.35 所示的快速帮助中单击"NSString. h"链接，帮助系统将会直接打开 NSString 类的声明代码。

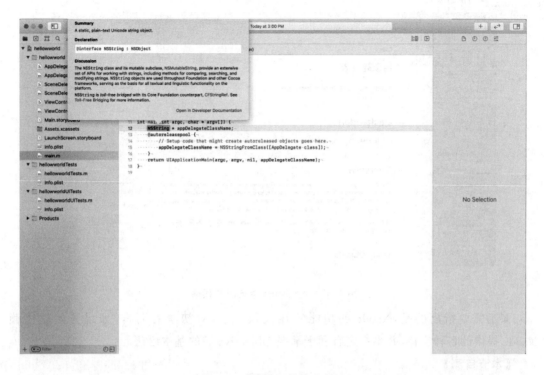

图 4.35　编辑区的快速帮助

提示　用户在按住 command 键的同时单击指定类或函数,如图 4.36 所示,也可看到图 4.37 所示的声明代码。

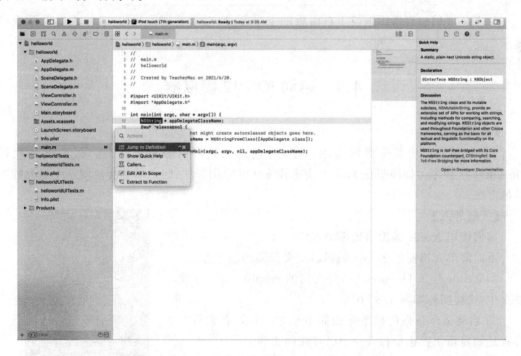

图 4.36　按住 command 键的同时单击指定类或函数

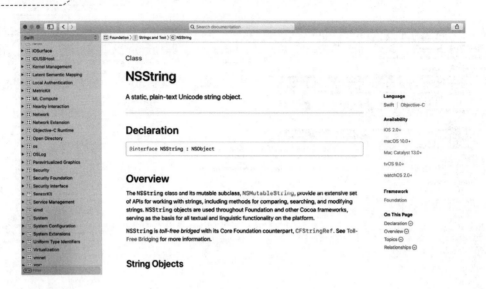

图 4.37　NSString 类的声明代码

最后需要指出的是,Xcode 的功能实在太强大了,对初学者而言,如果开始就依赖 Xcode 提供的各种支持,并不一定有利于掌握 Objective-C 的基本语法。

【本节自测】

填空题

1. Xcode 左面板就是导航面板,导航面板一共包含 9 个面板:_____、_____、_____、_____、_____、_____、_____、_____、_____。

2. Xcode 的检查器面板位于右面板的上半部分,对于普通源代码文件,检查器面板只显示_____、_____和_____。

4.4　启动 iOS 12 模拟器

【本节综述】

Xcode 是一款功能全面的应用程序,通过此工具可以轻松输入、编译、调试并执行 Objective-C 程序。如果想在 Mac 上快速开发 iOS 应用程序,则必须学会使用这个强大的工具的方法。

【问题导入】

如何使用 Xcode 编辑启动模拟器?

下面简单介绍使用 Xcode 编辑启动模拟器的基本方法。

① Xcode 位于 Developer 文件夹内的 Applications 子文件夹中,快捷图标如图 4.38 所示。

② 启动 Xcode 后的初始界面如图 4.39 所示,在此可以设置是创建新工程还是打开一个已存在的工程。

③ 单击"Create a new Xcode project"后会出现图 4.40 所示的窗口。

图 4.38　Xcode 图标

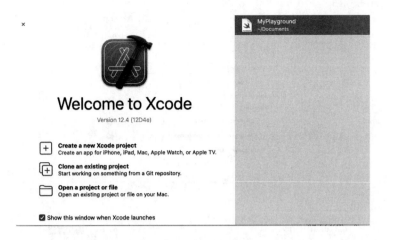

图 4.39 初始界面

图 4.40 选择模板类别

④ 在 New Project 窗口中,显示了可选择的模板类别,因为我们的重点是 iOS Application,所以在此需要确保选择了该类别。

⑤ 选择模板并单击"Next"按钮后,在新界面中 Xcode 将要求用户指定产品名称和公司标识符。产品名称就是应用程序的名称,而公司标识符是创建应用程序的组织或个人的域名,但按相反的顺序排列。两者组成了束标识符,它将用户的应用程序与其他 iOS 应用程序区分开来。例如,我们将创建一个名为"helloworld"的应用程序,如图 4.41 所示。

⑥ 单击"Next"按钮,Xcode 将要求用户指定项目的存储位置,如图 4.42 所示。也可以单击"New Folder",再单击"Create"按钮,Xcode 将创建一个文件夹,并将所有相关联的模板文件都放到该文件夹中,如图 4.43 所示。

⑦ 在 Xcode 中创建或打开项目后,将出现一个类似于 iTunes 的窗口,用户将使用它来完成所有的工作,从编写代码到设计应用程序界面。如果这是用户第一次接触 Xcode,令人

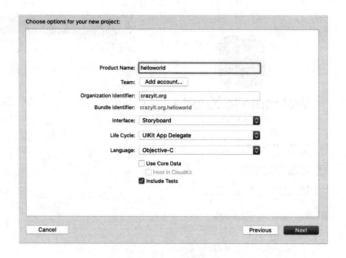

图 4.41 创建应用程序

图 4.42 选择存储位置

图 4.43 新建保存文件夹

眼花缭乱的按钮、下拉列表和图标将让用户感到不适。为让用户对此有大致的认识,下面首先介绍该界面的主要功能区域,如图 4.44 所示。

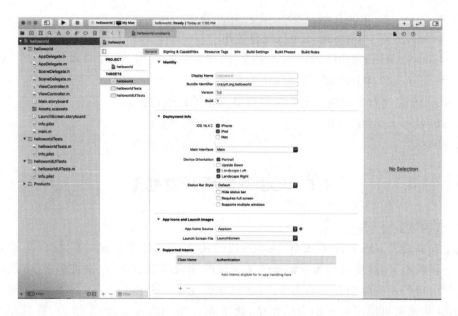

图4.44 Xcode界面

⑧ 运行iOS模拟器的方法十分简单,单击左上角的运行按钮即可,运行效果如图4.45所示。

图4.45 模拟器的运行效果

【本节自测】

填空题

Xcode是一款功能全面的应用程序,通过此工具可以轻松输入、编译、调试并执行_____程序。

选择题

1.下面关于♯import和♯include的描述正确的是( )。

A. ♯import 是 ♯include 的替代指令，防止重复引用

B. ♯import 和 ♯include 不可以混合使用

C. ♯import 只用于引用 Objective-C 的文件，♯include 只用于引用 C 和 C++的文件

D. ♯import 和 ♯include 的使用效果完全相同

2. 在 iOS 命令行中用哪个命令可以检测网络的连通性？（　　）

A. show ip routing-table　　　　　　　B. show path

C. ping　　　　　　　　　　　　　　　　D. display path

4.5　iOS 的常用开发框架

【本节综述】

为了提高开发 iOS 程序的效率，除了可以使用 Xcode 集成开发工具之外，还可以使用第三方提供的框架，这些框架为我们提供了完整的项目解决方案，是由许多类、方法、函数、文档按照一定的逻辑组织起来的集合，可使程序研发变得更容易。在 OS X 下的 Mac 操作系统中，这些框架可以用来开发应用程序，处理 Mac 的 Address Book 结构、刻制 CD、播放 DVD、使用 QuickTime 播放电影、播放歌曲等。

在 iOS 的众多框架中，有两个最为常用的框架：Foundation 框架和 Cocoa 框架。

在 iOS 应用开发中，为了提高开发效率，需要借助于第三方开发工具。本节介绍 iPhone Simulator 和 Interface Builder。

【问题导入】

• 读者需要了解 Foundation 框架和 Cocoa 框架。

• 读者需要会使用 iPhone Simulator 和 Interface Builder。

4.5.1　Foundation 框架简介

在 OS X 下的 Mac 操作系统中，为所有程序开发奠定基础的框架称为 Foundation 框架。该框架允许使用一些基本对象，如数字和字符串，以及一些对象集合，如数组、字典和集合。其他功能包括处理日期和时间、自动化的内存管理、处理基础文件系统、存储（或归档）对象、处理几何数据结构（如点和长方形）。

Foundation 头文件的存储目录是/System/Library/Frameworks/Foundation.framework/Headers，头文件实际上与其存储位置的其他目录相链接。请读者查看这个目录中存储在系统上的 Foundation 框架文档，熟悉它的内容和用法简介。Foundation 框架文档存储在计算机系统中（位于/Develop/Documentation 目录中）。另外，Apple 网站上也提供了此说明文档，大多数文档为 HTML 格式的文件，可以通过浏览器查看，同时也提供了 PDF 文件。这个文档中包含 Foundation 的所有类及其实现的所有方法和函数的描述。

如果正在使用 Xcode 开发程序，可以通过 Xcode 的 Help 菜单中的 Documentation 窗口轻松访问文档，通过这个窗口，可以轻松搜索和访问存储在计算机本机中或者在线的文档。如果正在 Xcode 中编辑文件并且想要快速访问某个特定头文件、方法或类的文档，可以通过高亮显示编辑器窗口中的文本并右击的方法来实现。在出现的菜单中，可以选择"Jump to definition"，Xcode 将搜索文档库，并显示与查询相匹配的结果。

例如,NSString 类是一个 Foundation 类,可以使用它来处理字符串。假设正在编辑某个使用该类的程序,并且想要获得更多关于该类及其方法的信息,无论何时,当单词"NSString"出现在编辑窗口时,都可以将其高亮显示并右击,如果在出现的菜单中选择"Jump to definition",会得到一个与图 4.46 类似的文档窗口。

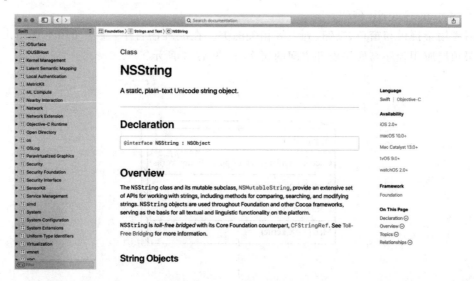

图 4.46　NSString 类的文档

如果向下滚动标有"NSString Class Reference"的面板,将发现(在其他内容中间)一个该类所支持的所有方法的列表。这是一个能够获得有关实现哪些方法等信息的便捷途径,包括它们如何工作以及它们的预期参数。

读者可以在线访问 developer.apple.com/referencelibrary,打开 Foundation 参考文档(通过 Cocoa Frameworks、Foundation Framework Reference 链接),在这个网站中还能够发现一些介绍某特定编程问题(如内存管理、字符串和文件管理)的文档。除非订阅的是某个特定文档集,否则在线文档要比存储在计算机硬盘中的文档从时间上讲更新一些。

Foundation 框架中包括大量可供使用的类、方法和函数。在 Mac OS X 上,大约有 125个可用的头文件。作为一种简便的形式,我们可以使用如下代码访问头文件:

＃import＜Foundation/Foundation.h＞

因为 Foundation.h 文件实际上导入了其他所有 Foundation 头文件,所以不必担心是否导入了正确的头文件,Xcode 会自动将这个头文件插入程序中。使用上述代码会显著地增加程序的编译时间,但是,通过使用预编译的头文件,可以避免这些额外的时间开销。预编译的头文件是编译器预先处理过的文件。在默认情况下,所有 Xcode 项目都会受益于预编译的头文件。本章使用每个对象时都会用到这个特定的头文件,这有助于我们熟悉每个头文件所包含的内容。

4.5.2 Cocoa 框架简介

Application Kit(或 AppKit)框架包含广泛的类和方法,它们能够开发交互式图形应用程序,使得开发文本、菜单、工具栏、表、文档、剪贴板和窗口等应用变得十分简便。在 Mac

OS X 操作系统中,术语 Cocoa 是指 Foundation 框架和 Application Kit 框架,术语 Cocoa Touch 是指 Foundation 框架和 UIKit 框架。由此可见,Cocoa 是一种支持应用程序、提供丰富用户体验的框架,它实际上由如下两个框架组成:

- Foundation 框架;
- Application Kit 框架。

后者用于提供与窗口、按钮、列表等相关的类。在编程语言中,通常使用示意图来说明框架最顶层应用程序与底层硬件之间的层次,如图 4.47 所示。

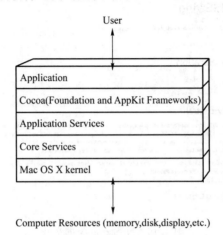

图 4.47 应用程序层次结构

图 4.47 中各个层次的具体说明如下所示。

- User:用户。
- Application:应用程序。
- Cocoa(Foundation and AppKit Frameworks):Cocoa(Foundation 和 AppKit 框架)。
- Application Services:应用程序服务。
- Core Services:核心服务。
- Mac OS X kernel:Mac OS X 内核。
- Computer Resources(memory,disk,display,etc.):计算机资源(内存、磁盘、显示器等)。

内核以设备驱动程序的形式提供与硬件的底层通信,它负责管理系统资源,包括调度要执行的程序、管理内存和电源,以及执行基本的 I/O 操作。

核心服务层提供的支持比它上面的层次更加底层或更加"核心"。例如,在 Mac OS X 中主要对集合、网络、调试、文件管理、文件夹、内存管理、线程、时间和电源进行管理。

应用程序服务层包含对打印和图形呈现的支持,包括 Quartz、OpenGL 和 QuickTime。

Cocoa 层直接位于应用程序层之下。正如图 4.47 所示,Cocoa 包括 Foundation 和 AppKit 框架。Foundation 框架提供的类用于处理集合、字符串、内存管理、文件系统、存档等。通过 AppKit 框架提供的类,可以管理视图、窗口、文档等用户界面。在很多情况下,Foundation 框架为底层核心服务层(主要用过程化的 C 语言编写)中定义的数据结构定义了一种面向对象的映射。

Cocoa 框架用于 Mac OS X 桌面与笔记本计算机的应用程序开发,而 Cocoa Touch 框架用于 iPhone 与 iPod touch 的应用程序开发。Cocoa 和 Cocoa Touch 都有 Foundation 框架,然而在 Cocoa Touch 下,UIKit 代替了 AppKit 框架,以便为很多相同类型的对象提供支持,如窗口、视图、按钮、文本域等。另外,Cocoa Touch 还提供了使用加速器(它与 GPS 和 WiFi 信号一样,都能跟踪位置)的类和触摸式界面,并且去掉了不需要的类,如支持打印的类。

4.5.3 常用的第三方工具

在 iOS 应用开发中,为了提高开发效率,需要借助于第三方开发工具。例如,测试程序需要模拟器 iPhone Simulator,设计界面需要 Interface Builder。本节将简单介绍这两个工具的基本知识。

1. iPhone Simulator

iPhone Simulator 是 iPhone SDK 中最常用的工具之一,无须使用实际的 iPhone/iPod Touch 就可以测试应用程序。iPhone Simulator 位于如下文件夹中:/Developer/iPhone OS <version>/Platforms/iPhoneSimulator. platform/Developer/Applications/。

通常不需要直接启动 iPhone Simulator,它在 Xcode 运行(或是调试)应用程序时会自动启动。Xcode 会自动将应用程序安装到 iPhone Simulator 上。iPhone Simulator 是一个模拟器,并不是仿真器。模拟器会模仿实际设备的行为,即 iPhone Simulator 会模仿实际 iPhone 设备的真实行为。但模拟器本身使用 Mac 上的 QuickTime 等库进行渲染,以便效果与实际的 iPhone 设备保持一致。此外,在模拟器上测试的应用程序会编译为 X86 代码,这是模拟器所能理解的字节码。与之相反,仿真器会模仿真实设备的工作方式,在仿真器上测试的应用程序会编译为真实设备所用的实际字节码,仿真器会把字节码转换为运行仿真器的宿主计算机所能执行的代码形式。

iPhone Simulator 可以模拟不同版本的 iOS。如果需要支持旧版本的平台以及测试并调试特定版本的 iOS 上应用程序所报告的错误,该功能就很有用。

启动 Xcode 后选择 iOS 下的 Application,选择"App",如图 4.48 所示,单击"Next"按钮,然后为项目命名。

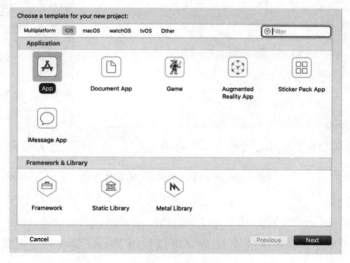

图 4.48 Xcode 界面

在新创建的项目中不做任何操作,直接单击"Build and Run"按钮即可在模拟器中运行程序,如图 4.49 所示。

2. Interface Builder

Interface Builder(IB,界面生成器)是 Mac OS X 平台下用于设计和测试图形用户界面(GUI)的应用程序(非开源)。为了生成 GUI,IB 并不是必需的,实际上 Mac OS X 下所有的用户界面元素都可以使用代码直接生成,但是,IB 能够使开发者简单快捷地开发出符合 Mac OS X human-interface guidelines 的 GUI,通常只需要通过简单的拖曳(drag-n-drop)操作来构建 GUI 就可以了。

图 4.49　模拟器界面

IB 使用 NIB 文件存储 GUI 资源,同时适用于 Cocoa 和 Carbon 程序。在需要的时候,NIB 文件可以被快速地载入内存。Interface Builder 是一个可视化工具,用于设计 iPhone 应用程序的用户界面。可以在 Interface Builder 中将视图拖曳到窗口上,并将各种视图连接到插座变量和动作上,这样它们就能以编程的方式与代码交互。

现在,IB 已经被完全集成到 Xcode 中了,我们打开 HelloWorld 工程中的 Main. storyboard 可在中央看到一个完全空白的 iOS 设备屏幕,可以在这个背景上编辑界面。Interface Builder 的设计界面如图 4.50 所示。

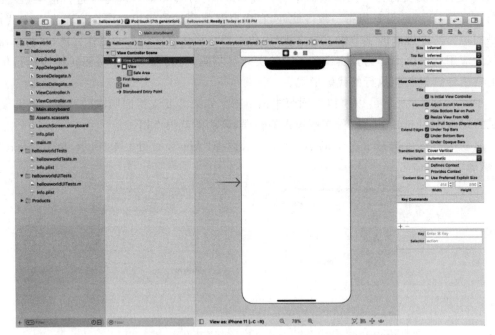

图 4.50　Interface Builder 的设计界面

【本节自测】

填空题

1. 为了提高开发 iOS 程序的效率,除了可以使用 Xcode 集成开发工具之外,还可以使用_____框架。

2. 在 iOS 的众多框架中,有两个最为常用的框架:_____框架和_____框架。

3. Cocoa 是一种支持应用程序、提供丰富用户体验的框架,它实际上由如下两个框架组成:_____框架和_____框架。

4.6 第一个 Objective-C 程序

【本节综述】

搭建好开发环境之后,接下来开发 Objective-C 的第一个程序:HelloWorld。下面分别介绍两种方式来开发这个程序。

【问题导入】

如何使用文本编辑器开发 Objective-C 程序? 如何使用 Xcode 工具开发 Objective-C 程序?

4.6.1 使用文本编辑器开发 Objective-C 程序

可以使用任意的文本编辑器(如 OS X 自带的 TextEdit 程序,或 UltraEdit 等工具)编写如下程序代码。

```
#import <Foundation/Foundation.h>
//定义 main 方法,作为程序入口
int main(int argc, char * argv[])
{
    @autoreleasepool
    {
        // 执行输出
        NSLog(@"Hello Objective-C");
    }
    // 返回结果
    return 0;
}
```

将上面的程序保存为 HelloWorld.m 文件,其中.m 后缀是 Objective-C 源程序默认的扩展名。表 4.1 中显示了常见的文件扩展名。

表 4.1 常见的文件扩展名

扩展名	意义
.c	C 语言源程序
.cc、.cpp	C++语言源程序
.h	头文件
.m	Objective-C 语言源程序
.mm	Objective-C++语言源程序
.o、.out	C、C++、Objective-C 语言编译后生成的文件

上述程序中第一行代码使用#import导入了Foundation框架下的Foundation.h头文件，这样就可以在程序中使用Foundation框架提供的NSLog()输出函数。

提示 如果不使用NSLog()函数，也可使用C语言提供的printf()等函数执行输出，但NSLog()的功能更强大。因此，在Objective-C程序中通常采用NSLog()函数执行输出。

所谓框架，就是一系列函数、类等程序单元的集合，它们可系统地提供某一方面的功能。苹果公司将Cocoa、QuickTime等各种技术都封装成框架。其中，Cocoa框架包括Foundation和Application Kit，还有一些支撑性套件，如CoreAnimation和CoreImage等。

与所有C程序类似的是，Objective-C程序也需要一个main()函数作为程序的入口，因此，上面的程序主要定义了int main(int argc, char * argv[])函数，Objective-C程序将从该函数开始执行。main()函数中使用了@autoreleasepool{}来包含所有的代码，位于@autoreleasepool之后的{}被称为自动释放上下文，其中的语句在"自动释放上下文"的环境中执行，该上下文会自动回收这些语句所创建的对象。这样做的目的是保证Objective-C能自动释放内存，避免引起内存泄漏。

提示 早期的Objective-C并没有提供类似于JVM的垃圾回收机制，因此，Objective-C程序开发者需要自己维护内存的分配和回收。为了降低编程难度，Objective-C 2.0引入了ARC(自动引用计数)机制和自动释放池，降低了内存管理的难度。

NSLog()是Foundation提供的一个输出函数，该输出函数的功能非常强大，不仅可以输出字符串，还可以输出各种对象，程序中会见到大量使用NSLog()函数进行输出的例子。NSLog()函数的"NS"是一个前缀，Cocoa在其所有的函数、常量、类前面都会增加"NS"前缀，这个前缀用于说明该函数来自Cocoa，而不是来自其他程序包。

提示 学习过Java语言的读者应该知道，Java提供了包空间来解决命名冲突的问题，但Objective-C并没有提供包来解决命名冲突，而是通过前缀来避免命名冲突。很明显，增加前缀来解决命名冲突时，依然可能出现两个公司定义的函数、类重名。

程序向NSLog()传入的参数是@"Hello Objective-C"，这是一个Objective-C的字符串(即NSString对象)，Objective-C要求在引号前面添加@符号，用于与C语言的字符串进行区分。

Objective-C语言也是一门编译型语言，因此，需要使用编译器来编译该源程序，Xcode内置的LLVM的Clang编译器可用于编译Objective-C程序。

使用LLVM Clang编译器的语法格式如下：

```
clang -fobjc -arc -framework <所需依赖的框架> <源程序> -o <生成文件>
```

在上面的语法格式中，-fobjc -arc选项指定启用Objective-C的ARC功能，-framework指定编译该程序所需依赖的框架，由于上面的程序使用#import导入了Foundation框架，因此应该使用如下命令来编译该程序：

```
clang -fobjc -arc -framework Foundation HelloWorld.m -o hello.out
```

启动Terminal(终端)程序后，输入并执行上述命令，将生成一个hello.out文件，这就是一个可执行的文件。

在Mac机器上启动Terminal程序的步骤为：①按F4键，打开应用程序列表；②单击"其他"列表项，打开工具程序列表；③单击"终端"图标，即可启动Terminal应用程序。接下来执行如下命令：

```
./hello.out
```

上述命令用于执行当前目录下的 hello.out 程序，执行该程序将会看到如下输出：

Hello Objective-C

注意　不要忘记前面的"./"，这是告诉系统到当前目录下寻找并执行 hello.out。在默认情况下，OS X 并不会在当前目录下寻找并执行程序。

上面的程序编译、执行的完整过程如图 4.51 所示。

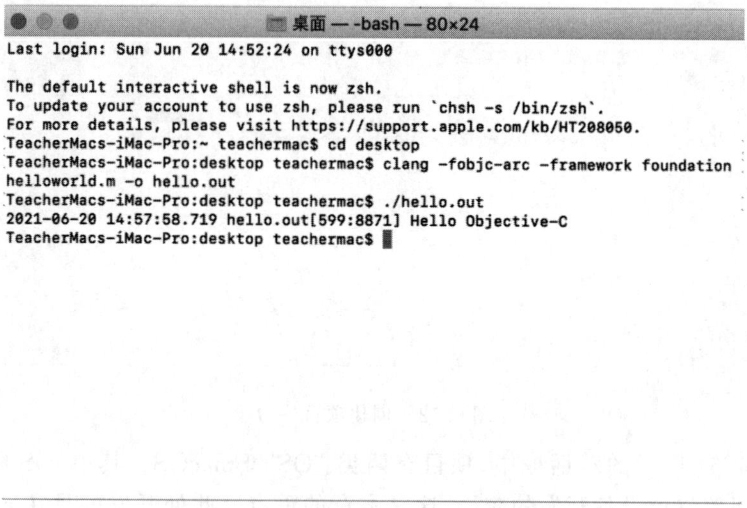

图 4.51　编译、执行 Objective-C 程序

4.6.2　使用 Xcode 工具开发 Objective-C 程序

接下来讲解使用 Xcode 开发环境的基本知识，为读者步入后面 Objective-C 知识的学习打下坚实的基础。

1. 使用 Xcode 创建程序的基本步骤

① 启动 Xcode 应用程序。

② 如果开发新项目，依次选择"File"→"New Project"命令。

③ 为应用程序类型选择 Command Line Utility、Foundation Tool，然后单击"Choose"按钮。

④ 设置项目名称，还可以选择项目文件的存储目录，然后单击"Save"按钮。

⑤ 在右上窗格中，会看到文件 prog1.m（或者是为项目设置的其他名称，后缀是.m），突出显示该文件。在该窗口下面出现的编辑窗口中输入程序。

⑥ 依次选择"File"→"Save"，保存已完成的更改。

⑦ 选择"Build"→"Build and Run"或单击"Build and Go"按钮构建并运行程序。

⑧ 如果出现任何编译错误或输出内容不符合要求，则对程序进行所需的更改，并重复执行步骤 6 和步骤 7。

2. 使用 Xcode 创建一个 Objective-C 程序的具体步骤

① 启动 Xcode，单击界面顶端的"File"→"New Project"或者按"Command＋Shift＋N"

快捷键,Xcode 将会弹出图 4.52 所示的新建项目对话框。

图 4.52 创建项目(一)

② 在图 4.52 所示的对话框中,项目有两类:iOS 和 macOS。其中 iOS 应用就是为手机、平板计算机等移动设备开发的应用,这是本章的重点。此处开发的是在 macOS 系统上运行的程序,因此,选择"macOS"分类,再选择"App"。

③ 单击"Next"按钮,系统打开图 4.53 所示的对话框。

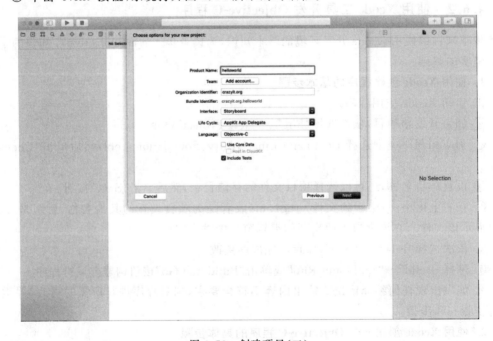

图 4.53 创建项目(二)

④ 输入该项目的名称、公司名,在 Language 列表中选择"Objective-C"列表项,表明使用 Objective-C 作为开发语言。除此之外,开发者也可以选择 Swift 作为开发语言。

⑤ 单击"Next"按钮,系统打开选择项目保存位置对话框,让用户决定将该项目保存到某个位置。选择保存位置后单击"Create"按钮创建项目。项目创建完成后,Xcode 显示图 4.54 所示的界面。

图 4.54 Xcode 的编辑界面

从图 4.54 中可以看出,Xcode 的编辑界面可分为以下 5 个区域。

- 顶部区域:包括运行程序、停止程序、为程序选择运行平台、切换不同的编辑器,以及开关左面板、底部面板、右面板等按钮。简单地说,Xcode 的顶部区域相当于一个工具栏,该工具栏中包含各种按钮。
- 左面板:左面板是 Xcode 的导航面板,该面板的顶部包含 9 个按钮,用于切换不同的导航面板。
- 底部面板:底部面板是 Xcode 的调试、输出区域,包括各种控制台输出、调试信息等。
- 右面板:用于管理项目中不同种类的对象,该面板包含检查器面板,根据项目的不同将包含大量不同的检查器。
- 详细编辑区:中间是 Xcode 的主体区域,iOS 应用界面设计和代码编写都是在该区域内完成的。

为了使用 Xcode 进行开发,通常总是先通过左面板中的项目导航面板来浏览需要编辑的文件,接下来在编辑区中编辑指定的文件即可。

在左面板中选择 main.m 文件,右击并选择"New File",如图 4.55 所示。

然后选择新建文件的模板,如图 4.56 所示。

Xcode 将在编辑区域打开文件,将 main.m 编辑为与上面文件的内容相同,然后保存该文件。

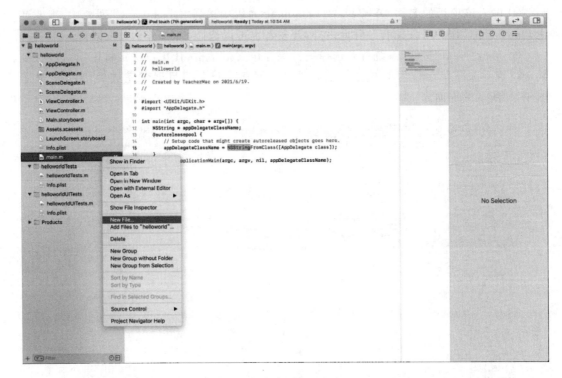

图 4.55　新建文件

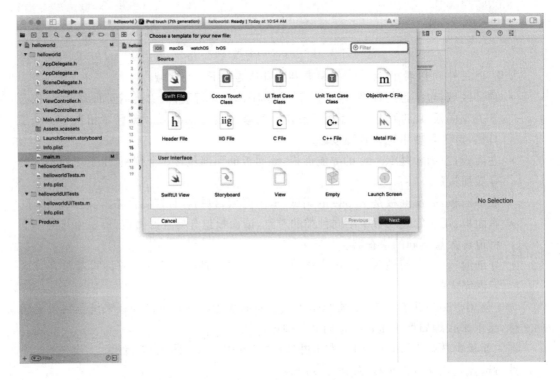

图 4.56　选择文件模板

单击 Xcode 左上角的运行按钮,程序将会自动编译、生成目标程序,并运行该程序,接下来可以在 Xcode 的底部面板中看到输出结果,如图 4.57 所示。

图 4.57　程序输出结果

【本节自测】

选择题

1. 搭建好开发环境之后,接下来开发 Objective-C 的第一个程序:HelloWorld。可用
(　　)方式来开发这个程序。

A. 使用文本编辑器开发 Objective-C 程序

B. 使用 Xcode 工具开发 Objective-C 程序

C. 包括 A 和 B

2. 在 UIKit 中,frame 与 bounds 的区别是(　　)。

A. frame 是 bounds 的别名

B. frame 是 bounds 的继承类

C. frame 的参考系是父视图坐标,bounds 的参考系是自身坐标

D. frame 的参考系是自身坐标,bounds 的参考系是父视图坐标

3. 在 Xcode 中,需要编译混合 Objective-C 和 C++ 的源码文件时,应将文件格式的后
缀改为(　　)。

A. .c　　　　　　B. .cpp　　　　　　C. .mm　　　　　　D. .m

本 章 小 结

本章内容是进行 iOS 学习的基础,读者需要先下载并安装 Xcode 工具,然后下载和安
装各种辅助工具、各种文档等。本章的重点在于掌握 Xcode 工具的常用方法,包括利用
Xcode 创建 iOS 项目,使用 Xcode 的帮助系统等。除此之外,读者应该对 Xcode 工具多加练
习,熟悉 Xcode 的操作界面、各种导航面板、各种检查器面板,并熟悉 Xcode 工具的操作习
惯,只有熟练使用 Xcode 工具,才能更快、更好地学习 iOS 开发的相关内容。本章还介绍了
iOS 模拟器和 iOS 常用开发框架,并讲解了如何用 Objective-C 开发 iOS 程序,为读者进行
后续课程的学习打下基础。

【课后练习题】

选择题

1. 即时聊天 App 不会采用的网络传输方式是(　　)。

A. UDP　　　　　B. TCP　　　　　　C. HTTP　　　　　　D. FTP

2. 堆和栈的区别正确的是(　　)。

A. 对于栈来讲,我们需要手工控制,容易产生 memory leak

B. 对于堆来讲,释放工作由编译器自动管理,无须手工控制

C. 在 Windows 下,栈是向高地址扩展的数据结构,是连续的内存区域,栈顶的地址和栈的最大容量是系统预先规定好的

D. 对于堆来讲,频繁的 new/delete 势必会造成内存空间的不连续,从而造成大量的碎片,使程序效率降低

3. MVC 优点不正确的是(　　)。

A. 低耦合性　　　　　　　　　　B. 高重用性和可适用性

C. 较低的生命周期成本　　　　　　D. 代码高效率

4. iOS 操作系统源代码模式是开放源码。(　　)

A. 正确　　　　　　　　　　　　B. 错误

5. iOS 7 系统是否支持多任务处理?(　　)

A. 支持　　　　　　　　　　　　B. 不支持

【课后讨论题】

1. 上网搜索 Xcode 的最新版本,运用所学下载并安装最新版本。

2. iOS 程序开发语言主要有哪两种?

3. 简单阐述 iOS 操作系统的优缺点。它有哪些市场优势?

第5章 移动操作系统 Windows Phone

【本章导读】

Windows Phone 是一个诞生于移动互联网以及智能手机爆发时期的操作系统,是微软绝地反击 iOS 和 Android 的利器。Windows Phone 是微软在移动领域的一次冲击,是一次风险与机遇共存的挑战。Windows Phone 8 的诞生意味着 Windows Phone 操作系统对 iOS 和 Android 系统新一轮的反攻。2012 年 9 月,诺基亚发布 Windows Phone 8 旗舰手机 Lumia 920,其流畅的用户体验、重量级的硬件技术、优秀的操作系统功能展示出了 Windows Phone 8 智能手机的优越和强大。

Windows Phone 8 操作系统在兼容 Windows Phone 7 的基础上,实现了一次"换心手术",把 Windows CE 内核换成了 Windows NT 内核,运行在 Windows 运行时的架构上,与 Windows 8 系统形成了统一的编程模式。

本章主要掌握 Windows Phone 技术架构,熟练使用 Windows Phone 开发环境,能够创建简单的 Windows Phone 8 应用,最后,为进一步学习编程,还要熟悉 XAML 的基本内容。

【思维导图】

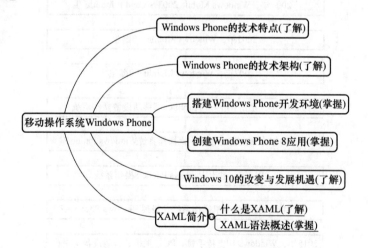

5.1 Windows Phone 的技术特点

【本节综述】

Windows Phone 是微软公司设计的操作系统,因为微软公司之前发布的操作系统 Windows Mobile 6.5 是最后一款 Windows Mobile 系统,所以新的操作系统 Windows

Phone 以 Windows Phone 7 作为 Windows Phone 系列的第一个版本号。Windows Phone 8 操作系统向下兼容所有 Windows Phone 7 的应用程序,不过不支持 Windows Phone 7 的硬件设备升级到 Windows Phone 8 操作系统。Windows Phone 8 和 Windows 8 都运行在 Windows 运行时的架构上,使用了 Windows NT 内核,两个操作系统可以共用大部分相同的、基于 Windows 运行时的 API。

【问题导入】

了解 Windows Phone 的发展历程。Windows Phone 8 有哪些新特性?

5.1.1　Windows Phone 的发展

微软公司移动操作系统的发展如图 5.1 所示。

图 5.1　微软公司移动操作系统的发展

Windows Phone 是一个在危机中诞生的产品,虽然微软在移动操作系统研发领域已有二十多年的历史,但面对 iOS 和 Android 这些更加易用和极具创新性的产品,Windows Mobile 系统所占的市场份额陡然下降。鲍尔默曾经在 All Things Digital 大会上说:"我们曾在这场游戏里处于领先地位,现在我们发现自己只名列第五,我们错过了一整轮。"意识到自己急需追赶之后,微软最终决定"按下 Ctrl＋Alt＋Del 组合键",重启自己止步不前的移动操作系统,迎来新的开始。

移动操作系统领域的竞争异常激烈,如果不变革就只能等待着被淘汰。面对这样的形势,微软采取了主动出击的策略。微软并没有修补 Windows Mobile 这艘漏船,而是精心设计了一个全新的智能手机平台,以应对 iOS 和 Android 带来的挑战,于是,Windows Phone 以一种崭新的面貌出现在用户的面前,如图 5.2 所示。

不要错误地认为微软开发 Windows Phone 的主要目的就是赚点授权费,其真正的动机是保卫微软的核心业务:Windows 和 Office 产品线。移动需求以及智能手机已经变得无处不在,微软必须有一个令人信服的手机系统,以防止越来越多的用户陷进苹果和谷歌的生态圈。

图 5.2 Windows Phone 8 手机的主屏幕

目前,iPhone 和 Android 手机随处可见。智能手机未来的发展趋势非常明显,iOS 和 Android 很可能成为最主要的两大平台。不过,微软的 Windows Phone 也不可小觑,Windows Phone 这个系统代表着"软件巨人"的一次冲击,微软在智能手机市场发展的早期击败了 Palm 和其他竞争者,却眼睁睁看着动作更快、创新更多的苹果带着出人意料的猛将"iPhone"闯入市场,提高了行业门槛,也提升了人们对手机行业的期望。进行了一些深层次的研究以后,微软走出了正确的一步,从零开始开发了一个全新的、独具特色的手机平台 Windows Phone。和如今的竞争者比起来,它正如多年前的 iOS 一样,充满了创新性和差异性。

虽然 Windows Phone 系统推出的时间比较晚,但是该系统应用程序数量的增长并不缓慢,Windows Phone 应用程序数量突破 15 000 的时间为 26 周,比苹果当年达到同数量应用程序的时间还短 1 周,这足以证明这一平台从一开始就受到了开发者的追捧。

诺基亚于 2011 年 2 月 11 日宣布与微软达成战略合作关系,诺基亚手机将采用 Windows Phone 系统,并且将参与该系统的开发。图 5.3 所示为诺基亚 CEO 和微软 CEO 的握手合作。双方将达成广泛的战略合作,诺基亚将把 Windows Phone 作为智能手机的主要操作系统,并融合部分微软的互联网服务。两家公司意在建立一个全新的"移动生态圈",诺基亚的内容和应用商店将与微软的 Microsoft Marketplace 整合,诺基亚将向微软提供硬件设计和语言支持方面的专业技术,并提供营销支持,协助 Windows Phone 手机丰富价格定位,获得更多市场份额,并进军更多地区市场。微软拿出一套工具,让开发者能更容易地开发出 Nokia Windows Phone 的 App;微软也将 Bing 服务和 adCenter 广告服务整合进诺基亚手机,诺基亚地图成为 Bing 地图的一部分。

图 5.3　诺基亚 CEO 史蒂芬·艾洛普(左)与微软 CEO 史蒂夫·鲍尔默(右)

5.1.2　Windows Phone 8 的出现

Windows Phone 8 是微软在 2012 年 6 月 21 日发布的 Windows Phone 系列的操作系统,搭载 Windows Phone 8 的智能手机也在 2012 年陆续地上市。由于内核变更,所有 Windows Phone 7.5 系统手机无法升级到 Windows Phone 8。

Windows Phone 8 与 Windows 8 操作系统共享核心代码,这意味着 Windows Phone 手机用户可使用更多的设备和应用,表明微软朝着一体化 Windows 产品组合的方向迈出了新的一步。Windows Phone 8 采用和 Windows 8 相同的、针对移动平台精简优化的 NT 内核,这标志着 Windows Phone 提前与 Windows 系统(ARM)同步,部分 Windows 8(ARM) 应用可以更方便地移植到手机上,如不需要重写代码等。

Windows Phone 8 系统也是第一个支持双核 CPU 的 Windows Phone 版本,宣布 Windows Phone 进入双核时代,同时宣告着 Windows Phone 7 退出历史舞台。Windows Phone 8 兼容所有 Windows Phone 7.5 的应用程序,但 Windows Phone 8 的所有原生程序无法在 Windows Phone 7.5 上运行,属于单向兼容。

5.1.3　Windows Phone 8 的新特性

Windows Phone 8 是 Windows Phone 系列操作系统的一次重大升级,它添加了很多新的特性,给 Windows Phone 8 手机提供了更加强大完善的功能。

1. 硬件提升

Windows Phone 8 系统首次在硬件上获得了较大的提升,处理器方面,Windows Phone 8 支持双核或多核处理器,理论上最高可支持 64 核,而 Windows Phone 7.5 时代只能支持单核处理器。Windows Phone 8 支持三种分辨率:800×480(15∶9)、1 280×720(16∶9)和 1 280×768(15∶9),Windows Phone 8 屏幕支持 720P 或者 WXGA。Windows Phone 8 支持 MicroSD 卡扩展,用户可以将软件安装在数据卡上。同时,所有 Windows Phone 7.5 的应用全部兼容 Windows Phone 8。

2. 浏览器改进

Windows Phone 8 内置的浏览器升级到了 IE10 移动版。相比于 Windows Phone 7.5

时代，JavaScript 性能提升 4 倍，HTML5 性能提升 2 倍。

3. 游戏移植更方便

换上新内核的 Windows Phone 8 开始向所有开发者开放原生代码（C 和 C++），应用的性能将得到提升，游戏更是基于 DirectX，方便移植。由于采用 Windows 8 内核，Windows Phone 8 手机可以支持更多 Windows 8 上的应用，而软件开发者只需要对这些软件做一些小的调整。除此以外，Windows Phone 8 首次支持 ARM 架构下的 Direct3D 硬件加速。

4. 支持 NFC 技术

Windows Phone 8 支持 NFC 移动传输技术，这项功能在 Windows Phone 7.5 时代是没有的。而通过 NFC 技术，Windows Phone 8 可以更好地在手机、笔记本计算机、平板计算机之间实现互操作，共享资源变得更加简单。

5. 实现移动支付等功能

由于 NFC 技术的引进，移动钱包也出现在 Windows Phone 8 中了，其支持信用卡、贷记卡以及会员卡等，也支持 NFC 接触支付，微软称之为"最完整的移动钱包体验"。同时，微软为 Windows Phone 8 开发了程序内购买服务，也可以通过移动钱包来支付。Windows Phone 8 中直接内置 Wallet Hub（钱包中心），这是一项结合了可让移动运营商参与的安全 NFC 支付以及信用卡、会员卡信息存储的功能，有点类似于 iOS 6 中的 Passbook 功能。

6. 内置诺基亚地图

Windows Phone 8 用诺基亚地图来替代 Bing 地图，地图数据由 NAVTEQ 提供，微软 Windows Phone 8 内置的地图服务全部具备 3D 导航与硬件加速功能。同时，所有机型都内置原来诺基亚独占的语音导航功能，而诺基亚的 Windows Phone 8 手机地图支持离线查看、Turn By Turn 导航等功能。诺基亚与微软的合作逐步加深。

7. 商务与企业功能

由于 Windows Phone 7.5 对于商业的支持不够全面，因此 Windows Phone 8 对移动商业服务进行了大幅改进，Windows Phone 8 支持 BitLocker 加密、安全启动、LOB 应用程序部署、设备管理以及移动 Office 办公等。企业功能可以算是 Windows Phone 8 的"重头戏"，新增的 BitLocker 加密保证了更强的安全性，管理方面，可使用类似于管理 Windows PC 的工具对手机和应用进行管理，而且支持远程，企业也可以拥有应用的私有分发渠道。

8. 新的待机界面

Windows Phone 8 拥有新的动态磁贴界面，磁贴可以分为大中小三种，并且每一个小方块的颜色可以自定义。需要注意的是，原来按住磁贴块只可以调整位置或者删除，而 Windows Phone 8 中可以通过右下角的箭头调整磁贴块大小，甚至可以横向拉宽到占据整个屏幕。同时，Windows Phone 8 上实时的地图导航可以在主界面的磁贴块中直接显示。

【本节自测】

选择题

1. _____操作系统在兼容 Windows Phone 7 的基础上,实现了一次"换心手术",把 Windows CE 内核换成了 Windows NT 内核,运行在 Windows 运行时的架构上,与 Windows 8 系统形成了统一的编程模式。

A. Windows 7.5   B. Windows Mobile 6.5

C. Windows Phone 8   D. Windows Phone 8.1

2. Windows Phone 8 是 Windows Phone 系列操作系统的一次重大升级,它添加了很多新的特性:_____。

A. 硬件提升   B. 浏览器改进

C. 支持 NFC 技术   D. 实现移动支付等功能

E. 以上都是

3. Windows Phone 8 采用和_____相同的、针对移动平台精简优化的 NT 内核,这标志着 Windows Phone 提前与 Windows 系统(ARM)同步,部分_____(ARM)应用可以更方便地移植到手机上,如不需要重写代码等。

A. Linux   B. Windows 7

C. Windows 8   D. Free BSD

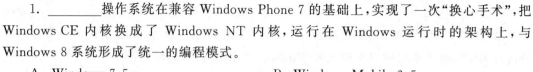

5.2 Windows Phone 的技术架构

【本节综述】

从 Windows Phone 7 操作系统到 Windows Phone 8 操作系统最大的改变就是把 Windows CE 内核换成了 Windows NT 内核,并且底层的架构使用了 Windows 运行时的架构。该平台支持的编程语言包括 C♯、VB.NET 和 C++,在 XAML 普通应用程序开发框架中可以使用 C♯ 或者 VB.NET 语言,使用 C++ 编程需要通过 Windows 运行时组件来调用,不能直接与 XAML 页面进行交互。

【问题导入】

什么是 Windows 运行时?Windows Phone 8 有哪几种应用程序模型?

5.2.1 Windows 运行时

Windows 运行时(Windows Runtime,Win RT)是 Windows 8 和 Windows Phone 8 中的一种跨平台应用程序架构。Windows 运行时支持的开发语言包括 C++〔一般包括 C++/CX(组件扩展)〕及托管语言 C♯ 和 VB,还有 JavaScript。Windows 运行时应用程序同时原生支持 X86 架构和 ARM 架构,为了更好的安全性和稳定性,也支持运行在沙盒环境中。Windows Phone 8 使用的 Windows 运行时是一个精简版本的 Windows 运行时,和 Windows 8 上的还是有着一定的差异,例如,Windows Phone 8 版本的 Windows 运行时不支持 JavaScript 的编程等。

由于依赖于一些增强 COM 组件,Windows 运行时本质上是基于 COM 的 API。正因为其 COM 风格的基础,Windows 运行时可以像 COM 那样轻松地实现多种语言代码之间的交互联系,不过本质上是非托管的本地 API。API 的定义存储在以".winmd"为后缀的元数据文件中,格式编码遵循 ECMA335 的定义,和.NET 使用的文件格式一样,不过稍有改进。使用统一的元数据格式,相比于 P/Invoke,可以大幅减少 Windows 运行时调用.NET 程序时的开销,同时拥有更简单的语法。全新的 C++/CX 语言借用了一些 C++/CLI 语法,允许授权和使用 Windows 运行时组件,但相比于传统 C++ 下的 COM 编程,对程序员来说,有更少的黏合可见性,同时对于混合类型的限制比 C++/CLI 更少。在新的称为 Windows Runtime C++ Template Library(WRL)的模板类库的帮助下,也一样可以在 Windows 运行时组件里面使用标准的 C++ 代码。

在 Windows 运行时上,任何耗时超过 50 ms 的事件都应该通过使用 Async 关键字的异步调用来完成,以确保流畅、快速的应用体验。由于即便当异步调用的情况存在时,许多开发者仍倾向于使用同步 API 调用,因此在 Windows 运行时深处建立了使用 Async 关键字的异步方法,从而迫使开发者进行异步调用。

5.2.2　Windows Phone 8 应用程序模型

Windows Phone 8 平台支持多种应用程序模型,各种应用程序模型都有自己的开发规则和使用场景,下面介绍 Windows Phone 8 的各种应用程序模型。

1. 托管应用

托管应用程序是指普通的使用 XAML 作为界面的 Windows Phone 应用程序,可以使用 C♯ 或者 VB.NET 作为托管应用程序的编程语言。在托管的 Windows Phone 8 应用程序中兼容 Windows Phone 7 应用程序,Windows Phone 7 版本的 SDK 的 API 都可以继续使用。Windows Phone 8 上的托管 API 在 Windows Phone 7 版本的基础上添加了一些新的 API,如新的诺基亚地图控件、电子钱包 API 等。

2. 托管应用＋Windows 运行时组件

在 Windows Phone 8 中不支持直接使用 C++ 语言来编写 XAML 应用程序(在 Windows 8 中可以),如果要在 XAML 应用程序里面使用 C++ 来进行编程,需要通过 Windows 运行时组件来调用基于 C++ 的 API 或者标准的 C++ 代码。Windows Phone 8 新增加了 Windows 运行时的 API,Windows 运行时 API 支持 C♯、C++ 和 VB.NET 编程语言,包括大量的 Windows 8 SDK 的子集,使开发者能够在 Windows 8 和 Windows Phone 8 中共享代码,通过少量的修改就可以使应用程序兼容两个平台。

3. Direct3D 游戏

Windows Phone 8 新增了支持使用 C++ 进行编码的 Direct3D 游戏的应用程序。这意味着,一个基于 DirectX 的 PC 游戏可以和 Windows Phone 8 手机版本的游戏共享代码,共用相关的组件和引擎,也极大地方便了将 PC 的 DirectX 游戏移植到 Windows Phone 8 手机上。同时,Direct3D 游戏也为 Windows Phone 8 平台的高质量、高性能大型游戏提供了强大的开发框架。

4. 托管应用＋DirectX

托管应用＋DirectX 的应用程序模式主要用于那些既需要使用 Direct3D 图形处理能

力,又需要使用相关 XAML 应用程序功能的应用程序,如在游戏中要使用 XAML 的相关控件等。

5. XNA 游戏

Windows Phone 8 的 SDK 不支持 XNA 游戏的开发,但是 Windows Phone 8 手机兼容 XNA 游戏。如果在 Windows Phone 8 中要开发 XNA 框架的游戏,可以选择利用 Windows Phone 7.1 的 SDK 来创建 XNA 游戏,游戏依然可以流畅地在 Windows Phone 8 中运行,对性能要求不高的游戏可以利用 XNA 框架来开发,对性能要求高的 3D 游戏可以利用 Direct3D 框架来开发。

6. 托管应用＋JavaScript

在 Windows Phone 8 中不支持 JavaScript 的应用程序,因为 Windows Phone 8 版本的 Windows 运行时并没有提供 JavaScript 的相关 API,不可以使用 JavaScript 直接调用系统的 API,如打电话等。然而,开发人员可以创建一个托管应用程序使用 XAML 的前端,使用嵌入式浏览器控件来显示本地 HTML 内容,并且可以使用 InvokeScript 方法和 ScriptNotify 事件来访问电话的 API。此外,Windows Phone 8 手机的浏览器升级到了 IE10,IE10 提供了强大的 HTML5/CSS3 新功能,如可伸缩矢量图形(SVG)、ES5、索引型数据库、手势事件以及高性能的积分脚本引擎等,这些也可以为 Windows Phone 8 创造出有趣的新型应用程序。

【本节自测】

选择题

1. 从 Windows Phone 7 操作系统到 Windows Phone 8 操作系统最大的改变就是把 Windows CE 内核换成了 Windows NT 内核,并且底层的架构使用了_____的架构。

　A. 分布式　　　　　　　　　　　　B. Windows 运行时

　C. 客户服务器　　　　　　　　　　D. 浏览器服务器

2. Windows Phone 8 平台支持的编程语言包括_____。

　A. C♯　　　　　　　　　　　　　　B. VB. NET

　C. C++　　　　　　　　　　　　　D. 以上都支持

3. Windows Phone 8 的应用程序模型包括_____。

　A. 托管应用　　　　　　　　　　　B. 托管应用＋Windows 运行时组件

　C. Direct3D 游戏　　　　　　　　　D. 托管应用＋JavaScript

　E. 以上都包括

5.3　搭建 Windows Phone 开发环境

【本节综述】

本节介绍 Windows Phone 8 开发环境的要求和开发工具的安装。开发 Windows Phone 需要两个工具:Windows Phone SDK 8.0 和 Visual Studio 集成开发工具。我们购买的 Visual Studio Ultimate 2012 不包括 Windows Phone SDK,Visual Studio Ultimate 2012 是收费软件,如果广大读者没有授权,也可以使用 Visual Studio Express 2012 for Windows

Phone 8。

推荐的做法是如果有 Visual Studio Ultimate 2012 版本，则先安装 Visual Studio Ultimate 2012，再安装 Windows Phone SDK。如果没有 Visual Studio Ultimate 2012 版本，则直接安装 Visual Studio Express 2012 for Windows Phone 8，Visual Studio Express 2012 for Windows Phone 8 环境中包含 Windows Phone SDK 8.0。

【问题导入】

Windows Phone 8 的开发需要满足什么基本配置？读者可以尝试安装 Windows Phone 8 的开发工具。

5.3.1　开发环境的要求

进行 Windows Phone 8 的开发时，计算机配置应满足以下要求：

① 操作系统为 Windows 8 64 位（x64）版本；

② 系统盘需要至少 8 GB 的剩余硬盘空间；

③ 内存空间达到 4 GB 或以上；

④ Windows Phone 8 模拟器基于 Hyper-V，需要 CPU 支持二级地址转换技术。

注意　部分计算机会默认关闭主板 BIOS 的虚拟化技术，这时需要进入主板 BIOS 设置页面开启虚拟化技术，然后在启动或者关闭 Windows 功能界面启动 Hyper-V 服务。

5.3.2　开发工具的安装

微软将 Windows Phone 8 的开发工具免费提供给开发者使用，可以到微软的 Windows Phone 8 官方网站下载需要的开发工具。可以在线安装或者下载完整的 ISO 安装包进行安装，不过安装的过程都很简单，只需要按照提示单击"下一步"按钮即可。

Windows Phone Developer Tools 是 Windows Phone 8 开发的主工具包，其中包含程序的 SDK、运行模拟器和编程工具。Windows Phone Developer Tools 包含的工具集合的详细信息如下。

（1）Visual Studio Express 2012 for Windows Phone

Visual Studio Express 2012 for Windows Phone 是 Windows Phone 的集成开发环境（IDE），其包括编辑 C♯ 和 XAML 代码、布局与设计简单界面、编译程序、连接 Windows Phone 模拟器、部署程序以及调试程序等功能。

（2）Windows Phone Emulator

Windows Phone Emulator 是 Windows Phone 的模拟器，借此，开发者可以在没有真实设备的情况下继续开发 Windows Phone 应用，本章讲述的内容都是基于 Windows Phone 模拟器的。但是 Windows Phone 8 版本的模拟器具有一定的限制：没有电话模拟器（Cellar Emulator），不能打出和接听电话，也不能发送和接收短信；没有 GPS 模拟器，不能自动产生 GPS 的模拟数据；重力加速器（Accelerometer）模拟器的模拟数据不会更新，一直保留为矩阵（0,0,−1），表示模拟器一直没有移动过；不能模拟内置镜头。当然，如果有已经解锁的 Windows Phone 8 手机，可以直接使用手机来调试和运行编写的程序。

(3) Microsoft Expression Blend for Windows Phone

Microsoft Expression Blend for Windows Phone 是强大的 XAMLUI 设计工具,使用 Expression Blend 可以弥补 Visual Studio Express 2012 所缺乏的 UI 设计功能,如 Animation 等。开发 Windows Phone 程序时可以使用 Visual Studio Express 2012 与 Expression Blend 相互协作,无缝结合。

【本节自测】

选择题

1. 进行 Windows Phone 8 的开发时,计算机配置应满足以下要求:_____。

A. 操作系统为 Windows 8 64 位(x64)版本

B. 系统盘需要至少 8 GB 的剩余硬盘空间

C. 内存空间达到 4 GB 或以上

D. Windows Phone 8 模拟器基于 Hyper-V,需要 CPU 支持二级地址转换技术

E. 以上都须满足

2. Windows Phone Developer Tools 是 Windows Phone 8 开发的主工具包,其中包含程序的 SDK、运行模拟器和编程工具。Windows Phone Developer Tools 包含的工具集合有_____。

A. Visual Studio Express 2012 for Windows Phone

B. Windows Phone Emulator

C. Microsoft Expression Blend for Windows Phone

D. 以上都包括

3. Windows Phone Emulator 是 Windows Phone 的模拟器,没有电话模拟器(Cellar Emulator),_____打出和接听电话,也不能发送和接收短信。

A. 能   B. 不能

5.4　创建 Windows Phone 8 应用

【本节综述】

开发工具安装完毕之后,接下来的事情就是创建一个 Windows Phone 8 应用。本节介绍如何利用 Visual Studio Express 2012 for Windows Phone 开发工具来创建一个 Windows Phone 8 应用,详细地解析一个 Windows Phone 8 项目工程的结构。

【问题导入】

如何新建一个 Windows Phone 应用程序,创建 Hello Windows Phone 项目? 读者可以尝试解析 Hello Windows Phone 项目工程中每个文件的代码和作用。

5.4.1　创建 Hello Windows Phone 项目

1. 新建一个 Windows Phone 应用程序

打开 Visual Studio Express 2012 for Windows Phone 开发工具,选择"File"→"New Project",新建一个 Windows Phone Application 工程,如图 5.4 所示。

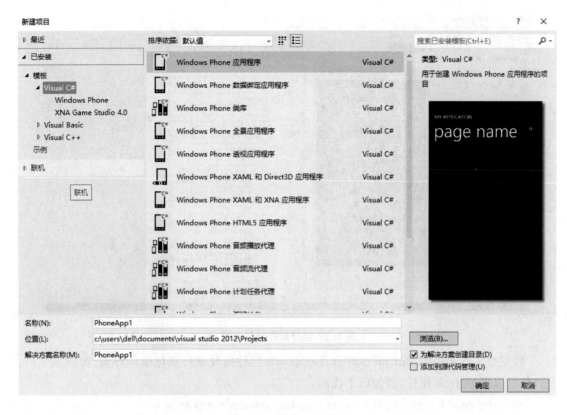

图 5.4　新建一个项目

2. 选择 Windows Phone 版本号

如果同时安装了多个版本的 SDK,则需要选择项目工程的 API 版本号,此处选择 8.0 版本,如图 5.5 所示。选择了 8.0 版本就可以使用 Windows Phone 8 的 API。

图 5.5　选择项目工程的版本号

3. 编写程序代码

新建的 Windows Phone 应用程序已经是一个可以运行的完整 Windows Phone 应用了,所以只需要在上面修改一下,就可以完成 Hello Windows Phone 程序的开发。创建好的 Windows Phone 8 项目工程如图 5.6 所示。

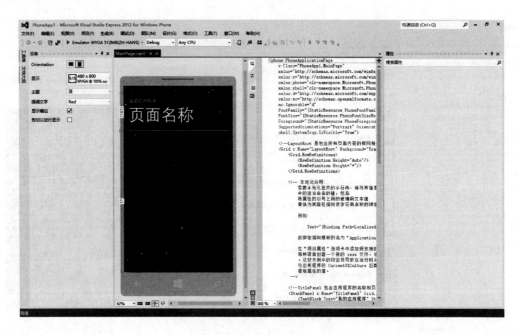

图 5.6　创建好的项目工程

　　将左边工具箱中的 Button 控件和 TextBlock 控件拖放到可视化编辑界面，如图 5.7 所示，然后双击 Button 控件，添加以下代码：

```
private void button_Click(object sender, RoutedEventArgs e)
{
    textBlock1.Text = "Hello Windows Phone"
}
```

图 5.7　可视化编辑界面

右击解决方案,选择 Deploy Solution,在模拟器上运行应用程序即可。

5.4.2　解析 Hello Windows Phone 应用

Hello Windows Phone 项目工程中包含 MainPage. xaml 文件、MainPage. xaml. cs 文件、App. xaml 文件、App. xaml. cs 文件、WMAppManifest. xml 文件、AppManifest. xml 文件、AssemblyInfo. cs 文件和一些图片文件。下面详细地解析主要文件的代码和作用。

1. MainPage. xaml 文件

```
< phone:PhoneApplicationPage
    x:Class = "PhoneAppHelloWindowsPhone. MainPage"
    xmlns = "http://schemas. microsoft. com/winfx/2006/xaml/presentation"
    xmlns:x = "http://schemas. microsoft. com/winfx/2006/xaml"
    xmlns:phone = "clr-namespace:Microsoft. Phone. Controls;assembly =
                    Microsoft. Phone"
    xmlns:shell = "clr-namespace:Microsoft. Phone. Shell;assembly = Microsoft.
                    Phone"
    xmlns:d = "http://schemas. microsoft. com/expression/blend/2008"
    xmlns:mc = "http://schemas. openxmlformats. org/markup-compatibility/2006"
    mc:Ignorable = "d" d:DesignWidth = "480" d:DesignHeight = "768"
    FontFamily = "{StaticResource PhoneFontFamilyNormal}"
    FontSize = "{StaticResource PhoneFontSizeNormal}"
    Foreground = "{StaticResource PhoneForegroundBrush}"
    SupportedOrientations = "Portrait" Orientation = "Portrait"
    shell:SystemTray. IsVisible = "True">
<! --默认的 XAML 页面使用了 Grid 控件来进行布局-->
< Grid x:Name = "LayoutRoot" Background = "Transparent">
    < Grid. RowDefinitions >
        < RowDefinition Height = "Auto"/>
        < RowDefinition Height = " * "/>
    </Grid. RowDefinitions >
    <! --StackPanel 控件里定义的是程序的名称和当前网页的名称-->
    < StackPanel x:Name = "TitlePanel" Grid. Row = "0" Margin = "12,17,0,28">
        <TextBlock x:Name = "ApplicationTitle" Text = "Hello Windows
          Phone" Style = "{StaticResource PhoneTextNormalStyle}"/>
        <TextBlock x:Name = "PageTitle" Text = "单击按钮" Margin = "9,-7,0,
          0" Style = "{StaticResource PhoneTextTitleStyle}"/>
    </StackPanel >
    <! --该 Grid 控件里面的是按钮控件和显示 Hello Windows Phone 的文本控件 -->
    < Grid x:Name = "ContentPanel" Grid. Row = "1" Margin = "12,0,12,0">
```

```
<Button Content = "Button" Height = "101" HorizontalAlignment =
    "Left" Margin = "36,103,0,0" Name = "button1" VerticalAlignment = "Top"
    Width = "313" Click = "button1_Click" />
<TextBlock Height = "83" HorizontalAlignment = "Left" Margin = "50,
    295,0,0" Name = "textBlock1" Text = "TextBlock" VerticalAlignment = "Top"
    Width = "299" />
        </Grid>
    </Grid>
</phone:PhoneApplicationPage>
```

LayoutRoot 是 PhoneApplicationPage 中的根 Grid，所有页面内容全部位于 LayoutRoot 中，TitlePanel 是拥有两个 TextBlock 控件的 StackPanel，这两个控件分别是 ApplicationTitle 和 PageTitle。ApplicationTitle：默认情况下，它的 Text 属性被设为"MY APPLICATION"，可以将其修改为自己的应用程序名称，如实例中修改为"Hello Windows Phone"。PageTitle：默认情况下，它的 Text 属性被设为"page name"，如果应用程序有多个页面，可以使用这个 TextBlock 指定一个真实的页面，如果应用程序只有一个页面需要控件，这个 TextBlock 就会占用不必要的空间，如果删除它，StackPanel 的高度值会自动调整。因此，当需要放置更多的控件时，可以移除 PageTitle。< Button … />和< TextBlock … />就是通过拖拉工具箱中的 Button 控件和 TextBlock 控件产生的 XAML 代码。

在 MainPage. xaml 文件中有若干个命名空间，这些命名空间的含义如下。

① xmlns 代表默认的空间，如果在 UI 里面控件没有前缀，则代表它属于默认的名字空间，如 MainPage. xaml 文件里面的 Grid 标签。

② xmlns:x 代表专属的名字空间，例如，一个控件里面有一个属性叫作 Name，那么 x:Name 代表这个 XAML 的名字空间。

③ xmlns:phone 包含在 Microsoft. Phone 的引用 DLL。

④ xmlns:shell 包含在 Microsoft. Shell 的引用 DLL，此文件可以帮助管理生命周期。

⑤ xmlns:d 呈现一些设计时的数据，而应用真正运行起来时会帮我们忽略这些设计时的数据。

⑥ xmlns:mc 代表布局的兼容性，这里主要配合 xmlns:d 使用，它包含 Ignorable 属性，可以在运行时忽略设计时的数据。

2. MainPage. xaml. cs 文件

```
using System;
using System.Collections.Generic;
using System.Linq;
using System.Net;
using System.Windows;
using System.Windows.Controls;
using System.Windows.Documents;
using System.Windows.Input;
using System.Windows.Media;
```

```
using System.Windows.Media.Animation;
using System.Windows.Shapes;
using Microsoft.Phone.Controls;
namespace PhoneAppHelloWindowsPhone
{
    public partial class MainPage: PhoneApplicationPage
    {
        ///< summary >
        ///应用程序的初始化方法
        ///</summary >
        public MainPage()
        {
            ///初始化页面组件
            InitializeComponent();
        }
        ///< summary >
        ///Button 按钮的单击处理事件
        ///</summary >
        ///< param name = "sender">触发该事件的对象</param >
        ///< param name = "e">触发的事件</param >
        private void button1_Click(object sender, RoutedEventArgs e)
        {
            //给文本框控件 textBlock1 的 Text 属性赋值
            textBlock1.Text = "Hello Windows Phone";
        }
    }
}
```

MainPage. xaml. cs 文件是 MainPage. xaml 文件对应的后台代码的处理,在 MainPage. xaml. cs 文件中会完成程序页面控件的初始化工作和处理控件的触发事件,例如,button1_Click 方法对应的就是 MainPage. xaml 中 Button 的单击事件。

3. App. xaml 文件

```
< Application
    x:Class = "PhoneAppHelloWindowsPhone.App"
    xmlns = "http://schemas.microsoft.com/winfx/2006/xaml/presentation"
    xmlns:x = "http://schemas.microsoft.com/winfx/2006/xaml"
    xmlns:phone = "clr-namespace:Microsoft.Phone.Controls;assembly =
                    Microsoft.Phone"
    xmlns:shell = "clr-namespace:Microsoft.Phone.Shell;assembly = Microsoft.
                    Phone">
```

```
<! --应用程序的资源-->
< Application. Resources >
    <local:LocalizedStrings
        xmlns:local = "clr-namespace:PhoneAppHelloWindowsPhone"
        x:Key = "LocalizedStrings"/>
</Application. Resources >
< Application. ApplicationLifetimeObjects >
    <! --应用程序生命周期的事件处理-->
    < shell:PhoneApplicationService
        Launching = "Application_Launching"
        Closing = "Application_Closing"
        Activated = "Application_Activated"
        Deactivated = "Application_Deactivated"/>
</Application. ApplicationLifetimeObjects >
</Application >
```

App. xaml 文件中< Application. Resources ></Application. Resources >节点的作用是加载整个应用程序的资源,如果用户需要在应用程序中加载同样的样式,则要在这个节点下添加共用的样式。其中,Application. ApplicationLifetimeObjects 标签内定义了应用程序的启动过程(Launching)、关闭过程(Closing)、重新激活(Activated)、失去激活(Deactivated),这些事件都在 App. xaml. cs 文件中进行了定义。

4. App. xaml. cs 文件

```
using System;
using System. Collections. Generic;
using System. Linq;
using System. Net;
using System. Windows;
using System. Windows. Controls;
using System. Windows. Documents;
using System. Windows. Input;
using System. Windows. Media;
using System. Windows. Media. Animation;
using System. Windows. Navigation;
using System. Windows. Shapes;
using Microsoft. Phone. Controls;
using Microsoft. Phone. Shell;
namespace PhoneAppHelloWindowsPhone
{
    public partial class App: Application
    {
```

```
/// < summary >
///提供了应用程序 UI 底层框架的入口
/// </summary >
/// < returns >应用程序 UI 的底层框架</returns >
public PhoneApplicationFrame RootFrame { get; private set; }
/// < summary >
///构建一个应用程序
/// </summary >
public App()
{
    //全局监控未捕获的异常信息
    UnhandledException += Application_UnhandledException;
    //标准的 Silverlight 程序初始化
    InitializeComponent();
    //手机特有功能的初始化
    InitializePhoneApplication();
    //如果程序正在调试,这里设置调试的图形信息
    if (System.Diagnostics.Debugger.IsAttached)
    {
        //展示当前框架的速度计算
        Application.Current.Host.Settings.EnableFrameRateCounter = true;
        //展现出应用程序被刷新的区域
        Application.Current.Host.Settings.EnableRedrawRegions = true;
        //当手机被闲置时,设置程序的服务被禁用
        //注意:这只是在调试模式下使用,检测到手机被闲置时禁止应用程
        //序继续运行,以至于不再多消耗电池电量
        PhoneApplicationService.Current.UserIdleDetectionMode =
            IdleDetectionMode.Disabled;
    }
}
//当应用程序启动的时候会执行这个方法体的代码
//应用程序被激活的时候这个方法体的代码不会被执行
private void Application_Launching(object sender, LaunchingEventArgs e)
{
}
//当应用程序被激活的时候会执行这个方法体的代码
//应用程序第一次启动的时候这个方法体的代码不会被执行
private void Application_Activated(object sender, ActivatedEventArgs e)
{
```

```
}
//当应用程序被禁止的时候会执行这个方法体的代码
//应用程序关闭的时候这个方法体的代码不会被执行
private void Application_Deactivated(object sender, DeactivatedEventArgs e)
{
}
//当应用程序关闭的时候会执行这个方法体的代码
//应用程序被禁止的时候这个方法体的代码不会被执行
private void Application_Closing(object sender, ClosingEventArgs e)
{
}
//当应用程序导航失败的时候会执行这个方法体的代码
private void RootFrame_NavigationFailed(object sender,
    NavigationFailedEventArgs e)
{
    if (System.Diagnostics.Debugger.IsAttached)
    {
        //一个导航失败中断程序的执行
        System.Diagnostics.Debugger.Break();
    }
}
//当应用程序发生未处理异常的时候会执行这个方法体的代码
private void Application_UnhandledException(object sender,
    ApplicationUnhandledExceptionEventArgs e)
{
    if (System.Diagnostics.Debugger.IsAttached)
    {
        //一个未处理的异常中断程序的执行
        System.Diagnostics.Debugger.Break();
    }
}
#region Phone application initialization
//避免重复初始化的标识符
private bool phoneApplicationInitialized = false;
//不要在这个方法体中添加任何代码
private void InitializePhoneApplication()
{
    if (phoneApplicationInitialized)
        return;
```

```
        //创建应用程序的框架
        //导航到的应用程序初始化完成后,程序才会做出反应
        RootFrame = new PhoneApplicationFrame();
        RootFrame.Navigated += CompleteInitializePhoneApplication;
        //注册导航失败事件
        RootFrame.NavigationFailed += RootFrame_NavigationFailed;
        //设置初始化标识符为 true,表示已进行初始化
        phoneApplicationInitialized = true;
    }
    //不要在这个方法体中添加任何代码
    private void CompleteInitializePhoneApplication(object sender,
        NavigationEventArgs e)
    {
        //设置应用程序可视的 UI 为 RootFrame
        if (RootVisual ! = RootFrame)
            RootVisual = RootFrame;
        //移除手机应用程序初始化完成的事情
        RootFrame.Navigated - = CompleteInitializePhoneApplication;
    }
    #endregion
    }
}
```

App. xaml. cs 文件是一个控制着整个应用程序的全局文件,整个应用程序的生命周期都在该文件中进行定义和处理。下面对 Windows Phone 8 应用程序的生命周期进行解析。

(1) 启动(Launching)

当用户单击了手机上应用程序安装列表里的某一应用程序,或者单击了开始界面上的代表某一应用程序的小方块图标时,一个 Windows Phone 应用程序就被启动了。无论用户使用哪种方式启动一个应用程序,该应用程序的实例都已经被创建了。当应用程序被启动了,也就是一个启动事件被触发了。处理这个启动事件时,应用程序应该从一个独立的存储空间中读取所有必要的数据来为用户创建一个新的应用程序的会话进程。应用程序不应该试图从以前的应用程序实例中恢复瞬时状态。当用户启动一个应用程序时,就出现了一个新的应用程序实例。需要注意的是,启动和激活事件是互斥的。

(2) 运行(Running)

当启动事件被触发了,一个应用程序就开始运行了。应用程序处于运行状态时,用户进行浏览该应用程序的页面等相关操作,此时应用程序会自己管理自己的状态。如果应用程序处于运行状态,那么与执行模型相关的唯一操作就是逐步保存设置以及其他应用程序持久化数据(Persistingdata),这样做的目的是避免当应用程序的状态发生改变时需要保存大量的数据。这是可选的,因为当应用程序只有少量的持久化数据时,这个操作就不是必

需的。

（3）关闭（Closing）

应用程序处于运行状态之后的状态取决于用户采取了哪种操作。一个可能的操作是用户按下手机上的回退键，从而回退到应用程序的前一个页面，甚至翻过了应用程序的第一个页面。当这种情况发生时，关闭事件会被触发，此时应用程序被终止了。处理关闭事件时，应用程序应该把所有的持久化数据保存到独立的存储空间中。此时没有必要保存瞬时状态数据，即那些只和前应用程序实例相关的数据，因为用户如果要返回一个已经被终止的应用程序，唯一的方式是重新启动它，打开它的首页，当用户重新启动应用程序，它将会以一个全新的实例出现。

（4）禁止（Deactivated）

如果一个应用程序正在运行，随后在操作系统前台被另一个应用程序或体验替代，如锁屏或者启动一个 Chooser，这时第一个应用程序会被禁止。有好多种方法能够实现应用程序的禁止状态。用户单击手机开始键或者手机由于超时而自动进入锁屏状态都会使当前应用程序处于禁止状态，在这种状态下应用程序被逻辑删除了。当用户调用一个 Launcher 或者 Chooser 时，当前应用程序同样会被禁止，辅助应用程序允许用户执行拍照或者发送电子邮件等常见任务。无论是以上哪种情况，当前运行的应用程序都会被禁止，禁止事件被触发了。并不像应用程序被终止一样，一个被禁止的应用程序可能会被逻辑删除。这就意味着应用程序不再运行，这个应用程序的进程已经被挂起或者终止，操作系统会保存能够代表应用程序的记录及其一系列状态数据，这就使得用户返回一个被禁止的应用程序成为可能，应用程序能被再次激活并把上次用户浏览的页面呈现出来。

在禁止事件处理过程中，一个应用程序应该存储其当前状态信息，状态信息是从 PhoneApplicationService 类的 State 属性公开的状态信息词典中获得的。在状态信息词典中存储的数据是瞬时状态数据或者是能帮助应用程序在被禁止时恢复其状态的数据。由于并不能保证一个被禁止的应用程序会被重新激活，因此在此事件的处理中应用程序需要一直把持久化数据保存到一个独立的存储空间中。

禁止事件处理程序所进行的所有操作必须在 10 s 内完成，否则操作系统将会直接终止应用程序，而不是逻辑删除它。正是出于这个原因，当应用程序有大量的持久化数据需要保存时，应用程序会在运行过程中对数据逐步地进行保存。

（5）激活（Activated）

当一个应用程序被禁止后，有可能这个应用程序永远不会被再次激活。用户可能会重新启动该应用程序，从而得到一个新的应用程序实例。或者用户可以启动几个其他的应用程序，这样就会把处在应用程序堆栈最后的、即使利用回退按键也不可能到达的欺骗性程序关闭。

当然用户也有要继续使用原应用程序的可能性。这种情况可能发生在用户不停地单击回退键直到指定的应用程序。或者，一个 Launcher 或 Chooser 操作导致了当前应用程序被禁止，用户可以完成这个操作任务或取消这个新的操作任务。当用户返回一个处于逻辑删除状态的应用程序时，该程序将会被重新激活，激活事件将会被触发。在此事件中，用户的应用程序将会从一独立存储空间中取回应用程序的持久化数据，也会从 PhoneApplicationService 类的状态信息词典中读取状态信息,从而恢复到被禁止的应用程序之前的状态。

5. WMAppManifest. xml 文件

```xml
<? xml version = "1.0" encoding = "utf-8"? >
< Deployment xmlns = " http://schemas. microsoft. com/windowsphone/2012/
    deployment" AppPlatformVersion = "8.0">
<DefaultLanguage xmlns = "" code = "en-US" />
<App xmlns = "" ProductID = "{86519139-0c70-43bd-801a-c01d9bfb7d97}" Title =
 "PhoneAppHelloWindowsPhone" RuntimeType = "Silverlight" Version = "1.0.0.0"
 Genre = "apps. normal" Author = "PhoneAppHelloWindowsPhone author" Description =
 "Sample description" Publisher = " PhoneAppHelloWindowsPhone " PublisherID =
 "{7026ca60-c0cf-4cc9-b67b-c1f23979f84f}">
        < IconPath IsRelative = " true " IsResource = " false " > Assets \
          ApplicationIcon. png </IconPath >
    < Capabilities >
      < Capability Name = "ID_CAP_NETWORKING" />
      < Capability Name = "ID_CAP_MEDIALIB_AUDIO" />
      < Capability Name = "ID_CAP_SENSORS" />
      < Capability Name = "ID_CAP_WEBBROWSERCOMPONENT" />
    </Capabilities >
    < Tasks >
      < DefaultTask Name = "_default" NavigationPage = "MainPage. xaml" />
    </Tasks >
    < Tokens >
      <PrimaryToken TokenID = "PhoneAppHelloWindowsPhoneToken"
       TaskName = "_default">
        < TemplateFlip >
          <SmallImageURI IsRelative = "true" IsResource = "false">Assets\
            Tiles\FlipCycleTileSmall. png </SmallImageURI >
          < Count > 0 </Count >
          <BackgroundImageURI IsRelative = "true" IsResource = "false">Assets\
            Tiles\FlipCycleTileMedium. png </BackgroundImageURI >
          < Title > PhoneAppHelloWindowsPhone </Title >
          < BackContent > </BackContent >
          < BackBackgroundImageURI > </BackBackgroundImageURI >
          < BackTitle > </BackTitle >
          < LargeBackgroundImageURI > </LargeBackgroundImageURI >
```

```
< LargeBackContent > </LargeBackContent >

< LargeBackBackgroundImageURI > </LargeBackBackgroundImageURI >

< DeviceLockImageURI > </DeviceLockImageURI >

< HasLarge > </HasLarge >

</TemplateFlip >

</PrimaryToken >

</Tokens >

< ScreenResolutions >

< ScreenResolution Name = "ID_RESOLUTION_WVGA" />

< ScreenResolution Name = "ID_RESOLUTION_WXGA" />

< ScreenResolution Name = "ID_RESOLUTION_HD720P" />

</ScreenResolutions >

</App >

</Deployment >
```

WMAppManifest. xml 是一个包含与 Windows Phone Silverlight 应用程序相关的特定元数据的清单文件,记录了应用程序的相关属性描述且包含了用于 Windows Phone 的 Silverlight 所具有的特定功能。App 节点一些属性的含义如表 5.1 所示。Capabilities 相关的区块中则描述了应用能够使用的功能性,如能不能使用网络的功能或存取媒体库(Media Library)的内容。在一般的情形下,我们不需要修改这个部分,假设用户移除了某项功能,如移除了 WebBrowser 部分,那么当用户在代码中用到 WebBrowser 相关的功能时,程序便会出错,而 unhandle exception 在 Silverlight for Windows Phone 中是会直接关闭应用程序的。DefaultTask 属性表示程序默认的启动主页,Tokens 节点包含程序相关的图标和磁贴的设置,ScreenResolutions 节点包含 3 种屏幕的适配。

表 5.1 WMAppManifest. xml 文件中 App 节点属性的含义

属性名称	说明
ProductID	代表应用程序的 GUID 字串列表
RuntimeType	设定应用程序是 Silverlight 或 XNA 的类
Title	专案的预设名称,这里的文字也会显示在应用程序清单中
Version	应用程序的版本编号
Genre	当应用程序为 Silverlight 时是 apps. normal,为 XNA 时则是 apps. game
Author	作者名称
Description	应用程序的描述(说明)
Publisher	这个值预设会是专案的名称,当用户的应用程序有使用到 Push 的相关功能时,这个值是一定要有的

6. AppManifest. xml 文件

```
< Deployment xmlns = "http://schemas.microsoft.com/client/2007/deployment"
```

```
    xmlns:x = "http://schemas.microsoft.com/winfx/2006/xaml">
  < Deployment.Parts >
  </Deployment.Parts >
</Deployment >
```

AppManifest.xml 是一个生成应用程序包所必需的应用程序清单文件。

7. AssemblyInfo.cs 文件

```
using System.Reflection;
using System.Runtime.CompilerServices;
using System.Runtime.InteropServices;
//有关程序集的常规信息通过下面的一组属性来控制
//更改这些属性值可修改与程序集关联的信息
[assembly: AssemblyTitle("PhoneAppHelloWindowsPhone")]
[assembly: AssemblyDescription("")]
[assembly: AssemblyConfiguration("")]
[assembly: AssemblyCompany("")]
[assembly: AssemblyProduct("PhoneAppHelloWindowsPhone")]
[assembly: AssemblyCopyright("Copyright © 2012")]
[assembly: AssemblyTrademark("")]
[assembly: AssemblyCulture("")]
//将 ComVisible 设置为 false,使程序集对 COM 组件是不可见的类型
//如果需要在程序集里面访问 COM 组件,就要将 ComVisible 属性设置为 true
[assembly: ComVisible(false)]
//应用的 GUID 字符串是机器自动生成的一个唯一的字符串
[assembly: Guid("ff94ed8f-b021-4463-ace2-378e63cd4d0a")]
//关联的版本号
[assembly: AssemblyVersion("1.0.0.0")]
[assembly: AssemblyFileVersion("1.0.0.0")]
```

AssemblyInfo.cs 文件包含名称和版本的元数据,这些元数据将被嵌入生成的程序集。

【本节自测】

填空题

1. 创建的 Hello Windows Phone 项目工程中包含＿＿＿＿文件、＿＿＿＿文件、＿＿＿＿文件、＿＿＿＿文件、＿＿＿＿文件、＿＿＿＿文件、＿＿＿＿文件和一些图片文件。

2. 一个＿＿＿＿或 Chooser 操作导致了当前应用程序被＿＿＿＿,用户可以完成这个操作任务或取消这个新的操作任务。当用户返回一个处于逻辑删除状态的应用程序时,该程序将会被重新激活,＿＿＿＿将会被触发。

选择题

Windows Phone 8 应用程序的生命周期包括＿＿＿＿。

① 启动(Launching) ② 运行(Running) ③ 关闭(Closing) ④ 禁止(Deactivated)

⑤ 激活（Activated）

A. ①②　　　　　B. ②③　　　　　C. ①②③　　　　　D. ①②③④⑤

5.5　Windows 10 的改变与发展机遇

【本节综述】

Windows 10 是一款支持 PC、平板、手机、游戏机、物联网硬件等智能设备的操作系统。这是一款跨硬件设备的操作系统，也是微软多年来最为重要的一款操作系统。Windows 10 系统带来了很多令人振奋的新功能、新特性，给微软的开发者生态圈带来了极大的希望，也预示着微软新时代的来临。

Windows 10 是在 Windows Phone 和 Windows 8 的基础上演变而来的，它成功地让 Windows Phone 和 Windows 8 融合在一起，成为一个统一的操作系统，不再对硬件设备进行严格的操作系统的区分。从 Windows 10 开始，微软手机、平板、PC 的操作系统都进行统一的命名，对于应用程序的开发，也采用统一的通用应用开发平台。

【问题导入】

Windows 10 手机版本给开发者带来了一次新的机遇吗？

5.5.1　Windows 10 手机版本

微软的手机操作系统在近几年有两个重要的转折点：一个是 Windows Phone 7，另一个就是 Windows 10。

Windows Phone 7 是微软的一个在危机中诞生的产品，虽然微软在手机操作系统研发领域已有二十多年的历史，但面对 iOS 和 Android 这些更加易用和具有创新性的产品，Windows Phone 系统所占的市场份额陡然下降。微软前 CEO 鲍尔默曾经在 All Things Digital 大会上说："我们曾在这场游戏里处于领先地位，现在我们发现自己只名列第五，我们错过了一整轮。"意识到自己急需追赶之后，微软最终决定"按下 Ctrl＋Alt＋Del 组合键"，重启自己止步不前的移动操作系统，迎来新的开始。

经历了几年时间的发展，Windows Phone 操作系统已经积累了一定的用户，占领了一部分的市场份额，但是和 iOS/Android 的市场份额相比还有很大的差距。微软从来没有放弃过向 iOS 和 Android 的挑战，Windows 10 的推出会是一场最为激烈的反击战。

Windows 10 并没有把 Windows Phone 系统推倒重来，而是在 Windows Phone 的基础上进行整合，所有的 Windows Phone 8 手机都可以升级到 Windows 10 系统，同时 Windows 10 手机也兼容之前的 Windows Phone 应用程序。从现在来看，Windows Phone 是一款向 Windows 10 慢慢过渡的产品，Windows 10 的登场是微软智能手机操作系统的一个非常重要的里程碑。

5.5.2　Windows 10 对于开发者的机遇

Windows 10 是 Windows 生态圈一次难得的机遇，它是微软筹备多年的拳头产品，也是微软的战略产品。那么，对于中国的开发者，Windows 10 带来了哪些机遇呢？

1. 越来越多的中国本土手机厂商宣布支持 Windows 10 操作系统

Windows 10 发布之后,小米和联想宣布后续会发布基于 Windows 10 的手机。小米和联想可以说是中国本土比较知名的两家公司,微软希望借助于这两家公司在中国市场的影响力,使 Windows 10 在中国移动市场上站住脚跟。中国市场较为庞大,微软深知这一点。如果 Windows 10 能在小米和联想的共同推动下,首先在中国市场打开一个突破口,那么未来 Windows 10 还能够在全球移动市场上增添几分优势,至少借助着中国市场的庞大消费能力,其市场份额会得到明显提升,在全球市场的影响力也将随之提升。

2. 中国用户可免费升级至 Windows 10

微软在 WinHEC 上宣布,联想、腾讯、奇虎 360 等合作伙伴会帮助中国用户免费升级到 Windows 10,微软将和合作伙伴共同推动 Windows 10 升级。腾讯和奇虎 360 在国内的安全软件市场拥有不可小觑的市场份额,微软与这两家公司合作,会为国内用户带来更"接地气"的 Windows 10 升级方式。联想集团副总裁、中国区总经理童夫尧在 WinHEC 上表示,联想将在其国内的 2 500 家客服中心和指定零售店面第一时间为用户提供 Windows 10 升级服务。

如果在 PC 端 Windows 10 的市场占有率足够大,那么对于 Windows 10 通用应用的需求和活跃度将会大幅增加,同时会使 Windows 10 的应用程序有更大的价值,也会获得更好的收益和用户量。

3. Windows 10 将更好地支持物联网

Windows 10 不仅将在消费领域大有可为,在日益火爆的物联网(Internet of Things, IoT)领域也将掀起波澜。

微软操作系统事业部 IoT 总经理凯文·达拉斯(Kevin Dallas)在 WinHEC 上表示,微软将推出针对各种物联网设备的 Windows 10 版本,支持的设备从 ATM、超声波设备等高性能机器,到网关等资源受限的设备,再到机器人和特种医疗设备等重要行业设备,Windows 10 IoT 版将应用于广泛的智能物联设备,为设备提供具有企业级安全性的融合平台,并通过 Azure 物联网服务提供机器到机器和机器到云的本地连接。

由于 Windows 10 对物联网的良好支持,Windows 10 的开发者可以非常轻松地进入物联网的开发领域,在物联网时代获得更好的机会。

4. HoloLens 代表着一次新的机遇

HoloLens 的发布不仅让所有的科技发烧友感到兴奋,也让普通的消费者感受到了一款极具创新和创意的设备的诞生。在虚拟现实领域,HoloLens 一定会占有非常重要的地位,因此这款设备同样需要 Windows 10 的开发者为其开发出更多有价值的应用程序。

【本节自测】

选择题

1. _____ 是在 Windows Phone 和 Windows 8 的基础上演变而来的,它成功地让 Windows Phone 和 Windows 8 融合在一起,成为一个统一的操作系统,不再对硬件设备进行严格的操作系统的区分。

    A. Windows 10   B. Android

    C. Windows Phone   D. iOS

2. 对于中国的开发者,Windows 10 带来了哪些机遇呢?

A. 越来越多的中国本土手机厂商宣布支持 Windows 10 操作系统

B. 中国用户可免费升级至 Windows 10

C. Windows 10 将更好地支持物联网

D. HoloLens 代表着一次新的机遇

E. 以上都包括

3. ＿＿＿＿＿＿版将应用于广泛的智能物联设备，为设备提供具有企业级安全性的融合平台，并通过 Azure 物联网服务提供机器到机器和机器到云的本地连接。

A. Windows 10 Mobile   B. Android

C. iOS   D. Windows 10 IoT

5.6　XAML 简介

【本节综述】

Windows Phone 8 普通应用程序开发使用的是 Silverlight 框架，Windows Phone 8 应用程序中的界面都是由 XAML 文件组成的，和这些 XAML 文件对应的是 XAML.CS 文件，这就是微软典型的 Code-Behind 模式的编程方式。XAML 文件的语法类似于 XML 和 HTML 的结合体，这是 Silverlight 程序特有的语法结构，本节将介绍 XAML 相关的知识和语法。

【问题导入】

什么是 XAML？读者需要掌握 XAML 的一些重要基本语法。

5.6.1　什么是 XAML？

XAML 是一种声明性标记语言，如同应用于 .NET Framework 编程模型一样，XAML 简化了为 .NET Framework 应用程序创建 UI 的过程。在声明性 XAML 标记中可以创建可见的 UI 元素，然后使用代码隐藏文件（通过分部类定义与标记相连接）将 UI 定义与运行时逻辑相分离。XAML 直接以程序集中定义的一组特定后备类型表示对象的实例化，就如同其他的基于 XML 的标记语言一样，XAML 大体上也遵循 XML 的语法规则。例如，每个 XAML 元素包含一个名称以及一个或多个属性。在 XAML 中，每个属性都是和某个 Windows Phone 类的属性相对应的，而且所有的元素名称都和 Windows Phone 类库中定义的类名称相匹配。例如，Button 元素就和 System.Windows.Controls.Button 类相对应。

XAML 是一种纯粹的标记语言，这意味着某个元素要实现一个事件的处理时，需要在该元素中通过特定的属性来指定相应的事件处理方法名，而真正的事件处理逻辑可以通过 C# 或 VB.NET 语言实现，用户是无法通过 XAML 来编写相应的事件处理逻辑的。如果读者对 ASP.NET 技术比较了解，那么应该对代码后置这个概念不会陌生。一个 Windows Phone 程序也可以像 ASP.NET 那样采用代码后置模型，将页面和相应的逻辑代码分别存放在不同的文件中，也可以用一种内联的方式将页面和逻辑代码存放在同一个文件中。

XAML 开发人员应注意，声明一个 XAML 元素时，最好用 Name 属性为该元素指定一个名称，这样应用程序逻辑开发人员才可以通过代码来访问该元素。这是因为某种类型的元素可能会在 XAML 页面上声明多次，如果不显式地指明各个元素的 Name 属性，则无法区分哪个是想要操作的元素,也就无法通过 C♯或 VB. NET 来操作该元素和其中的属性。

下面是声明一个 XAML 元素必须遵循的四大原则。

① XAML 是区分大小写的,元素和属性的名称必须严格区分大小写,例如,对于 Button 元素,其在 XAML 中的声明应该为<Button>,而不是<button>。

② 所有的属性值,无论是什么数据类型,都必须包含在双引号中。

③ 所有的元素都必须是封闭的,也就是说,一个元素必须是自我封闭的,或者是有一个自结束标记,如<Button … />,或者是有一个起始标记和一个结束标记,如<Button>…</Button>。

④ 最终的 XAML 文件也必须是合适的 XML 文档。

在 Windows Phone 应用程序开发过程中,XAML 发挥着以下作用。

① XAML 是用于声明 UI 及该 UI 中元素的主要格式。通常,项目中至少有一个 XAML 文件表示应用程序中用于最初显示的 UI 页面。其他 XAML 文件可能声明其他导航 UI 或模式替换 UI 页面。另外一些 XAML 文件可以声明资源,如模板或其他可以重用或替换的应用程序元素。

② XAML 是用于声明样式和模板的格式,这些样式和模板应用于控件和 UI 的逻辑基础。可以执行此操作来模板化现有控件,或作为为控件提供默认模板的控件来执行此操作。

③ XAML 是用于为创建 UI 和在不同设计器应用程序之间交换 UI 设计提供设计器支持的常见格式。最值得注意的是,应用程序的 XAML 可在 Expression Blend 产品与 Visual Studio 之间互换。

④ XAML 定义 UI 的可视外观,而关联的代码隐藏文件定义逻辑。可以对 UI 设计进行调整,而不必更改代码隐藏中的逻辑。就此作用而言,XAML 简化了负责可视化设计的人员与负责应用程序逻辑和信息设计的人员之间的工作交流。

⑤ 由于支持可视化设计器和设计图面,因此,XAML 支持在早期开发阶段快速构造 UI 原型,并在整个开发过程中使设计的组成元素更可能保留为代码访问点,即使可视化设计发生了较大变化也不例外。

5.6.2　XAML 语法概述

编写 XAML 文件时,必须严格遵守 XAML 的语法,下面将介绍 XAML 的一些重要语法。

1. XAML 命名空间

按照针对编程的广泛定义,命名空间确定如何解释引用编程实体的字符串标记。如果重复使用字符串标记,命名空间还可以解决多义性。命名空间概念的存在使得编程框架能够区分用户声明的标记与框架声明的标记,并通过命名空间限定来消除可能的标记冲突,等等。XAML 命名空间是为 XAML 语言提供此用途的命名空间概念。就 XAML 的常规作用及其面向 Windows Phone 的应用程序而言,XAML 用于声明对象、这些对象的属性和对象-属性关系(表示为层次结构)。声明的对象由类型库提供支持,相关的库可以是以下任意一项:

① Windows Phone 核心库;

② 分布式库,它们是在包中再分发的 SDK 的一部分(可能带有应用程序库缓存选项);

③ 表示应用程序中融入的和应用程序包再分发的第三方控件定义的库;

④ 用户自己的库,这是用户通过 Windows Phone 项目创建的,用于容纳某些或所有应用程序的用户代码的库;

⑤ 其他库,即用户在单独的项目中定义的,通过应用程序模型进行引用的库。

XAML 命名空间概念使用标记中提供的 XML 样式命名空间声明(xmlns),并将以 CLR 命名空间格式表示的后备类型信息和程序集信息与特定的 XAML 命名空间相关联。这使得读取 XAML 文件的 XAML 处理器能够区分标记(markup)中的标记(token),并且在创建运行时对象表示形式时,该处理器能够从与该 XAML 命名空间关联的后备程序集中查找类型和成员。

XAML 文件几乎始终在其根元素中声明一个默认的 XAML 命名空间。默认 XAML 命名空间定义可以声明哪些元素,而无须通过前缀进一步进行限定。例如,用户声明一个元素< Balloon/>,则元素 Balloon 应存在且在默认 XAML 命名空间中有效。相反,如果 Balloon 不在所定义的默认 XAML 命名空间中,则必须转而使用一个前缀来限定该引用,如 < party:Balloon/>,该前缀指示此实体存在于与默认命名空间不同的 XAML 命名空间中,尤其是,用户已将某个 XAML 命名空间映射到前缀 party,以便于使用。

XAML 命名空间应用于声明它们的特定元素,同时应用于 XAML 结构中该元素所包含的任何元素。因此,XAML 命名空间几乎始终在根元素上声明,以充分利用此继承概念。

来自除核心库之外的其他库的类型将要求用户使用前缀声明和映射 XAML 命名空间,然后才能从该库中引用类型。针对默认命名空间之外的其他 XAML 命名空间的 XAML 命名空间声明提供了以下 3 项信息:

① 一个前缀,该前缀会作为后续 XAML 标记中引用到该 XAML 命名空间的标记(markup);

② 在该 XAML 命名空间中定义元素的后备类型的程序集,XAML 处理器必须访问此程序集才能基于 XAML 声明创建对象;

③ 该程序集中的一个 CLR 命名空间。

SDK 库具有 CLR 特性,以便加载程序集的设计器可以建议使用特定的前缀。在 Visual Studio 中,对于已由某个项目引用的任何程序集,都可以使用自动完成功能从所引用的程序中读取 CLR 特性。这一 Visual Studio 功能要么将所有可能的 XAML 命名空间显示为下拉列表,要么使用建议的前缀作为提示以帮助建议特定的映射选择。

在几乎每个 XAML 文件中声明的一个特定的 XAML 命名空间是针对由 XAML 语言定义的元素的 XAML 命名空间。根据约定,XAML 语言命名空间映射到前缀 x:。

Windows Phone 项目的默认项目和文件模板始终同时将默认的 XAML 命名空间(无前缀,只有 xmlns)和 XAML 语言命名空间(映射到前缀 x:)定义为根元素的一部分。例如:

```
< phone:PhoneApplicationPage
    xmlns = "http://schemas.microsoft.com/winfx/2006/xaml/presentation"
    xmlns:x = "http://schemas.microsoft.com/winfx/2006/xaml"
......>
```

"x:前缀"类型的命名空间包含多个将在 XAML 中频繁使用的编程构造。下面列出了最常见的"x:前缀"类型的命名空间构造。

① x:Key:为 ResourceDictionary 中的每个资源设置一个唯一键。

② x:Class:指定为 XAML 页提供代码隐藏的类的 CLR 命名空间和类名称,并命名由标记编译器在应用程序模型中创建的类。必须具有一个这样的类才能支持代码隐藏或支持初始化为 RootVisual。

③ x:Name:处理 XAML 中定义的对象元素后,为运行时代码中存在的实例指定运行时对象名称。对于不支持 FrameworkElement. Name 属性的情形,可以将 x:Name 用于元素命名方案。默认情况下,通过处理对象元素而创建的对象实例没有可供在代码中使用的唯一标识符或固有的对象引用。在代码中调用构造函数时,几乎总是使用构造函数结果为构造的实例设置一个变量,以便以后在代码中引用该实例。为了对通过标记定义创建的对象进行标准化访问,定义了 x:Name 属性,可以在任何对象元素上设置 x:Name 属性的值。在代码隐藏文件中,所选择的标识符等效于引用构造实例的实例变量。在任何方面,命名元素都像它们是对象实例一样工作(此名称只是引用该实例),并且代码隐藏文件可以引用该命名元素来处理应用程序内的运行时交互。

2. 声明对象

一个 XAML 文件始终只有一个元素作为其根,该元素声明的一个对象将作为某些编程结构(如页面)的概念根,或者是应用程序的整个运行时定义的对象图。根据 XAML 语法,可以通过以下 3 种方法在 XAML 中声明对象。

(1) 直接使用对象元素语法

直接使用对象元素语法是使用开始标记和结束标记将对象实例化为 XML 格式的元素。可以使用此语法声明根对象或创建用于设置属性值的嵌套对象。

(2) 间接使用属性语法

间接使用属性语法是使用内联字符串值声明对象。在概念上,这可能用于实例化除根之外的任何对象。可以使用此语法设置属性值。这是一个针对 XAML 处理器的间接操作,因为必须要通过某个过程在了解如何设置属性、该属性的类型系统特性和所提供的字符串值的基础上创建新对象。通常,这表明相关类型或属性支持可处理字符串输入的类型转换器,或者 XAML 分析器支持进行本机转换。

(3) 使用标记扩展

以上内容并不意味着始终可以选择使用任何语法以给定的 XAML 词汇创建对象。词汇中的某些对象只能使用对象元素语法创建。少量对象只能通过初始设置为属性值来创建。事实上,在 Windows Phone 中,可以使用对象元素或属性语法创建的对象比较少。即使这两种语法格式都是可能的,也只有其中一种语法格式占主流或是最适合方案使用的格式。除了以等同于实例化对象的方式声明对象之外,XAML 中还提供了一些可用来引用现有对象的方法。这些对象可能在 XAML 的其他区域中定义,或者通过平台及其应用程序或编程模型的某种行为隐式存在。

若要使用对象元素语法声明对象,需要使用以下模式编写标记,其中,objectName 是要实例化的类型名称。在本书中,经常出现术语"对象元素用法",这是用对象元素语法创建对象的特定标记的简称。

`<objectName>`

`</objectName>`

下面的示例是用于声明 Canvas 对象的对象元素用法。

< Canvas ></Canvas >

许多 WindowsPhoneXAML 对象(如 Canvas)可以包含其他对象。

< Canvas >

    < Rectangle >

    </Rectangle >

</Canvas >

为方便起见(且作为 XAML 与 XML 的一般关系的一部分),如果对象不包含其他对象,则可以使用一个自结束标记(而不是开始/结束标记对)来声明对象元素,如以下示例中的< Rectangle/>标记所示。

< Canvas >

    < Rectangle/>

</Canvas >

在某些情况下,属性值并不只是语言基元(如字符串),此时可以使用属性语法来实例化设置该属性的对象,并初始化用于定义新对象的键属性。由于此行为绑定到属性设置,请参见后面有关如何使用属性语法在一个语法步骤中声明对象并设置其属性的信息。

3. 设置属性

可以设置使用对象元素语法声明的对象的属性。可以通过以下方法使用 XAML 设置属性:

① 使用属性语法;

② 使用属性元素语法;

③ 使用内容元素语法;

④ 使用集合语法(通常是隐式集合语法)。

对于对象声明,用于在 XAML 中设置对象属性的此方法列表并不表示可以使用这些方法中的任何一种来设置给定的属性。某些属性只支持其中一种方法,某些属性可能支持组合,例如,支持内容元素语法的属性可能还通过属性元素语法或备选属性语法支持更详细的格式。这取决于属性和属性使用的对象类型。Windows Phone 中的对象还有一些无论使用何种方式都无法使用 XAML 设置的属性,只能使用代码来设置这些属性。

无论使用何种方式(包括 XAML 或代码)都无法设置只读属性,除非有其他机制适用。该机制可能是调用一个设置为属性的内部表示形式的构造函数重载、一个并非严格意义上的属性访问器的帮助器方法或一个计算属性。计算属性依赖于其他可设置属性的值,以及服务或行为对该属性值的影响,而这些功能在依赖项属性系统中提供。

(1) 使用属性语法设置属性

使用以下语法设置属性。其中 objectName 是要实例化的对象,propertyName 是要对该对象设置的属性的名称,propertyValue 是要设置的值。

< objectName propertyName = "propertyValue"……/>

或者

< objectName propertyName = "propertyValue"

    ……

</objectName >

使用上述任何一种语法都可以声明对象并设置该对象的属性。虽然第一个示例是标记中的单一元素,但实际上这里有一些与 XAML 处理器如何分析此标记有关的分离步骤。首先,对象元素的存在表明必须实例化新的 objectName 对象,只有存在这样的实例后,才可以对它设置实例属性 propertyName。

下面的示例使用 4 个属性的属性语法来设置 Rectangle 对象的 Name、Width、Height 和 Fill 属性。

```
< Rectangle Name = "rectangle1" Width = "100" Height = "100" Fill = "Blue"/>
```

如果清楚地了解 XAML 分析器如何解释此标记和定义对象树,则等效的代码可能类似于以下伪代码:

```
Rectangle rectangle1 = new Rectangle();
rectangle1.Width = 100.0;
rectangle1.Height = 100.0;
rectangle1.Fill = new SolidColorBrush(Colors.Blue);
```

许多属性可以使用属性元素语法来设置。若要使用属性元素语法,则必须指定对象元素的新实例才能"填充"属性元素值。

若要使用属性元素语法,则需要为要设置的属性创建 XAML 元素。这些元素的形式为 < object. property >。在标准的 XML 中,此元素只被视为在名称中有一个点的元素。但是使用 XAML 时,元素名称中的点将该元素标识为属性元素,且 property 是 object 的属性。

在下面的语法中,property 是要设置的属性的名称,propertyValueAsObjectElement 是声明新对象的新对象元素,其值类型是该属性期望的值。

```
< object >
    < object. property >
        propertyValueAsObjectElement
    </ object. property >
</ object >
```

下面的示例使用属性元素语法通过 SolidColorBrush 对象元素来设置 Rectangle 的填充(在 SolidColorBrush 中,Color 使用属性语法来设置)。此 XAML 的呈现结果等同于前面使用属性语法设置 Fill 的 XAML 示例:

```
< Rectangle
    Name = "rectangle"
    Width = "100"
    Height = "100"
>
    < Rectangle.Fill >
        < SolidColorBrush color = "Blue"/>
    </ Rectangle.Fill >
</ Rectangle >
```

(2) 使用 XAML 内容元素语法设置属性

一些 Windows Phone 类型定义了一个启用 XAML 内容元素语法的属性。在 XAML

内容元素语法中,可以忽略该属性的属性元素,并可以通过提供所属类型的对象元素标记中的内容来设置该属性,该内容通常为一个或多个对象元素。

例如,Border 的 Child 属性页显示了 XAML 内容元素语法(而非属性元素语法),以设置 Border 的单一对象 Child 值。下面的示例与这一用法类似:

```
< Border >
     < Button…/>
</Border >
```

如果声明为 XAML 内容属性的属性也支持"松散"对象模型(在此模型中,属性类型为 Object,或具体而言为类型 String),则可以使用 XAML 内容元素语法将纯字符串作为内容放入开始对象标记与结束对象标记之间。例如,TextBlock 的 Text 属性页显示了另一种 XAML 语法,该语法使用 XAML 内容语法(而不是属性语法)来为 Text 设置一个字符串值。下面的示例说明了该用法并设置了 TextBlock 的 Text 属性,而不显式指定 Text 属性。Text 使用将 XML 视为内容或"内部文本"的内容进行设置,而不是通过使用属性或声明对象元素来设置。

```
< TextBlock > Hello! </TextBlock >
```

(3)使用集合语法设置属性

在 XAML 中,有几个集合语法的变体,这看上去似乎允许"设置"只读集合属性,而实际上,XAML 允许的操作是向集合中添加项。实现 XAML 支持的 XAML 语言和 XAML 处理器依赖于后备集合类型中的约定来启用此语法。

通常,XAML 语法中不存在保留集合项的集合类型的属性(如索引器或 Items 属性)。对集合而言,XAML 中的集合实际所需的未必是属性,而是方法——Add 方法。调用 Add 方法就是上述约定。当 XAML 处理器遇到 XAML 集合语法中的一个或多个对象元素时,首先通过使用其对象标记创建每个对象,然后通过调用集合的 Add 方法以声明顺序将每个新对象添加到集合中。

下面的示例演示了一个使用可构造集合类型的集合属性(可以定义实际的集合并将其实例化为 XAML 中的一个对象元素):

```
< LinearGradientBrush >
     < LinearGradientBrush.GradientStops >
          < GradientStopCollection >
               < GradientStop Offset = "0.0" Color = "Red"/>
               < GradientStop Offset = "1.0" Color = "Blue"/>
          </GradientStopCollection >
     </LinearGradientBrush.GradientStops >
</LinearGradientBrush >
```

不过,对于采用集合的 XAML 属性而言,XAML 分析器可根据集合所属的属性隐式地知道集合的后备类型,因此,可以省略集合本身的对象元素,如下所示:

```
< LinearGradientBrush >
     < LinearGradientBrush.GradientStops >
          < GradientStop Offset = "0.0" Color = "Red"/>
```

```
    < GradientStop Offset = "1.0" Color = "Blue"/>
  </LinearGradientBrush.GradientStops >
</LinearGradientBrush >
```

另外,有一些属性不但是集合属性,还标识为类的 XAML 内容属性,前面的示例中以及许多其他 XAML 属性中使用的 GradientStops 属性就是这种情况。在这些语法中,也可以省略属性元素,如下所示:

```
<LinearGradientBrush >
  < GradientStop Offset = "0.0" Color = "Red"/>
  < GradientStop Offset = "1.0" Color = "Blue"/>
</LinearGradientBrush >
```

在广泛用于控件合成的类(如面板、视图或项控件)中,集合语法和内容语法的组合是最常见的。例如,下面的示例演示了将两个 UI 元素合成到一个 StackPanel 中的显式 XAML 以及最简单的 XAML:

```
< StackPanel >
    < StackPanel.Children >
        <! --UIElementCollection-->
        < TextBlock > Hello </TextBlock >
        < TextBlock > World </TextBlock >
        <! --/UIElementCollection-->
    </StackPanel.Children >
</StackPanel >
< StackPanel >
    < TextBlock > Hello </TextBlock >
    < TextBlock > World </TextBlock >
</StackPanel >
```

请注意显式语法中注释掉的 UIElementCollection,将其注释掉是因为即使在对象树中创建相关集合,也无法在 XAML 中显式指定它。这是因为 UIElementCollection 不是可构造的类。在运行时对象树中获取的值是所属类中的一个默认初始化值,在初始化之后无法更改此值。在某些情况下,标记中会特意且显式包含集合类(例如,赋予集合一个 x:Name,以便可以在代码中更方便地引用该集合)。但是,注意不要显式声明由于其后备类型的特征而无法由 XAML 分析器构造的集合类。

(4) 何时使用属性语法或属性元素语法来设置属性

所有支持使用 XAML 设置的属性都支持用于直接值设置的属性语法或属性元素语法,但可能不会互换支持每种语法。某些属性支持上述两种语法,某些属性还支持其他语法选项(如前面所示的内容元素语法)。属性支持的 XAML 语法类型在某种程度上取决于该属性用作其属性类型的对象的类型。如果该属性类型为基元类型(如双精度、整型或字符串),则该属性始终支持属性语法。

下面的示例使用属性语法设置 Rectangle 的宽度。Width 属性支持属性语法,这是因为属性值是双精度值。

```
< Rectangle Width = "100"/>
```

如果可以通过对字符串进行类型转换来创建用于设置某属性的对象类型,也可以使用属性语法来设置该属性。对于基元,始终是这种情况。但是,某些其他对象类型也可以使用指定为属性值的字符串(而不是需要对象元素语法)来创建。此方法使用该特定属性或该属性类型通常所支持的基本类型转换。属性的字符串值经过分析后,字符串信息用于设置对新对象的初始化非常重要的属性。特定类型转换器还可能创建公共属性类型的不同子类,这取决于它处理字符串中信息的独特方式。

下面的示例使用属性语法设置 Rectangle 的填充。当使用 SolidColorBrush 设置 Fill 属性时,该属性支持属性语法。这是因为支持 Fill 属性的 Brush 抽象类型支持类型转换语法,该语法可以创建一个通过将属性指定的字符串作为其 Color 来初始化的 SolidColorBrush。

```
< Rectangle Width = "100" Height = "100" Fill = "Blue"/>
```

如果用于设置某属性的对象支持对象元素语法,则可以使用属性元素语法来设置该属性。下面的示例使用属性元素语法设置 Rectangle 的填充。当使用 SolidColorBrush 设置 Fill 属性时,该属性支持属性元素语法,这是因为 SolidColorBrush 支持对象元素语法并满足该属性的使用 Brush 类型设置其值的要求(SolidColorBrush 也使用属性语法设置了其 Color 属性,此 XAML 的呈现结果等同于前面使用属性语法设置 Fill 的 XAML 示例)。

```
< Rectangle Width = "100" Height = "100">
    < Rectangle.Fill >
        < SolidColorBrush Color = "Blue"/>
    </Rectangle.Fill >
</Rectangle >
```

4. 标记扩展

标记扩展是一个在 Windows Phone XAML 实现中广泛使用的 XAML 语言概念。在 XAML 属性语法中,花括号{}表示标记扩展用法。此用法指示 XAML 处理器不要像通常那样将属性值视为文本字符串或者视为可直接转换为文本字符串的值。相反,分析器通常应调用支持该特定标记扩展的代码,该标记扩展可帮助从标记中构造对象树。

Windows Phone 支持在其默认的 XAML 命名空间下定义且其 XAML 分析器可以理解以下标记扩展。

① Binding:支持数据绑定,此绑定将延迟属性值,直至在数据上下文中解释此值。

② StaticResource:支持引用在 ResourceDictionary 中定义的资源值。

③ TemplateBinding:支持 XAML 中可与模板化对象的代码属性交互的控件模板。

④ Relativesource:启用特定形式的模板绑定。

采用引用类型值(类型没有转换器)的属性需要属性元素语法(该语法始终创建新实例)或通过标记扩展的对象引用。XAML 标记扩展通常返回一个现有实例或将值延迟到运行时。通过使用标记扩展,每个可使用 XAML 设置的属性都可能在属性语法中设置。即使属性不支持对直接对象实例化使用属性语法,也可以使用属性语法为属性提供引用值;或者可以使特定行为能够符合用值类型或实时创建的引用类型填充 XAML 属性这一常规要求。

例如,下面的 XAML 使用属性语法设置 Border 的 Style 属性值。Style 属性采用了 Style 类的实例,这是默认情况下无法使用属性语法字符串创建的引用类型。但在本例中,属性引用了特定的标记扩展 StaticResource。当处理该标记扩展时,它返回对以前在资源字典中定义为键控资源的某个样式的引用。

```
<Canvas.Resources>
    <SLyle TargetType = "Border" x:Key = "PageBackground">
        <Setter Property = "BorderBrush" Value = "Blue"/>
        <Setter Property = "BorderThickness" Value = "5"/>
    </Style>
</Canvas.Resources>
……
<Border Style = "{StaticResource PageBackground}">
    ……
</Border>
```

在许多情况下,可以使用标记扩展来提供一个作为对现有对象的引用的值,或者标记扩展可以提供一个以属性格式设置属性的对象。因为左花括号"{"是标记扩展序列的开始标记,所以必须使用转义符序列,以便指定以"{"开头的文本字符值。转义序列是"{}"。例如,若要指定作为单个左花括号的字符值,请将属性值指定为"{"。还可以在某些情况下使用替代引号,以便将"{"值作为字符串提供。

5. 事件

XAML 是用于对象及其属性的声明性语言,但它也可以包含用于将事件处理程序附加到标记中的对象的语法。接着,可以通过特定的技术扩展 XAML 事件语法约定,这会通过编程模型集成 XAML 声明的事件。可以将相关事件的名称指定为处理该事件的对象的属性名称。对于属性值,可以指定在代码中定义的事件处理程序函数的名称。XAML 处理器使用此名称在加载的对象树中创建一个委托表示形式,并将指定的处理程序添加到内部处理程序列表中。

大多数基于 Windows Phone 的应用程序都是由标记和代码隐藏源生成的。在一个项目中,XAML 被编写为. xaml 文件,而使用 CLR 语言(如 Visual Basic 或 C♯)编写代码隐藏文件。编译 XAML 文件时,通过将一个命名空间和类指定为 XAML 页的根元素的 x:Class 属性来确定每个 XAML 页的 XAML 代码隐藏文件的位置。

【本节自测】

填空题

1. Windows Phone 8 普通应用程序开发使用的是_____框架,Windows Phone 8 应用程序中的界面都是由_____文件组成的,和这些 XAML 文件对应的是_____文件,这就是微软典型的_____模式的编程方式。

2. _____文件的语法类似于 XML 和 HTML 的结合体,这是 Silverlight 程序特有的语法结构。

选择题

针对默认命名空间之外的其他 XAML 命名空间的 XAML 命名空间声明提供了_____信息。

A. 一个前缀,该前缀会作为后续 XAML 标记中引用到该 XAML 命名空间的标记(markup)

B. 在该 XAML 命名空间中定义元素的后备类型的程序集,XAML 处理器必须访问此程序集才能基于 XAML 声明创建对象

C. 该程序集中的一个 CLR 命名空间

D. 包括以上三项

本 章 小 结

本章主要介绍了目前流行的移动操作系统之一——Windows Phone。读者应重点掌握 Windows Phone 开发环境和如何创建 Windows Phone 8 应用,了解 Windows Phone 的技术特点和 Windows Phone 的技术架构。本章还简单介绍了 Windows Phone 的最新发展 Windows 10 Mobile,以及给我们带来的机遇,最后介绍了 XAML 的基本语法。

【课后练习题】

选择题

1. Windows Phone 系统的优点包括(　　)。

A. 版本统一　　　　　　　　　　B. 硬件要求不高

C. 系统流畅　　　　　　　　　　D. 支持 Office

2. Windows Phone 系统的缺点包括(　　)。

A. 系统过于封闭　　　　　　　　B. 应用数量不多

C. 同步操作复杂　　　　　　　　D. 目前支持机型少

3. Windows Phone 发布的第一个版本是(　　)。

A. Windows Phone 7　　　　　　B. Windows Phone 8

C. Windows Phone 7.5

4. Windows Phone 从(　　)版本开始支持中文。

A. Windows Phone 7　　　　　　B. Windows Phone 8

C. Windows Phone 7.5

5. Windows Phone 7 在 Idle 模式和 Lock 模式下是否支持 Title 更新?(　　)

A. 支持　　　　　　　　　　　　B. 不支持

简答题

1. Windows Phone 第一个版本是 7.0 的原因是什么?

2. Windows Phone 生命周期包括哪几个过程?

3. 怎样搭建 Windows Phone 开发环境?

动手实践题

阐述微软公司移动操作系统的发展历程。

【课后讨论题】

1. 简单阐述 Windows Phone 的优缺点，以及未来的发展趋势。

2. 简单阐述 Windows Phone 8 有哪些新特性。

3. 上网搜索 Windows 10，如果条件允许，试运用所学下载安装 Windows 10 的手机版本。

第6章　移动操作系统的未来发展

【本章导读】

本章从 Android 和 iOS 存在的问题着手,阐述移动操作系统的未来发展方向。

本章重点了解目前移动操作系统的主流技术、移动操作系统的未来发展方向和我国移动操作系统发展的概况。

本章的学习目的是激发同学们的学习热情和钻研精神,鼓励同学们为我国乃至世界的移动操作系统和移动应用软件的发展做出自己的贡献。

【思维导图】

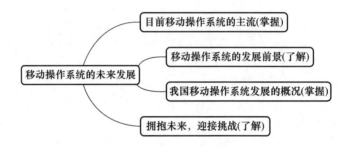

6.1　目前移动操作系统的主流

【本节综述】

目前移动操作系统市场上 Android 稳居霸主地位,iOS 紧随其后,要把 PC 终端和移动终端进行无缝链接的 Windows Phone 也不可小觑。

【问题导入】

目前移动操作系统市场上的三大主流移动操作系统是什么?

随着移动互联网的快速发展,移动操作系统的竞争异常激烈,目前主流的移动操作系统以谷歌 Android、苹果 iOS、微软 Windows Phone 为主,虽然黑莓尚在,三星也开发了自己的 Tizen,不过其市场影响力还是稍有欠缺,甚至于微软的 Windows Phone 虽然打通了 PC 端与移动端,达到了真正的全系统全平台覆盖,但依然没有得到更大面积的普及。而在国内市场,真正开发移动操作系统的也不多,更多的厂商喜欢在 Android 架构下开发自己的 UI 等,来满足用户的需求。当然,也有一些厂商并不满足于这样的布局,依然艰苦地寻求着移动操作系统的机会。

【本节自测】

选择题

1.目前市场上移动操作系统的主流有_____等几种操作系统。

  A. Android
  B. iOS

  C. Windows Phone
  D. 以上都是

  2. 微软的_____虽然打通了 PC 端与移动端，达到了真正的全系统全平台覆盖，但依然没有得到更大面积的普及。

  A. Android
  B. Windows Phone

  C. iOS
  D. Tizen

6.2　移动操作系统的发展前景

【本节综述】

Android 的驳杂带来更多的安全不可控性，iOS 的封闭被质疑阻碍创新。

  面对 Android 和 iOS 移动操作系统存在的问题，以及物联网带来的挑战，移动操作系统未来有广阔的发展空间。

  作为一名移动通信领域的科技人员，未来机遇与挑战并存。

【问题导入】

Android 和 iOS 移动操作系统存在什么问题？我们应该进一步思考如何解决面临的问题，以及其中存在的机遇。

  目前在移动操作系统领域，绝大部分的市场份额由谷歌与苹果两大巨头把持着，智能手机操作系统除了 iOS 外，基本上都是 Android 系统，其他移动操作系统所占市场份额则是少之又少，很多手机厂商都在推出自己的移动操作系统的过程中败下阵来，其中不乏三星这样的巨头企业。

  而目前很多厂商确实具备自主研发移动操作系统的能力，但是担心新系统会影响其终端销量却成为很多手机厂商不敢去尝试的原因，毕竟终端用户目前对于 Android 与 iOS 的依赖程度，是很难随意改变的。

  但在物联网领域则不同，物联网是一个全新的领域，而且后期随着很多作为物联网载体的智能硬件不断开发，智能硬件与接入终端都需要一个稳定的移动操作系统作为支持，这就给予了很多移动操作系统翻身的机会。在目前的布局问题上，要在物联网尚未全部建成之际，尽快进入其领域内，率先抢占一定的市场份额，并不断完善移动操作系统的功能，尽快培养用户的操作习惯。

  但是，目前谷歌已经针对物联网领域推出了 Brillo，作为谷歌专门的物联网操作系统，Brillo 基于 Android 系统开发而来，肯定获得了 Android 系统的全部支持，并且能量消耗较低，安全性较高。谷歌在进入物联网领域后，肯定会加剧物联网操作系统的竞争程度，而一旦物联网发展进入了稳定时期，苹果肯定也会进入物联网领域，而到那时物联网操作系统市场在格局上又会发生新的变化。

1. iOS 的封闭被质疑阻碍创新

  对苹果而言，开发 iOS 并且在一定范围内进行封闭运营，一度被认为是安全的代名词，无论是系统本身的严要求，还是对开发者入驻的审核和下架处理等，都是异常严苛的。但即使如此，苹果也没有逃脱安全的压力和被质疑。苹果 App Store 曾被曝光存在安全漏洞，虽然是开发工具包带来的一种安全问题,但也说明若时刻关注着 iOS 的漏洞,其被攻陷只是迟早的问题。

此外,苹果的 iCloud 曾爆出过好莱坞艳照门事件,同样是因为安全被攻陷。而且,由于 iOS 的相对封闭性,其也被质疑是否阻碍了移动互联网的开放和发展。

2. Android 的驳杂带来更多的安全不可控性

对整个移动互联网市场而言,应该感谢谷歌的不懈努力,如果没有 Android 的开源和开放,或许智能终端市场的发展不会像现在这样一日千里,也不会有如今的移动互联网市场大格局。Android 的出现降低了很多门槛,并且促使硬件制造商进入更多的硬件创新领域,进而不断地拉低了智能终端的价格,让更多的用户享受到了移动互联网带来的便捷。

Android 的开源和开放也是其自身的软肋之一,因为开源和开放也带来了更多的垃圾和安全隐患。这也是 Android 发展中被诟病最多的地方。不过,虽然有隐患,但这并不阻碍 Android 的激活量,来自 Good Technology 的《移动性指数报告》显示,在 2015 年第二季度,Android 的激活量达到了 32%,在高科技行业,Android 首次超越 iOS,市场份额攀升至 53%,在能源行业取得显著的增长,占有率达 48%,在制造业占 42%。可见开放的 Android 还是非常受欢迎的。

【本节自测】

填空题

_____ 和 _____ 之间的争夺还是目前移动操作系统市场的主流。

选择题

物联网是一个全新的领域,随着很多作为物联网载体的智能硬件不断开发,智能硬件与接入终端都需要一个稳定的移动操作系统作为支持,这就给予了很多移动操作系统翻身的机会。目前谷歌物联网计划已经针对物联网领域推出了 _____ 操作系统。

A. Linux   B. Android   C. 鸿蒙   D. Brillo

6.3 我国移动操作系统发展的概况

【本节综述】

中国市场是全球第一大移动市场,同时也是全球最大的消费市场之一。

阿里云的 YunOS、上海联彤与中科院软件研究所联合发布的 COS(China Operating System)以及 2019 年 8 月 9 日华为在开发者大会上正式发布的鸿蒙系统,无论是从底层内核上还是从应用上,都迈出了中国移动操作系统开发可喜的一步。

【问题导入】

在移动操作系统及其应用软件的开发领域,我们有哪些可为空间?

众所周知,中国市场目前已经是全球第一大移动市场,同时也是全球最大的消费市场之一,这里的换机潮和消费能力异常高涨,消费者的购买欲望以及对品牌的认知度和参与度也非常高,这也是越来越多的国际品牌把自己的产品首发选择在中国的原因所在。种种迹象表明,中国市场获得的全球关注和影响力在不断增加。

移动互联网带来了一种新兴发展机会,我国政府对"互联网+"战略不断推陈出新,不断地给予政策扶持,让人们对移动互联网带来的大众创业万众创新有一种向往。而移动操作系统意味着更多的关联发展机会,布局这样的市场机会无疑也是巨大的。遗憾的是,我国智能终端厂商不少,但真正在深层次布局的不多,当然华为也逐渐在移动芯片方面进行研发和推出相应的产品,这是令人敬佩的,此外就是阿里巴巴研发的 YunOS,这种布局无疑更深远一些。

对一个移动大国来说,如果拥有自己的移动操作系统,那么安全性、适用性会得到极大的提高,厂商的需求更加直接和便捷,因为其对用户的了解更加明晰,这是优势机会。

移动操作系统的布局对于任何一个国家层面的战略布局来说,都是不容忽视的。由于涉及安全隐患,涉及商务应用中的安全可控性,因此对于移动操作系统的研发也可以提升到战略高度。当然,对于 YunOS 来说,更多的还是商业应用布局。我们看到 YunOS 服务于广大智能终端设备厂商和服务提供商,提供基于手机、PAD、TV、盒子、车载、智能穿戴、智能家居等多类智能终端的系统、技术及软件服务。而随着 YunOS 开放平台的发布,也会有更多针对移动开发者的解决方案推出。很显然,这也是在打造一种生态价值链。

YunOS 的一个有别于其他操作系统的价值优势来自商业开发和应用,尤其是在中国市场,YunOS 聚集的优势来自阿里巴巴本身的商业架构资源和大数据流。因为 YunOS 账号可以和淘宝账号互通,借助于淘宝海量的优质用户资源,可以给第三方网站带来更多商业流量和新用户。而且商业应用中还可以通过调用 API 获得用户在 YunOS 上的习惯偏好等信息,将信息加以整合利用后,可提高用户对第三方网站的忠诚度和黏度。

YunOS 在技术上引入了支付服务、指纹识别、人脸识别等最新的技术支持,此外就是云端服务的延伸化需求保障,包括数据算法服务、文件存储服务等。很显然,YunOS 的不断深化就是希望能够打造商业帝国的一种服务内涵,通过不断地向服务商和开发者提供支持,带来更多的商业应用和服务提升。这是不同于 iOS 和 Android 的一种系统布局。在移动互联网发展的浪潮中,这也是从商业运营方面着手的一种多元布局。

很显然,在中国市场,移动操作系统还是大有可为的,对 iOS 和 Android 而言都是如此,而对于中国本土手机制造商主打的一些系统,就是要在差异化方面寻找自己的市场定位,这是不同于 iOS 和 Android 的一种布局,对那些优秀的手机制造商而言,同样需要更多的系统支持,并且要在细分市场寻找自己的合理布局,而不要受人辖制。当然,更主要的是在自身的生态体系中营造更多的合作伙伴,尤其是移动终端商,这一点也是国产移动操作系统发展的必由之路。

【本节自测】

填空题

Android 的_____也是其自身的软肋之一,因为_____也带来了更多的垃圾和安全隐患。

选择题

阿里巴巴集团旗下阿里云公司推出的移动终端操作系统是_____。

A. Android　　　　B. YunOS　　　　C. iOS　　　　D. Windows 10 Mobile

6.4　拥抱未来,迎接挑战

【本节综述】

近期,针对中国华为公司的 5G 之争,我们看到了移动通信领域世界竞争的残酷。

2019 年 8 月 9 日,华为在开发者大会上正式发布了鸿蒙系统,使我们对移动通信的未来充满希望和无限想象。

【问题导入】

我们能为我国乃至世界的移动通信事业做些什么呢?

2014 年 1 月 15 日,上海联彤与中科院软件研究所联合发布了名为 COS 的移动操作系统。COS 会对 Android、iOS 或 Windows Phone 构成威胁吗? 从长期来看,COS 可能在中国市场上会对现有移动操作系统构成威胁,但从目前来看,这种情况还不会发生。

有媒体报道称,COS 发布时支持的应用可能高达 10 万款。问题是这一切对于投资者的影响还有待观察。发布一款新操作系统并得到投资者的支持绝非易事,黑莓发布的黑莓 10 操作系统就栽在了这道坎上。

COS 的优势是有中国政府的支持,其将被密切整合到微博等中国的互联网服务中,有助于提高其对中国消费者的吸引力。然而,COS 在中国市场上对 Windows Phone 的影响不会太大,因为 Windows Phone 在中国市场份额有限。

鸿蒙系统(Harmony OS)是第一款基于微内核的全场景分布式 OS,是华为自主研发的操作系统。2019 年 8 月 9 日,华为在开发者大会上正式发布了鸿蒙系统,该系统将率先部署在智慧屏、车载终端、穿戴等智能终端上,未来会有越来越多的智能设备使用开源的鸿蒙系统。

毫无疑问,智能终端市场的竞争日趋激烈,包括中国消费者在内的消费者将面临更多选择。竞争是美国商业伦理的核心,大多数人都认为,竞争的结果是消费者花更少的钱而获取更高的价值。

机会留给每一个勇于创新的开拓者,中国智能终端的未来除了发展硬件外,软件也应该跟上,其中包括移动操作系统和移动应用软件的开发。"江山代有才人出",愿你我共同努力,打造中国移动终端的未来。

【本节自测】

选择题

1. 2019 年 8 月 10 日,华为荣耀正式发布荣耀智慧屏、荣耀智慧屏 Pro,搭载_____。

A. 鸿蒙操作系统   B. Android

C. iOS   D. Windows Phone

2. 2014 年 1 月 15 日,上海联彤与中科院软件研究所联合发布了名为_____的移动操作系统。

A. COS   B. 鸿蒙操作系统

C. Android   D. YunOS

本 章 小 结

本章主要介绍了目前主流的移动操作系统。读者要重点掌握移动操作系统的主要发展方向,了解我国移动操作系统开发和市场占有的现状。同学们要激发学习热情,为我国移动操作系统和移动应用软件的发展做出自己的贡献。

【课后练习题】

简答题

1. 目前世界三大主流移动操作系统有哪些？

2. 简单阐述未来移动操作系统的发展。

【课后讨论题】

目前我国自己研制的操作系统都有哪些？其现状和前景如何？

参 考 文 献

[1] 屠立忠,徐金宝.操作系统教程[M].北京:电子工业出版社,2013.

[2] Ed Burnette.Android 基础教程[M].袁国忠,译.4 版.北京:人民邮电出版社,2016.

[3] 明日科技.Android 从入门到精通[M].北京:清华大学出版社,2018.

[4] 李刚.疯狂 iOS 讲义(上)[M].2 版.北京:电子工业出版社,2014.

[5] 管蕾.iOS 10 开发指南[M].北京:人民邮电出版社,2017.

[6] 林政.深入浅出 Windows Phone 8 应用开发[M].北京:清华大学出版社,2013.

[7] 林政.深入浅出 Windows 10 通用应用开发[M].北京:清华大学出版社,2016.

[8] 关东升.移动操作系统原理与实践——基于 iOS 与 Swift 编程语言[M].北京:清华大学出版社,2017.

[9] 刘超.深入解析 Android 5.0 系统[M].北京:人民邮电出版社,2015.